生态文明建设思想文库（第三辑）　　主编　杨茂林

生态 社会学

贺双艳　颜萌萌　著

山西出版传媒集团　山西经济出版社

图书在版编目(CIP)数据

生态社会学 / 贺双艳，颜萌萌著. -- 太原：山西
经济出版社，2023.1
（生态文明建设思想文库 / 杨茂林主编. 第三辑）
ISBN 978-7-5577-0988-4

Ⅰ. ①生… Ⅱ. ①贺… ②颜… Ⅲ. ①生态学—社会
学 Ⅳ. ①Q14-05

中国版本图书馆 CIP 数据核字（2022）第 084199 号

生态社会学

著　　者：贺双艳　　颜萌萌
出 版 人：张宝东
责任编辑：解荣慧
封面设计：阎宏睿

出 版 者：山西出版传媒集团·山西经济出版社
社　　址：太原市建设南路 21 号
邮　　编：030012
电　　话：0351-4922133（市场部）
　　　　　0351-4922085（总编室）
E-mail：scb@sxjjcb.com（市场部）
　　　　　zbs@sxjjcb.com（总编室）

经 销 者：山西出版传媒集团·山西经济出版社
承 印 者：山西出版传媒集团·山西人民印刷有限责任公司

开　　本：787mm×1092mm　　1/16
印　　张：15
字　　数：238 千字
版　　次：2023 年 1 月　第 1 版
印　　次：2023 年 1 月　第 1 次印刷
书　　号：ISBN 978-7-5577-0988-4
定　　价：70.00 元

编委会

总　序

　　"生态文明建设"是我国最重要的发展战略之一，是为促进人类可持续发展战略目标，促进联合国《变革我们的世界——2030 年可持续发展议程》的落实，我国政府从发展模式、循环经济、生态环境质量及生态文明建设观念的建构诸方面所做的框架性、原则性规定。国家领导对我国生态文明建设十分重视。2020 年 9 月 22 日习近平主席在第七十五届联合国大会上的讲话中指出："人类需要一场自我革命，加快形成绿色发展方式和生活方式，建设生态文明和美丽地球。"本届联大会议上，习近平还对传统发展方式，抑或受新自由主义强烈影响的经济发展模式进行了批评。他说："不能再忽视大自然一次又一次的警告，沿着只讲索取不讲投入、只讲发展不讲保护、只讲利用不讲修复的老路走下去。"接着，他阐明了我国在生态文明建设方面的政策目标，并向世界宣告："中国将提高国家自主贡献力度，采取更加有力的政策和措施，二氧化碳排放力争于 2030 年前达到峰值，努力争取 2060 年前实现碳中和。"这不仅表明了我国政府对实现生态文明建设近期目标的巨大决心，而且对实现与生态文明建设紧密相关的国家中长期目标做了规划。

　　为了促进我国生态文明建设战略目标的实现，学术研究同样必须为之付出相应的努力，以对我国生态文明建设做出积极贡献。正因为此，我们在业已出版的《生态文明建设思想文库》第一辑、第二辑基础上，进一步拓展了与生态文明建设相关的课题研究范围，并组织撰写和出版了《生态文明建设思想文库》第三辑（以下简称"《文库》第三辑"）。《文库》第三辑是在前两辑基础上对生态文明建设所做的具有创新意义的进一步探讨，故此，选题内容既同可持续发展的国际前沿理论紧密关联，又与我国生态文明建设实践要求相结合，旨在从学理上深入研究生态文明建设的内在法则，及与之密切相关的多学科间的逻辑联系。基于这一前提，《文库》第三辑的著作具体包括《从生态正义向度看"资本主义精神"外部性短板——马克斯·韦伯的理论不足》《环境破坏的"集体无意识"——从荣格心理学角度对环境灾变的认知》《区域经济生态化建设的协同学探析与运作》《大数据时代下的决策创新与调控》《生态环境保护问题的国际进程与决策选择》《生态文明建设中的电子政务》《共生理念下的生态工业园区建设》《生态社会学》《生态旅游论》九本书。

其中，《从生态正义向度看"资本主义精神"外部性短板——马克斯·韦伯的理论不足》一书，由山西省社会科学院助理研究员马君博士撰写。马君女士是山西大学哲学社会学学院博士。现已发表的学术论文有《论新教伦理中的职业精神》等。在她攻读博士学位及于山西省社会科学院工作期间，对韦伯的著述多有关注，并认真研究了《新教伦理与资本主义精神》一书，指出了其理论上存在的问题与不足。

《新教伦理与资本主义精神》被西方学界奉为经典，是较早研究欧美"理性经济人"及其"资本主义精神"得以形成的伦理学依据方面的著述。在书中，韦伯力图说明经基督教新教改革，尤其是经加尔文清教思想改革后的伦理学对欧美资本主义发展的促进及影响。即如韦伯在书中所说："在清教所影响的范围内，在任何情况下清教的世界观，都有利于一种理性的资产阶级经济生活的发展……它在这种生活的发展中是最重要的，而且首先是唯一始终一致的影响，它哺育了近代经济人。"[1]韦伯还进一步揭示出这种经济秩序与技术进步紧密相关的"效率主义"逻辑，指出："这

---

[1] 马克斯·韦伯：《新教伦理与资本主义精神》，生活·读书·新知三联书店，1987，第135页。

种经济秩序现在却深受机器生产技术和经济条件的制约。今天这些条件正以不可抗拒的力量决定着降生于这一机制之中的每一个人的生活……也许这种决定性作用会一直持续到人类烧光最后一吨煤的时刻。"②不难看出，《新教伦理与资本主义精神》一书所阐述的经新教改革后的"理性经济人"及其"资本主义精神"，确实成了近代欧美资本主义世界的主流趋势。它不仅对追求自身利益最大化理性经济人的"效率主义"逻辑发挥着巨大作用，而且在韦伯这一经典著述中也占据着绝对分量。相反地，"理性经济人"及其在资本主义发展中形成的"负外部性"，亦即马克思理论意义上的"异化自然"，或庇古所说的"外部不经济"，该书则根本未予体现。然而，正是由于后者，却凸显出韦伯著述的不完备性，因为它严重忽略了"理性经济人"及其"资本主义精神"追求对自然生态系统形成的巨大戕害。故此，仅仅强调"理性经济人"及其"资本主义精神"对社会进步的意涵而忽略其行为酿成"负外部性"结果，无疑也显露出韦伯著述对"理性经济人"行为认知的不完备性，抑或其认知的非完形特质。因而，更不可能适应可持续发展战略时代对"理性经济人"整体行为认知与了解的现实要求。

马君女士的《从生态正义向度看"资本主义精神"外部性短板——马克斯·韦伯的理论不足》一书，正是从新的理论视角对韦伯学术思想进行了全方位剖析。她不仅对韦伯著述的概念体系进行了梳理，而且对这种"资本主义精神"酿成的不良后果——加勒特·哈丁所说的"公地悲剧"予以了批判性分析。为了加大对韦伯著述外部性短板的证伪力度，在书中，她还以国外著名思想家的大量经典著述为依据，进一步强化了对韦伯学术思想的否证。具体说，她不仅参考了马克思主义经典中对资本主义"异化自然"的理论批判，而且依据"法兰克福学派"赫伯特·马尔库塞《单向

---

① 马克斯·韦伯：《新教伦理与资本主义精神》，生活·读书·新知三联书店，1987，第142 页。

度的人——发达工业社会意识形态研究》一书，对"资本主义精神"进行评击；不仅依据法国学者安德瑞·高兹"经济理性批判"对"理性经济人行为"展开详细剖析，而且依据生态马克思主义者詹姆斯·奥康纳的《自然的理由——生态学马克思主义研究》和约翰·贝拉米·福斯特的《生态危机与资本主义》，对"理性经济人"行为进行的理论证伪。总之，马君女士这一著作，为我们重新认知《新教伦理与资本主义精神》提供了新的理论视角。尤其是在我国政府力推生态文明建设发展战略期间，该书对批判性地了解韦伯理论意义上"理性经济人"及其"资本主义精神"的"负外部性"来说，有着一定的参考价值。

《环境破坏的"集体无意识"——从荣格心理学角度对环境灾变的认知》一书，由山西省社会科学院副研究员王文亮撰写。王文亮毕业于浙江大学心理学专业，现在山西省社会科学院能源研究所从事研究工作。该书是涉及生态文明建设方面的一本社会心理学专著，旨在探讨造成环境破坏的社会心理学原因。在书中，作者详细剖析了环境破坏与"集体无意识"的联系。

"集体无意识"概念由瑞士精神分析学派心理学家荣格较早提出，在社会心理学上有着非常重要的价值和意义。但是，荣格心理学中的"集体无意识"概念，似乎更偏重于发生学意义上理论建构与界定，带有十分明显的"历时性"含义。从另外的角度说，荣格式"集体无意识"概念，也与我国李泽厚先生所说的"积淀"具有相似性。对于"集体无意识"概念的深入研究，后经弗洛姆的工作，使之对"共时态"社会群体"集体无意识"现象的认知成为可能，其界说可被认为：一种文化现象（比如前述"新自由主义"的经济文化现象)，对群体行为浸染而成的一种无意识模式，亦即人类群体不假思索便习以为常的一种生活方式。《环境破坏的"集体无意识"——从荣格心理学角度对环境灾变的认知》一书，正是结合精神分析学派这些思想家的理论和方法，剖析了由新自由主义经济政策导向形成的、与生态文明建设极不合拍的环境灾变原因——一种引发环境破坏的

"集体无意识"现象。该书对处于生态文明建设实践中的社会群体反躬自省来说，将大有裨益。尤其是，在生态文明建设实践中，它便于人们借助精神分析学派的"集体无意识"概念和理论，反思发展过程中人类与自然生态系统平衡不合拍的"集体无意识"行为。

《区域经济生态化建设的协同学探析与运作》一书，由山西省社会科学院研究员黄桦女士撰写。该书是她在之前业已出版的《区域经济的生态化定向——突破粗放型区域经济发展观》基础上，以哈肯"协同学方法"，超越传统"单纯经济"目标，而对区域性"经济—社会—生态"多元目标的协同运作所做的进一步创新性探索。在书中，作者对区域经济生态化建设协同认知的基本特征、理论内涵、运作机制、结构与功能等方面做了全方位分析，并建设性地提出这种区域协同运作方式的具体途径。其理论方法的可操作性，便于我国区域性生态化建设实践过程参考借鉴。

《大数据时代下的决策创新与调控》一书，由王晓东女士撰写。王晓东女士是吉林大学经济学硕士。现任太原师范学院经济系讲师。

该书系统探讨了大数据快速发展所掀起的新一轮技术革命，指出数据信息的海量涌现和高速传输正以一种全新的方式变革着社会生产与生活，也重新构建着人类社会的各种关系。这些前所未有的全新变革，使得传统政府决策与调控方式面临严峻挑战，也倒逼政府治理模式的创新与变革。事实上，大数据的出现，也是对市场"看不见的手"的学说思想的理论证伪。因为，在大数据时代，更有利于将市场机制与国家宏观调控有效结合，并科学构建政府与市场二者的关系，进而使之在本质上协调一致。大数据的出现，已经成为重新考量西方经济学理论亟待解决的关键性问题。书中指出，大数据的出现，同时给政府决策与调控开拓了新的空间，也创立了新的协同决策与运作的机制。因此，顺应当今时代的经济—社会—生态协同运作的数字化转型，以政府决策、调控的数字化推动生态文明建设的数字化，就成为政府创新与变革需要解决的新问题。

《生态环境保护问题的国际进程与决策选择》一书，由重庆移通学院副教授杨阳撰写。杨阳曾就读于英国斯旺西大学，获得国际政治学专业硕士学位。国外留学的经历，使其对国际环保问题有更多的关注。《生态环境保护问题的国际进程与决策选择》一书，正是他基于对国际前沿的观察与研究，同《文库》第三辑主题相结合进行探讨的一本著作。该书从环境保护的国际进程角度出发，指出了人类所面临环境危机的严重性。进而，强调了可持续发展战略追求的现实紧迫性，并借此方式实现生态文明建设和美丽地球的现实目标。此外，他还在人类与环境互动中确立生态正义观念、环保政策的制定与实施方面，做了深入探讨，并指出：若要确保解决环境危机的有效性，必须摒弃新自由主义的"效率主义"逻辑，克服理性经济人"自身经济利益最大化"的片面追求，将自然界与人类社会视作统一的有机整体是至关重要的。唯此，才能使人类社会步入与自然界和谐共生的新路径。

《生态文明建设中的电子政务》一书，由山西省社会科学院助理研究员刘碧田女士撰写。刘碧田女士是山西大学公共管理学院硕士，进入山西省社会科学院工作后，研究方向主要为"电子政务"。《生态文明建设中的电子政务》主要阐述了在物联网、大数据、区块链、人工智能等新技术高速发展的时代政府职能发生的改变，及其对生态文明建设所产生的多维度重构。在书中，她较完整地阐明数字化技术进步对政府职能转变的理论意义和价值——将促进政府转变传统低效能的"人工调控方式"，相应地，取而代之的则是"数字化高效运行"管理手段。这种新技术变革影响的电子政务，无论是生态数据共享，还是环保政策的制定；无论是生态系统监控，还是公众服务水平反馈等，都将高效能地服务于我国生态文明建设。无疑，这种与数字化新技术紧密关联的"电子政务"，既可促使政府工作效率的革命性转变，也将促成我国生态文明建设工作的迅猛发展。

《共生理念下的生态工业园区建设》一书，由山西省社会科学院副研究员何静女士撰写。何静女士是山西财经大学2006年的硕士研究生。同年，她进入山西省社会科学院经济研究所工作，主要从事"企业经济"方面的相关研究。其代表作品主要有《共生理念视角下城市产业生态园》《山西省科技型中小企业培育和发展的路径》《供给侧视域中企业成本降低问题分析》。《共生理念下的生态工业园区建设》一书，主要阐述了在共生理念前提下，依据瑞士苏伦·埃尔克曼《工业生态学》的基本原理，通过"生态工业园区建设"的相关研究，进而推进我国企业资源利用效率的提高，及对生态环境保护综合治理的相关内容。尤其是在实现"碳达峰""碳中和"方面，"生态工业园区建设"将是必经之路，将发挥不可或缺的重要作用。十分明显，本书为企业积极顺应我国生态文明建设，对实现习近平同志提出的"碳达峰""碳中和"刚性目标，都有着建设性的作用。此外，它对我国企业未来发展走向，在理论和实践两个方面给出的建议，也有一定参考价值。

《生态社会学》一书由重庆财经学院讲师贺双艳和颜萌萌二位女士撰写。贺双艳女士是西南大学教育心理学博士，现在重庆财经学院从事"大学生思想政治理论"和"大学生心理健康"等课程教学工作；颜萌萌女士，同属该学院专职教师。二人所学专业，均便于投入本课题——"生态社会学"研究之中。其中，贺双艳女士还主持出版了《大学生心理健康教育》《文化与社会通识教育读本》等著作。此外，她撰写并发表了一些与"社会心理学"专业相关的学术论文。除此，贺双艳女士对"社会学""文化人类学"等学科的交叉研究也较为关注。对"文化人类学"中"文化生态学派"的理论尤为重视。所谓"文化生态学"，是从人与自然、社会、文化各种变量的交互作用中研究文化产生与发展之规律的学说。显然，其关注的内容，正适合于《文库》第三辑中《生态社会学》的理论探索工作。《生态社会学》一书，对应对我们面对的生态危机，对助力人类社会可持续发展而建构合理的社会秩序等，提供了建设性的方案。因此，它也是《文库》第三辑较有亮点的一部学术著作。

《生态旅游论》一书由罗琳女士撰写。罗琳女士是重庆师范大学硕士，重庆外语外事学院讲师。主要从事生态旅游方面的教学工作。在教学之余，对生态旅游做了大量研究，并发表了《关于我国发展生态旅游的思考》《我国生态旅游资源保护与开发的模式探究》等不少前期学术论文。《生态旅游论》一书，阐述了生态旅游的理论基础，探讨了生态旅游的理论与实践，指出了生态旅游的构成要素及其形成条件，揭示了生态旅游资源开发与管理的内涵，也研究了生态旅游的环境保护及环境教育的关系等。《生态旅游论》一书，不仅从旅游角度为《文库》第三辑增添了新的内容，同时也为我国生态文明建设提供了新的视角。

不难看出，《文库》第三辑涉及的内容，既有对被西方奉为经典的《新教伦理与资本主义精神》的批判性分析，又有对新自由主义酿成环境灾变之"集体无意识"行为的心理学解读；既有以"协同学"方法在区域经济生态化建设方面的理论尝试，又有借"大数据"使决策主体在生态文明建设创新与协调方面的整体思考；既有对国际永续发展前沿理论的历史性解读及借鉴，又有对"电子政务"与生态文明建设工作相关联的系统认知；既有对企业未来发展方向——"生态工业园区建设"的积极思考，又有对生态社会学及生态旅游论的创新性理论建构。

总之，文库从不同专业角度奉献出对"生态文明建设"的较新的理论认知和解读。即如《文库》前两辑一样，《文库》第三辑，同样旨在从不同专业领域，为推动我国生态文明建设事业做出贡献。

至此，由三辑内容构成的《生态文明建设思想文库》，经参与其撰写工作的全体作者，及山西经济出版社领导和相关编辑人员的共同努力已经全部完成，它们具体有：

第一辑：

《自然的伦理——马克思的生态学思想及其当代价值》

《新自由主义经济学思想批判——基于生态正义和社会正义的理论剖析》

《自然资本与自然价值——从霍肯和罗尔斯顿的学说说起》

《新自由主义的风行与国际贸易失衡——经济全球化导致发展中国家

的灾变》

《区域经济的生态化定向——突破粗放型区域经济发展观》

《城乡生态化建设——当代社会发展的必然趋势》

《环境法的建立与健全——我国环境法的现状与不足》

第一辑于2017年业已出版发行。

第二辑：

《国家治理体系下的生态文明建设》

《生态环境保护下的公益诉讼制度研究》

《大数据与生态文明》

《人工智能的冲击与社会生态共生》

《"资本有机构成"学说视域中的社会就业失衡》

《经济协同论》

《能源变革论》

《资源效率论》

《环境危机下的社会心理》

《生态女性主义与中国妇女问题研究》

目前，第二辑全部著作现已经进入出版流程，想必很快也会面世。

第三辑：

《从生态正义向度看"资本主义精神"外部性短板——马克斯·韦伯的理论不足》

《环境破坏的"集体无意识"——从荣格心理学角度对环境灾变的认知》

《区域经济生态化建设的协同学探析及运作》

《大数据时代下的决策创新与调控》

《生态环境保护问题的国际进程与决策选择》

《生态文明建设中的电子政务》

《共生理念下的生态工业园区建设》

《生态社会学》

《生态旅游论》

目前，第三辑也已经全部脱稿，并进入出版流程。

《生态文明建设思想文库》三辑著作的全部内容业已完成，这也是《文库》编委会全体作者及山西经济出版社为我国生态文明建设所做的贡献。但是，囿于知识结构和底蕴，及对生态文明建设认知与把握的不足，难免会有不尽完善之处，故此，还望学界方家及广大读者惠于指正。

2021 年 8 月

前　言

人类社会发展历程表明，只追求发展速度与发展数量，必然会将自然持续客体化，使自然长期成为人类利用的对象。由此形成生态失序、结构失调、环境恶化。长此以往，必然破坏甚至毁灭人类社会自身发展的成果。因此在人与社会的互动关系中，需要考虑生态变量，使之成为社会可持续性发展的促进因素，需要树立人、社会与自然协调发展、平衡发展、有序发展的大发展格局观。党的十九大报告提出，必须树立和践行绿水青山就是金山银山的理念，坚持节约资源和保护环境的基本国策。党的十九大通过的《中国共产党章程（修正案）》，再次强调"增强绿水青山就是金山银山的意识"。2018 年 3 月，第十三届全国人民代表大会第一次会议表决通过《中华人民共和国宪法修正案》，将生态文明正式写入国家根本法。习近平在 2022 年世界经济论坛视频会议上的讲话中指出，"发展经济不能对资源和生态环境竭泽而渔，生态环境保护也不是舍弃经济发展而缘木求鱼。中国坚持绿水青山就是金山银山的理念，推动山水林田湖草沙一体化保护和系统治理，全力以赴推进生态文明建设，全力以赴加强污染防治，全力以赴改善人民生产生活环境。"党的二十大报告再次强调"我们要推进美丽中国建设，坚持山水林田湖草沙一体化保护和系统治理，统筹产业结构调整、污染治理、生态保护、应对气候变化，协同推进降碳、减污、扩绿、增长，推进生态优先、节约集约、绿色低碳发展。"这些政策、规划和意见都揭示了发展生态文明，建设生态社会的重要性，并在实践中指导中国开启高质量发展的新局面，为建立资源节约型、环境友好型社会而不懈努力。

《生态社会学》在反思新自由主义发展危机以及总结中国天人合一的哲学思想与社会治理方式的基础上思考生态社会建设的创新模式，使人类社会发展增强可持续性动力。全书分为三个部分。其一，探讨西方生态社会发展理论与实践，主要包括生态社会形态的进化与演变、新自由主义发展危机、马克思的生态社会理论、生态社会结构与社会管理。西方新自由主义的理论与实践源自亚当·斯密的《国富论》,在以人性的合理自私论为前提下建构了人—经济—社会发展的综合模式,然而作者在构思这个发展模式的时候并未把自然作为一个变量进行考量,以致在实践中未经思考直接把自然客体化。由此带来了整个社会发展的现实危机。马克思注意到资本主义社会生态的恶性循环,提出关注社会道德与社会秩序,在观念上和现实制度中平衡生态环境与人的发展,对生态社会的建设起到了补充作用,然而还需要进一步思考人与自然关系的深层次内涵,才能找到现实发展路径。其二,探讨中国古代生态社会的思想渊源及治理模式,主要包括先秦儒家与宋明儒家生态思想、儒家生态社会的治理模式、道家生态社会的思想渊源及治理模式。中国古代哲学特别是宋明理学,为生态社会的建设提供了重要的价值论前提。从"天人合一"到"民胞物与"再到"万物一体",都说明了在人与自然的关系中,自然具有主体性地位,即自然与人是同等的生命体,不可以随意被人客体化对待,也就是自然具有它自身的存在权利。此外,中国哲学非常强调人性的完满是不断将关系纳入自身的过程,家人关系—社会关系—国家关系—人与自然的关系是一个不断递进的过程,即人性的终极完满是需要把"自然"纳入"自我"成为"自我"的一部分,这为建构生态社会提供了人性论前提。其三,当今,生态社会的实现路径,主要包括网格化社会治理及现代化生态模式建构,生态社会的新型人格建构——儒家经济人的内涵及当代价值,建立生态社会的经济体制,发展生态经济。这里分别从社会治理模式—人性建构—经济发展模式三个方面思考当代生态社会建构的现实路径,为人类可持续发展提供可参考的答案。

本书作为《生态文明建设思想文库》第三辑中的一册,在写作过程中得到了山西省社会科学院晔枫研究员的全程指导,并获得以下基金支持:重庆市教育科学"十四五"规划重点项目"将巴渝文化融入川渝地区高校通识教育的共同育人机制研究"(2021-GX-151),重庆财经学院博士项目"儒家经济人假设研究"(20176003),重庆市教委人文社会科学研究项目"民办高校教育党支部组织力提升的网格化路径研究"(20SKDJ022)。本书的撰写过程借鉴了一些同行优秀的研究成果,参阅了国内外相关学术专著、期刊和报纸、网络上的相关文献资料,在框架结构、章节安排上参考了国内外一些著名作品的写作体例、结构。所有的这些借鉴或参考,有些已在注释或参考文献中列出或标注,有些可能未列出。在此,我们谨向有关作者、出版单位以及相关领域的前辈、同仁表示诚挚的谢意。

　　由于作者水平有限,书中难免存在不足之处,敬请读者批评指正。

贺双艳

目　录

第一章　生态社会学导论

提到生态社会学,人们往往会产生很多疑问:什么是生态社会学,怎么界定生态社会学的研究对象与研究范围,它与社会学、生态学、环境社会学、环境伦理学等学科的区别和联系是什么,生态社会学的发展历程如何,生态社会学的研究意义是什么,如何架构生态社会学的理论体系等。这些问题是每一门学科首先需要回答的问题。我们的研究也从这里开始。

第一节　生态社会学的学术界定

要界定"生态社会学",我们必须首先对"生态社会"进行学术界定。

一、关于生态社会的界定

(一)生态社会的内涵

生态社会的概念最早由美国社会生态学家默里·布克金提出。布克金所提到的生态社会概念是非等级的社会制度与生态文化观的体现。在《自由生态学——等级制的出现与消解》中,默里·布克金指出"文化与个性的改变与我们实现一个生态社会的努力同步——一个基于用益权、互补性和不可简约的最低保障的社会,同时承认一种普遍人性的存在和个体的权利要求。在一种不平等中的平等原则指导下,我们在实现社会内部和谐和社会与自然和谐的过程中,将做到既不忽视个性的领域,也不忽视社会的领域,既不忽视家庭的领域,也不忽视公共的领域。"美国新罕布什尔南方大学的可持续发展办公室主任罗伊·莫里森(Roy Morrison)在《走向生态社会》中从价值构建的角度谈道:"生态社会是从生态学的角度去理解自然。""生态表明一个事物对环境是良性的、积极的。"本书中的生态社会是继原始文明、农业文明和工业文明之后由生态文明阶段所对应的社会形态，是继承中华文明的合理内核并基于人性的合理建构而形成的社会形态，也是从生态保护与发展角度对社会组织和制度的要求与期盼。这种社会是生态、社会、人等多方位的有机融合，既是一种新的生态，也是一种新的社会。这种社会是一种将道德自觉与社会制度相结合的产物，以人与生态和社会的共同可持续发展为目标。从本质上讲，生态社会是人与生态、社会之间以人为核心的、全面的、长期的和良性健康的互动，生态社会既是与人的生存发展相适应相融合的生态，也是与人的健康生存和可持续发展相融合的社会，而人的道德自觉、组织有效和合理行为则为二者的良性健康互动提供主体性力量。

（二）生态社会的特征

第一，人与自然的和谐共生。生态社会中人与自然和谐关系的建立，有助于打破当前社会经济发展对生态环境造成污染与破坏的局面。人与自然的和谐发展要求破除人类中心主义，这必然涉及对如下问题的终极追问：人与自然的关系到底应该是怎样的？人在自然中的位置到底如何定位？对此，我们不得不从中华文明中汲取智慧。"天人合一""民胞物与""万物一体之仁"等思想可以从源头上找到答案。这是建立生态社会的思想根基，也是人性根基。

第二，人与社会的和谐共生。社会作为人的集合体，如何实现公平与正义，建构社会生态的良性互动，也是生态社会的重要命题。个人与集体是密不可分的关系。个人自由而全面的发展是建构和谐社会的基石，而和谐社会也为人的发展提供了更为完善的环境和条件。因此生态社会要体现为人与社会之间的和谐发展。值得一提的是，人与社会的和谐发展也离不开自然的参与。人、社会与自然是相互融合的。

第三，族群之间的和谐共生。人类不同族群之间存在着生存环境、思想观念以及生活方式的差异。一个合理的生态社会还必须具有族群融合的能力，使不同地域环境中的族群在生产生活的实践中发挥各自的优势和特点，推动互助与合作，包容差异，以一种平衡合理的发展模式，在不断构建良性生态空间的过程中促进族群之间的和谐与共生。

（三）生态社会的要素

生态社会的要素主要从两方面来界定。一方面是社会学意义上构成一个社会的基本要素，包括自然、人、社会。这里的自然不是被破坏的自然，而是与人和社会发展相适宜的人化自然；人，是既依赖于自然，又尊重自然，还与自然和谐共生的人；社会是具有相应组织结构和制度规范，融合不同族群差异性生存方式并能与自然环境良性互动的人群集合体。另一方面是生态社会子系统意义上的构成要素，包括生态社会的政治、经济、文化。生态社会的政治包括其政治制度、治理模式、社会结构等；经济包括其经济制度、经济发展模式、经济效能等；文化包括思维方式、价值观念、行为规范等。生态社会两种不同的层面要素有所区别，但也紧密联系，共同构建了生态社会基石。

二、关于生态社会学的界定

（一）生态社会学的定义

根据前述对生态社会的界定，我们把生态社会学定义为：生态社会学是在人类社会不断演进的过程中形成的，以生态思维方式和生态价值观为指导，探讨人—自然—社会和谐共生的原理、规律与方法的科学。该科学将生态与社会相结合，具有系统性。"人—自然—社会"共同构成了复合生态系统，这使人们可以将系统论等现代科学的理论与方法运用到对整个世界的认识上。生态社会学为人们认识世界开辟了新的理论视野，也为生态社会的构建提出了一个新的理论构架。

（二）生态社会学的研究对象

生态社会学的研究对象主要从两个方面进行探讨。一方面，从系统论角度，生态社会学主要研究生态社会的结构与社会模式；人—自然—社会相互作用的原理、机制、方式；生态社会的科学建构方式等。另一方面，从生态社会的构成要素角度，分别研究人、自然与社会等要素的特点以及各要素参与构建科学生态社会的机理。例如生态社会学需要研究作为主体要素的人，其科学思维方式、价值观、生活态度等，以及其参与构建科学生态社会的作用、原理等；此外，生态社会学需要研究自然。这里的自然包括三层含义：其一是物质的生态系统，包括动植物、微生物、土壤、光、热、水分、空气及其他化学元素等；其二是生态系统中物质循环、能量流动等,也就是说生态系统本身也是相互作用的,既有看得见的物质之间的相互作用,也有看不见的能量之间的相互作用,并具有生生不息的生命力;其三是人化自然,也就是当人类科技进步与经济发展日益与对自然的供给与需求相结合时,自然的存在状态。最后,生态社会学需要研究社会,包括社会的组织方式、运行模式,确立人与人之间的平等关系,确立族群之间的合理关系等。

第二节　生态社会学的研究缘起

伴随着近现代科学技术的迅猛发展以及资本的迅速扩展,现代人类已经拥有了相当大的改变自然环境的能力。但是人们也正在为此付出巨大而沉痛的生态环境代价,种种全球性生态危机正向人类袭来。生态危机全球化正是研究生态社会学的重要原因。

一、全球气候变化导致生态危机

气候变化问题日前正引起国际社会的广泛关注。按照《联合国气候变化框架公约》的定义,气候变化是指:"经过相当一段时间的观察,在自然气候变化之外由人类活动直接或间接地改变全球大气组成所导致的气候改变。"2019年,美国国家海洋和大气管理局(NOAA)莫纳罗亚气象台的传感器监测到一个惊人数据。大气中的二氧化碳(CO_2)浓度已经超过415ppm,即CO_2质量超过整个大气质量的百万分之415,创造了有史以来的最高纪录。气象学家埃里克·霍尔萨斯在社交网站"推特"上表示,人类历史上地球大气中的CO_2浓度首次超过415ppm。"这不仅是有记录的历史中的第一次,也不仅是一万年前农业文明出现后的第一次,而且是数百万年前人类出现后的第一次。我们从未见识过这样的地球。"德国波茨坦气候影响研究所的威利特等人在《科学》杂志上撰文指出,大气中CO_2浓度已经达到了300万年前水平。而直立行走的人类,200万年前才刚刚出现。近年来,大气中的CO_2浓度仍在迅速上升。一直跟踪CO_2浓度变化的斯克里普斯海洋研究所项目负责人拉尔夫·基林表示,其平均增长率仍处于历史高位。2019 年与 2018 年相比增长了 3ppm,而近些年的平均增长率为每年 2.5ppm。密歇根大学的一项研究认为,到 22 世纪中叶,大气中的 CO_2 浓度或飙升至 5600 万年前的水平。NOAA 把 CO_2 比作"砖",将地球比作散发热量的壁炉。大气中过量的 CO_2 等温室气体将吸收陆地和海洋散发的热量,使地球的热量循环失去平衡[①],由此会带来如下重要的变化。

(一)平均气温升高

美国国家航空航天局(NASA)和英国气象局表示,2020 年创纪录的气温较工业化前的水平高出 1.25℃,更令人担心的是,当时并未同时出现周期性的厄尔尼诺现象,而这种现象曾令 2016 年平均气温增加了 0.2℃。哥白尼气候变化服务公司的负责人布诺坦普强调:"2020 年因异常高温而成为特别的一年。这再次提醒大家,为避免未来发生不利的气候冲击,大刀阔斧削减排放迫在眉睫。"[②]

《2019 年中国气候公报》指出,2019 年,我国平均气温 10.34℃,较常年偏高 0.79℃,较 2018 年偏高 0.25℃,为 1951 年以来第五个暖年。四季气温均偏高,春秋明显偏暖。全国 31 个省(区、市)气温均偏高,其中,云南、广东、河南、海南四省为历史最高。不仅平均气温高了,高温天数也多了。2019 年,全国平均高温(日最高气温≥35.0℃)日数 11.8 天,较常年偏多 4.1 天。由此带来的极端高温事件也偏多。2019 年,全国极端高温事件站次比为 0.38,较常年和 2018 年分别偏多 0.26 和 0.20。全国共有 348 站日最高气温达到极端事件监测标准,其中云南元江(43.1℃)等 64 站日最高气温突破历史极值,主要分布在云南、贵州和四川等地。

(二)气候相关灾害数量增加

由联合国减少灾害风险办公室与比利时鲁汶大学灾害流行问题研究中心联合发布的《灾害造成的人类损失 2000—2019》的报告指出,2000 年至 2019 年期间,全球共记录 7348 起自然灾害,造成 123 万人死亡,受灾人口总数高达

---

① 胡定坤:《警报!大气二氧化碳浓度达人类史上最高》,《科技日报》2019 年 5 月 15 日。
② 《欧盟气候机构:2020 年为有记录以来最热年份之一》,https://baijiabao.baidu.com/s?id=1688321549023055622&wfr=spider&for=pc,访问日期:2021 年 3 月 20 日。

40亿人,给全球造成经济损失高达2.97万亿美元。与之相比,全球在1980年至1999年间报告自然灾害4212起,造成119万人死亡,受灾总人口超过30亿人,经济损失总额达1.63万亿美元。报告显示,气候相关灾害数量激增是造成灾害总数上升的主要因素。1980年至1999年,全球报告气候相关灾害3656起,而2000年至2019年增至6681起。其中,洪水灾害从上一个20年的1389起增至3254起,风暴灾害从1457起增至2034起。此外,干旱、山火、极端气温等灾害以及地震、海啸等地质相关灾害发生次数也显著增加。

(三)冰川和积雪融化

1979—2017年,北极海冰范围显著减小,南极海冰范围缩小总体呈上升趋势。2017年,南极海冰范围异常偏小,3月海冰范围为有卫星观测记录以来的同期最小值,9月为同期次小值。

中国天山乌鲁木齐河源1号冰川(以下简称"1号冰川")是全球40条参照冰川之一。1960—2017年,1号冰川经历了两次加速消融过程,累积物质平衡量达–19.77米（即假定面积不变的条件下,冰川厚度平均减薄19.77米水当量）。2017年,1号冰川物质平衡量为–681毫米,处于高物质亏损状态。1981—2017年,青藏公路沿线多年冻土区活动层厚度呈明显增加趋势,平均每10年增厚19.2厘米,活动层底部温度呈上升趋势,多年冻土退化明显。[1]

二、生物多样性丧失

根据联合国"生物多样性和生态系统服务政府间科学政策平台"(IPBES)2019年5月发布的评估报告,自1900年以来,全球主要陆生物种的平均丰富度下降了至少20%,有25%的动植物物种处于脆弱状态,物种灭绝速度是过去1000万年平均值的数千倍,而且增速有可能进一步加快;到2016年,在已知的大约800万种动植物中,有100万个物种面临灭绝,包括40%以上的两栖动物、33%的造礁珊瑚和1/3以上的海洋哺乳动物,其中许多物种将在数十年内消失;在6190种驯养哺乳动物中,559种已经灭绝,至少1000种受到威胁。这

---

① 中国气象局:《中国气候变化蓝皮书2018》,科学出版社,2018。

场第六次生物集群灭绝主要由人类导致，原因是人类活动改变了75%的陆地表面和66%的海洋生态环境，破坏了超过85%的湿地，具体包括农地的扩张和农业集约化、城市扩张、矿产资源开采和过度捕捞、森林砍伐和湿地消失、污染、气候变化和外来物种入侵。令人震惊的还有气候变化加剧的森林大火，据估计，仅澳大利亚新南威尔士州的大火就造成了大约8亿只野生动物死亡、244个物种消失。到2020年9月，3份新报告传递了更惊人的信息。世界自然基金会(WWF)发布的《地球生命力报告2020》显示，通过对近4000种脊椎动物的21000个种群的数据跟踪发现，在1970—2016年间，全球脊椎动物种群数量平均下降了68%，其中淡水野生动物种群数量减幅达84%。英国皇家植物园发布了对"全球植物和真菌现状"的评估结论：全球植物物种消失的速度比人们发现和命名它们的速度还要快，灭绝的风险远远高于此前的预计，估计有14万种即39.4%的维管植物面临灭绝，而《地球生命力报告2016》的相关数据是21%。联合国《生物多样性公约》秘书处(CBD)发布的第五版《全球生物多样性展望》则告诉我们，人类对生物多样性保护的反应非常迟钝：在2010年确定的20项"全球生物多样性目标"中，到收官之年的2020年仅"部分实现"了6项。该处的执行秘书强调："这份旗舰报告强调，人类在留给后代的自然遗产问题上正处于十字路口。生物多样性的丧失速度之快在人类历史中前所未见，伴随的压力与日俱增。整个地球生命系统正在遭受破坏。人类如果继续以不可持续的方式开发利用自然、削弱自然的贡献，那么我们也难保自身的福祉、安全和繁荣"。[①]

三、土地荒漠化导致的生态危机

《联合国防治荒漠化公约》中，"荒漠化"的定义为：在自然因素与人为因素的相互影响下，干旱区、半干旱区与亚湿润干旱区的土地逐渐退化的现象。根据联合国公布的相关数据，全世界约1/3的陆地面积和1/6的人口受到土地荒漠化的威胁。全球每年土地荒漠化约为5×10^4平方千米—7×10^4平方千米，

---

① 张玉林：《人类世时代的生物灭绝和生物安全："2020中国人文社会科学环境论坛"研讨综述》，《南京工业大学学报》（社会科学版）2021年第1期。

造成的直接经济损失约为430亿美元。我国是世界上土地荒漠化面积最大、危害程度最严重、受影响人口最多的国家之一，荒漠化土地面积占国土面积的27.5%，约为270万平方千米，全国近4亿人口受到土地荒漠化影响。每年因荒漠化造成的直接经济损失约为541亿元。目前，我国荒漠化得到一定的控制，但是仍有加速扩大的风险，荒漠化每年平均扩大2460平方千米左右，这严重影响了国民经济发展和社会安定。①

四、水资源危机和粮食危机

2020年3月，联合国最新的《世界水发展报告》显示，目前全球有36亿人口（将近全球一半的人口）居住在缺水地区（一年中至少有一个月缺水），全球水资源需求正以每年1%的速度增长，而这一速度在未来20年还将大幅加快，到2030年全球将可能面临40%的水资源短缺。而到21世纪中叶，全球将有20亿人口生活在严重缺水的国家和地区，而缺水地区的人口数量也将从36亿人激增至48亿—57亿人。水是生命之源，是一切农作物生长的基本要素和条件，未来水资源危机的加速恶化将从根本上加重全球粮食危机。导致全球水资源短缺的原因很多，人口增长是重要原因之一。过去20年间，全球年人均淡水可供应量减少了20%以上，这一问题在西亚和北非地区更为突出，这些地区的年人均淡水资源供应量已不足1000立方米，比21世纪初减少了30%以上，这些地区已经进入了"水资源严重短缺"阈值内。除西亚和北非外，南亚、中亚地区也面临着严重的水资源短缺问题。除了人口的过快增长外，气候变化是导致全球水资源短缺的又一重要原因。气候变化进一步加快了全球水循环，导致全球湿润的地区降雨更多，而炎热干旱的地区更加干旱少雨，气候变化进一步加剧了全球水资源短缺和不平衡。除上述因素外，水污染、水资源浪费以及对水资源规划保护措施不足也是导致全球水资源危机的重要因素。据统计，农业用水占全球用水量的60%以上，农业生产离不开水，随着全球水资源的短缺以及气候变化导致的干旱频发，水资源危机将严重威胁全球农业生态系统及粮

---

① 孙技星等：《2000—2015年中国土地荒漠化连续遥感监测及其变化》，《东北林业大学学报》2021年第3期。

食安全。根据 2020 年 11 月 26 日联合国粮农组织发布的《2020 年粮食及农业状况》报告显示：目前全球有 12 亿人口生活在农业发展受到严重缺水限制的国家和地区，这其中 5.2 亿人口生活在南亚，4.6 亿人口生活在东亚和东南亚。而在中亚、西亚和北非地区，有 20% 的农业人口生活在水资源严重短缺地区，撒哈拉以南的非洲地区虽然只有 5% 的人口（约 5000 万人）受此影响，但由于这一地区缺乏水利设施，以雨养农业为主，一旦发生干旱将会给人们赖以生存的农田和牧场造成毁灭性打击。如果从受影响的农田来看，全球有超过 1.28 亿公顷（约 11%）的雨养农田和 6.56 亿公顷（14%）的牧场面临频繁干旱的威胁，1.71 亿公顷（超过 60%）的灌溉农田面临较大或极大的水资源压力。超过 6200 万公顷的农田和牧场同时面临严重的水资源压力和频繁干旱，约 3 亿人深受其害。①

五、海洋退化的生态危机

国际海洋现状计划和国际自然保护联合会 2013 年联合撰写的一份报告称，海洋的退化速度远比人们所想的要快，海洋正以令人震惊的速度变暖、酸化及失去氧气。该报告对海水的变暖、酸化和氧气流失等提出了警告，认为我们正在把生物置于难以忍受的进化压力之下。报告提醒人们，人类不断燃烧石油和煤炭并排放出二氧化碳，这些二氧化碳约有 1/3 被海洋吸收，致使海洋的酸化达到了前所未有的严重程度。同时，海洋污染程度也在加剧，每年进入海洋的塑料已超过 800 万吨，1980 年以来增加了 10 倍，至少影响了 267 种海洋动物，包括 43% 的海洋哺乳动物、44% 的海鸟和 86% 的海龟。就在该报告发布的一个星期之前，联合国政府间气候变化专门委员会指出，因温室气体排放而困于地表的热量有 90% 以上被海洋吸收，在过去的 100 年里，海洋上层平均温度提高了 0.6℃。海洋进一步变暖将很可能导致北极夏季海冰消失、更多氧气流失以及存储于北极海底中可导致地球变暖的甲烷大量释放。地球表面有将近 3/4 被海洋覆盖，海洋约提供了人类呼吸所需氧气的一半，并为数十亿人提供食物。但海洋健康状况恶化的速度比我们原先认为的要快得多，应该引起每

---

① 李俊海：《全球水资源短缺与粮食危机》，《生态经济》2021 年第 3 期。

个人足够的重视。海洋生态平衡之所以被打破,除去自然本身的变化如自然灾害外,主要是来自人类的活动。其一是不合理的、超强度的开发利用海洋生物资源,例如近海区域的滥捕,使海洋渔业资源严重衰退。其二是海洋环境空间的不适当利用,致使海域污染加剧和生态环境恶化,例如对沿海湿地的围垦改变了海岸形态,降低了海岸线的曲折度,危及红树林等生物资源,造成海洋生态环境的破坏和海洋生物多样性的减少。其影响固然直接危及当代人的利益,但更主要的是会给后代子孙带来可怕的累积性后果。[①]

六、森林面积减少的生态危机

联合国粮农组织发布的 2020 年《全球森林资源评估》报告指出,自 1990年至今,全球森林面积持续缩小,净损失达 1.78 亿公顷,相当于利比亚的国土面积。但得益于部分国家大幅减少森林砍伐、大规模植树造林和林地自然增长,森林消失速度已显著放缓。目前,全球森林面积共 40.6 亿公顷,占陆地总面积的近 31%。其中,有 25% 分布在欧洲(含俄罗斯全境)、21% 在南美洲、19%在北美洲和中美洲、16% 在非洲、15% 在亚洲、5% 在大洋洲。俄罗斯、巴西、加拿大、美国和中国五国森林面积之和占到全球的 54%。据估计,自 1990 年以来,全球共有 4.2 亿公顷森林遭到毁坏,即树木遭到砍伐,林地被转而用于农业或基础设施。2015 年至 2020 年间,全球每年森林砍伐量约为 1000 万公顷,与2010 年至 2015 年间每年 1200 万公顷砍伐量,以及 1990 年至 2000 年间每年1600 万公顷砍伐量相比呈持续下降之势。2010 年至 2020 年间,非洲每年森林净损失量最大,为 390 万公顷,其次为南美洲的 260 万公顷。[②] 森林不仅仅能够为人类的生活提供木料资源,更重要的是森林能够净化空气、吸收灰尘、消除噪音、防风固沙、保持水土等。渐渐消失的森林将打破自然生态系统的平衡,进而威胁到人类的生存和发展。

上述各种数据使我们感到触目惊心,全球性生态危机或将成为影响人类社会可持续发展的重要因素。我们必须马上行动起来,担负起责任,将人类社

---

① 冬木:《海洋加速退化,人类面临抉择》,《中国海洋报》2013 年 10 月 23 日。
② 高伟东:《30 年来全球净损失 1.78 亿公顷森林》,《经济日报》2020 年 8 月 26 日。

会与生态文明建设有机结合,促进人、自然、社会的和谐发展,建构健康良性的互动关系。这正是生态社会学研究的缘起。

第三节　生态社会学的研究意义

一、理论意义

生态社会作为工业社会的进阶社会形态,这个概念具有深厚的理论基础,同时涉及多个学科,如哲学、社会学、经济学、生态学、环境学、管理学等。生态社会的研究的理论价值丰富,主要体现在以下几个方面:

(一)开展生态社会研究,深化了人类对社会认识的探究

人类社会自诞生之时起,就伴随着对社会认识的不断探究。人类社会从文明形态上划分,已经经历了原始社会、农业社会和工业社会三个阶段。生态社会则是一种人类势必将进入的更高阶的社会形态,也是人类势必进入的一种新的社会形态。生态社会以新的社会结构入手解决生态危机。开展对生态社会的研究,对人类的社会认识是一种重要的完善和深化。

(二)开展生态社会研究,拓展了中国传统文化研究的视阈和范围

纵观中国文化史,不难发现其中包含着众多的生态哲学思想。将中国传统文化中的生态哲学智慧进行深入挖掘,并将其与社会学相结合,与社会中的人性研究相结合,与环境伦理学相结合,不仅有助于发掘中国文化在生态社会中的重要价值,有助于拓展中国传统文化的研究视阈和范围,也为生态社会学的研究开辟了新的视角,使中国本土优秀文化与西方优秀文化可以有机结合。

(三)开展生态社会研究,推进了社会学研究的生态化

生态社会学作为社会学的一个重要分支学科,采用了社会学的理论和研究方法。关于生态社会的研究则是生态社会学研究的一个重要维度,主要从社会形态的视角切入。生态社会的研究主要关注社会的生态化变迁,社会学研究则是关注社会的现代化变迁。开展生态社会研究,推进了整个社会学研究的生态化进程。

二、现实意义

21 世纪以来,随着淡水危机、粮食安全问题、能源危机、气候变暖、荒漠化问题和物种加速灭绝在全世界范围内愈演愈烈, 生态危机逐渐受到了人类的高度关注。人类已经开始意识到,这种由人类自身行为导致的危机具有毁灭人类的威力。追求高度现代化的工业社会暴露出了社会现代性的特殊问题,针对这些问题,联合国、相关国际组织和世界各国都积极做出相应的应对。但是这些行动是远远不够的, 我们需要一场从思想观念层面到生活方式层面的深刻变革,从而完成人类社会从工业社会到生态社会的大变迁。生态社会是解救工业社会的唯一出路。开展生态社会研究,有助于人类社会的生态化变迁,以一种超越的视角解决生态危机。生态社会的研究,有助于构建生态社会的模式和框架,为人类描绘出生态社会的愿景;生态社会的研究,有助于构建生态社会的评价指标体系,从而评价我们现阶段的生态文明建设,以更有效率地走向生态社会;生态社会的研究,有助于推进当前工业社会的生态化变迁,运用社会学制度化的方法为生态社会的建设提供可操作的抓手。系统开展生态社会的研究将帮助人类早日摆脱生态危机,实现人类文明健康可持续的发展。

第四节　生态社会学的学科定位

生态社会学作为一门新兴的学科,在各种学科中处于什么位置,和有关的学科是什么关系,这是需要首先搞清楚的。由于它产生的渊源关系,首先必须确定它与社会学、生态学、环境社会学以及环境伦理学的关系,从而确定本学科的理论和学科定位。

一、生态社会学与社会学的关系

生态社会学是社会学的一个分支学科,要运用社会学的理论和方法,隶属于社会学体系。这是生态社会学和社会学的共同点。但是,生态社会学与社会学各有侧重,各有区别。社会学主要研究人群组合体——社会,探讨社会结构、社会秩序与社会功能以及人与社会的互动。在这些研究内容中，自然生态不会是其关注的重点。而生态社会学是关于传统工业社会向生态社会转型和发展的规律的科学，是人类社会由工业文明转向生态文明和生态社会建设时期的社会学，会将自然生态以及人与自然的关系作为社会的重要组成部分加以研究。此外，社会学的研究起源较早，早在 19 世纪三四十年代，人们就开始关注并研究社会现象与社会规则，即对于人类集合体的社会，人自身身处其中，很容易捕捉到需要关注的重点。而生态社会学的研究起步较晚，在 20 世纪 70 年代，大批学者开始从专业的视角审视人类社会的生态环境、自然资源利用、可持续发展等现实问题，即在发生生态危机后，人类不得不将视线从人类自身投向更远更广阔的自然空间，将自然生态纳入社会的一部分时才开始有了生态社会学的研究。

二、生态社会学与生态学的关系

生态社会学与生态学的共同点，在于它们都是以"生态系统"的观点为理论起点，分别对生态系统进行研究和考察。不同的是，生态学是研究动物、植物、微生物及与其有机、无机环境之间关系的科学，主要的研究对象是自然生态系统以及生态系统的新陈代谢等。而生态社会学是社会学的一个分支学科，属于社会学的学科范畴。不仅研究自然生态，也研究社会生态，并且将"人—自然—社会"的互动关系作为研究重点，还把生态世界观作为本学科的世界观和方法论。

三、生态社会学与环境社会学的关系

生态社会学与环境社会学都是社会学的分支学科，生态社会学与环境社会学有一致的地方：一是研究的对象有相同之处，环境社会学和生态社会学都是以生态环境为研究对象；二是研究的理论方法相同，都要用社会学的理论和方法。但两者也存在不同之处：其一是对象不同，生态社会学是把人类作为生态的一部分，而环境社会学是把环境和人类作为两部分进行研究；其二是范围不同，生态社会学是把生态和社会作为一个整体进行研究，环境社会学是研究环境和社会的互动关系；其三是层次不同，生态社会学是把生态文明作为社会的高级层次研究，而环境社会学是把工业文明作为社会的研究层次；其四是目

标定位不同,生态社会学是研究生态文明社会这种新的社会形态的科学,而环境社会学是为工业社会服务的。

四、生态社会学与环境伦理学的关系

生态社会学与环境伦理学都看到自然的权利,都在为赋予自然价值,为克服人类中心而努力。然而不同的是,环境伦理学更多是从伦理道德层面探讨自然的内在价值、人与自然的关系等问题,某种意义上具有形而上学的哲思性质。而生态社会学不仅要从思维方式、价值观念层面思考自然的价值,也要从社会治理、社会运行的角度来讨论如何将伦理观念制度化、可操作化,如何培养具有自然伦理关怀的人,如何有效促进人—自然—社会的良性互动。生态社会学某种意义上是将形而上的哲学思考与形而下的操作实践相结合的科学。

五、生态社会学与人类生态学的关系

人类生态学对人类社会的研究集中在人类及其社会行为的生物性上,根据达尔文进化论的思想,将人类的社会活动与自然界中自然发生的生物性行为进行类比,强调生物性的发展在人类社会发展和演进中的重要作用以及人类的社会行为在生物活动中的本质属性,但是人类社会在具有生物性的同时也是在发展的过程中衍生出了包括环境、文化、理念、意识、组织等众多影响人类社会生存和发展的重要因素,共同构成了推动人类社会发展和演变的影响因子。人类生态学整体上偏向了对人类社会行为和空间构造的生物性的认识,却未能在人类社会整体性的发展中研究人类的社会性。而生态社会学是从整体视角切入,用系统论的方法研究人类的文化、理念、意识、组织与生态环境之间的互动关系、互动行为和互动结果,更具有综合研究的特点,因此两者是有区别的。

综上所述,生态社会学是社会学、生态学、伦理学等学科的交叉学科,是社会学的一个分支学科,是人类社会由工业文明转向生态文明时代的社会学,是研究人—自然—社会的良性互动关系,建构科学的生态社会的学科。这是对生态社会学的学科定位。

第二章　生态社会的发展演变

人类对于生态社会的认识经历了十分复杂和曲折的过程，受到不同文化理念和社会环境的影响，对生态社会的探索也具有不同的特点，在平衡社会和生态之间关系的复杂课题中所应对的理念和方法也各不相同。但就是在这样的生态社会的探索和实践中，人类开始了对生态社会活动研究的架构体系和知识体系的搭建与完善，不断地揭示着人类活动与自然生态之间的关系、人类社会发展与生态环境建设之间的关系以及人与生态的相互影响所形成的社会形态的内在规律，同时也不断地在继承和发展中推动着人类生态社会的建设和发展、自然社会与人类社会的和谐与共生，推动着生态文明社会的建设和巩固、人与自然和谐相处的生态社会形态的形成。

第一节　社会进化与生态均衡

人类社会的发展伴随着人类文明生物性与社会性之间的对抗与妥协，在博弈中不断寻找和试探两者的平衡点，在相互作用中将人类社会的发展不断推向前进。一方面，社会的发展就像个体一样，遵循着生物性的法则，在发展演进的过程当中也发生着进化和淘汰，在调节和协调中逐渐在每个阶段探索出适宜发展的最优状态，淘汰落后关系和落后的事物，推动社会生态整体与个人的和谐。另一方面，生态社会的发展具有社会本身性质的特征，生态社会环境是一个整体性的环境，随着发展中整体状态的不断改变和所处的阶段的状态变化，生态社会内部遵循着守恒的规律，通过社会构造和生态关系的重构、改造，实现内部的平衡和关系的转化。西方社会学的研究钟情于社会进化的理论，将社会作为一个有机的个体，研究其在随着人类文明发展中所产生的变化和发展的状态。但是人类社会文明的发展是个综合的复杂的过程,除了在生物性上的发展规律之外,随着人类社会化进程呈现出文化性、群体性和利益性,因此,社会进化的生态均衡是一定程度上的守恒,人类社会发展的不同阶段所具有的社会性、制度性和思想性的影响也在推动着生态社会呈现出更具有系统性、空间性和意识化的发展。

一、生存与竞争

随着近代自然科学的兴起和发展,人们对世界的认识产生了重大的改变,科学界所产生的经过验证的思想和理论,也在不断加深人们的认识,并创造着新的思想体系。英国的生物学家查尔斯·罗伯特·达尔文（Charles Robert Darwin）就在这一个阶段提出了在生物的进化发展中所存在的"适者生存"的自然选择学说,其核心思想是生物的繁殖过剩与生存资源的竞争性关系。在生物的进化发展中,为了发展下去,必须为生存而斗争,这种自然的生物行为和个体的关系就造成了生物个体随着竞争关系的衍化而出现的沿着一个方向发展的规律,在这个生物群体中,随着环境的适应性发生着缓慢的变异,具有适应环境的有利变异不断存在并壮大, 不适应的个体在生物之间的选择和竞争中逐渐被淘汰。长期的自然选择在这种状态中不断延续,经过长时间作用,逐渐巩固并维持着优势个体的主导性和统治性。

达尔文的进化论从生物与环境相互作用的角度, 证实了在生物发展过程中物种延续和自然选择的事实,同时对生态社会的研究产生了重要的影响。社会达尔文主义就是受到达尔文生物进化论思想派生出来的西方社会学流派,认为人类社会的发展和存在的关系与达尔文所主张的生物领域的生存竞争和自然选择的过程是相一致的, 整个人类社会的发展也是像生物群体的发展一样存在着生存与竞争的关系, 并在生态环境的参与下对整体的生存能力和适应能力进行界定,根据社会与生态环境之间的选择做出"优胜劣汰、适者生存"的社会发展规律的论断。

英国哲学家、社会学家、教育家赫伯特·斯宾塞（Herbert Spencer）被称为"社会达尔文主义之父",他最为著名的论述就是将"适者生存"的进化理念应用到人类社会的研究上。但实际上他对于社会进化的理论在达尔文的《物种起源》发表的 7 年前就提出了,认为进化是个普遍的现象和规律,在社会的整体发展和演变当中,进步是必然的和肯定的。后受到达尔文的影响,他将这种进步和发展的规律与自然选择的学说联系在一起, 认为这种变化与生物性的自然选择、适者生存的理念是相一致的,在特定的社会空间中发生着个体之间的淘汰和社会整体的转变,他反对人为的干预和社会的改革,认为这是违反了人类社会发展的自然规律。同时, 他也提出对于人类社会发展的社会有机体理论,在进化和发展的过程中社会整体也是进化的一个重要方面,在生物性的增长的过程中,为适应逐渐复杂的社会有机体,其内部的结构不断发生着结构与功能的变化,在经过社会结构和社会组织的协调和作用下,完成对所处环境的整体性迎合。

斯宾塞阐明了人类社会发展的生物性和社会性特征,用进化理论对人类社会的发展和社会生态演变的过程进行了论述, 延续了自然选择对人类社会进化和发展的论证。人作为自然界的生物来说,其群体化的过程和发展是对环境的不断适应,并依据环境的变化逐步提高生存能力,扩展生存空间,选择和竞争在这个过程中督促了人类群体化的发展和群体规则的制定。随着社会权力机制的产生, 作为自然性的选择也在社会群体人为的操作下成为社会自主选择的过程。但是就像斯宾塞所说的一样,进化和发展是存在于人类社会发展的整体当中,在每一个特定的社会阶段里并不是必然的。影响选择和产生竞争的因素除了环境的助推之外,有人类的社会化程度、科学技术发展、自然环境的变化等多重因素。人类社会的发展是直线式的发展,但是每个发展的阶段都是多样化和多线性的。社会达尔文主义以偏概全地以生物性发展规律来定义人类社会发展的复杂的事实和社会结构的关系。生物进化理论确实在一定程度上证实了人类社会发展的规律和状态,却偏重于人类社会发展的生物性特征, 强调这个过程的自然属性, 自然的竞争与选择固然是社会发展的一种规律,但人类社会的发展还受到了"人"这个社会个体本身的影响。

优胜劣汰的自然选择在规训生物群体的发展和群体基因的引导方面起到了很大的作用,自然环境对于生物能否继续生存下去具有重要的影响。"适者生存"的选择性将生物群体中的一部分不适宜环境的个体进行了淘汰,在长久的自然选择中,存活下来的个体是既经过了环境的考验,也在个体的竞争中成了胜利者，但是这种环境因素和生存竞争带来的进化与选择是出于生物基因的技术性和机械性的选择。在人类社会的发展进化中，由于人类具有人脑的思想性和工具的假借性，人类社会对于"胜利者"的衡量标准又是多样性的，主要表现在社会发展的阶段性特征与资源掌握的方式上。发展过程中的每一个阶段，人类对于生存资源和生存环境的开拓都是基于自己的资源掌握和拥有的工具属性、技术属性的能力掌握。随着发展水平的不断提高，人类对工具的掌握逐渐实现由功能性的借助到身体器官的替代，工具与人的关系也在技术的发展中不断发生着转变。因此，每一个时代，社会发展对于掌握能力的考量是不一致的，比如早期的社会，在群体中拥有较好身体机能的人更容易生存下来繁衍后代，其基因就更容易延续下去，成为自然选择中的胜利者；在社会发展中期对于工具的使用和创造的推崇大大减少了人力，身体机能的束缚被工具的使用替代，因此能获得更多的生存资源和生存空间的个体是能够通过工具的使用获得群体优势的个体；在社会的后期发展中，对于脑力工作的推崇，又更换了身体机能和工具使用在竞争和选择中的优势地位，能够运用脑力开发工具，支配人与物的个体成为社会的优势群体，选择的标准就又一次发生了变化。因此，人类社会发展的进化思想单单延续了生物在竞争与选择中的自然技术性的过程，是生物基因延续的工具和手段，但人类社会的发展和个体之间的竞争与选择是个复杂的过程，优胜劣汰的技术性和手段性不能完全定义人类社会的发展。

二、生物性与社会性

人类社会的发展和生物的群体性发展之间的本质特征在于人类的社会性，诚然人类社会的发展在一定程度上受制于"物竞天择，适者生存"的生物性特征，但是对于先于社会个体的社会现实来说，环境的影响因素和社会构造内部之间的关系在社会发展的过程当中起到了最为重要的作用。

在人类的社会的生物性发展中，适者生存的客观现实使得选择与竞争的关系是利己性、动态性和生理性的。社会群体的组合和个体的参与是在保证自身生存资源和生存空间的前提下，为了维护自身优越状态而组合形成的。在没有道德、制度的规约下，群体规模的壮大和缩小是依托于群体资源的积累。物质属性是群体的基本特征,这在实质上是一个极不稳固的状态,会随着自身的选择和群体权利的变化随时发生着改变,个体虽然受着群体的约束,但是群体的权力状态受制于个体的维护程度。群体的权威性与凝聚力在于个体对其贡献和维护的程度,领导者个体的能力决定了群体的强弱程度,而且在技术分工对资源的介入中随着衡量标准的变动,群体的依赖性会在很短的时间内发生变化,旧有的群体关系就会很快被新的关系取代,甚至被消灭。在社会的生物性延续中,个体繁衍数量是衡量竞争性的主要指标,社会群体中的优势个体会在群体的延续中占有更多的生存资源,将自己对环境的适应和优势的基因进行传递,长久的社会发展中,优势基因就逐渐成为群体的共性。人类社会化发展的基础是人类的生物性,但其发展的过程中,除了生物性对社会群体构造、基因延续、环境适应等方面的影响外,社会性对人类社会的发展起到了决定性的作用,并随着长久的生命延续和社会更迭逐渐构造着内部与外部的体制与机制。

　　人类社会的发展在分工、技术和规训的引导下,呈现出不同于自然生物群体的模式与状态。在这一研究中,主要的代表人物是埃米尔·涂尔干(Emile Durkheim)。他是实证主义的创始人之一,与卡尔·马克思、马克斯·韦伯并列为现代社会学的三大奠基人,他为社会学确立了社会事实这一独立的研究对象,并且提出社会事实是先于个体而存在的,它的存在不取决于个人,是先行的社会事实造成的。由于社会高于个人,社会事实无法用某个单独的学科和研究个体的方法来解释,提出社会事实分为"运动的状态"和"存在的状态"。涂尔干的研究将社会及其个体的生物性剥开来,围绕社会事实的发展对个体的影响进行类型化的研究。"他反对把不同的社会排列在一个简单的进化直线上,主张根据社会各个部分之间的结合方式和紧密程度来划分社会类型,建立了机械团结的社会和有机团结的社会这种两分法,并把这两种社会视为统一的进化链条上的两个环节。"①

　　涂尔干对于社会类型的分类打破了社会达尔文主义对社会发展的社会进化理论的定义,强调在社会发展的不同阶段,社会事实和个体影响因素对社会

---

① 侯钧生:《西方社会学理论教程(第四版)》,南开大学出版社,2019。

发展状态的影响。一方面,物质存在的客观事实是社会发展的基础,这种存在的事实是一切社会行为存在和变化的根源,同时也是社会群体活动的基础。人类的社会化活动是围绕社会事实进行的,现实性的物质条件和基础是实现社会行为变化的重要来源。在还未形成有机团结关系之前,人的社会行为和活动是没有经过分化的,社会个体以相同或相似的状态存在于社会空间当中,以同质化的行为推动着社会的发展。但是在这种社会当中,人的主体意志被集体性的行为和社会活动湮灭,个体参与社会行为和社会活动的范围扩大,但领域内的发展程度不高,彼此之间的依赖程度低,社会群体的关系不稳固。在形成了有机团结之后,个人的社会化属性对社会的发展程度有了本质上的依赖,为参与社会的行为和分工,必须不断地加强个体对分工领域的熟练程度,以追求适应社会关系,从而获得其他领域的资源。在这样的社会群体中,个体与社会之间的关系更加紧密,个体与个体之间也相互存在着依赖关系,社会群体的关系稳固且团结。另一方面,在不同的社会发展阶段中,个体的竞争方式与群体对社会的参与方式是不同的,由此个体发挥的作用和社会发展中社会性因素发挥作用的程度也是不同的。在群体对社会的参与维护中,集体意识①起到了总的统领和把关的作用。在初期社会化的过程中,集体意识以社会契约的形式存在,对社会个体的限制性较强,社会集体的维护在于强制性的手段与惩罚性的措施,以"告诫"的形式维护社会集体的权威和人对社会的精神依赖。个体对于社会的从属性较强,群体对于个人的规范性强,社会的发展和维护主要靠群体约束个体的形式发挥作用。在社会化程度较高的阶段中,由于社会对于个体技能的专业性的要求,社会化的分工使个体技能在专业领域内的突飞猛进,并且这种众多的领域内的专业化成为社会发展的主要动力,此时群体的作用弱化为对于个体的管理和服务,其所具有的社会权力,被个人异质性的发展分解,但是所做出的调节对于强化社会群体的黏性、维持团结和谐的社会状态起到了重要的作用。

---

① 集体意识是涂尔干在继承了孔德的思想后提出的概念,强调社会共识对于社会整合的重要性,他把集体主义界定为"社会成员平均共有的信仰和情感的总和"。

三、生态社会空间的形成

人类社会发展的过程是活动空间开拓和活动领域延伸的过程，本质上是人类社会群体对于环境适应能力提高的过程和人类生态社会空间建构和形成的过程。在社会化的过程中，人类社会对于规则、技术的应用能力的提高加快了社会发展的速度，对于集体观念和意识的强化规训了生态空间的行为和活动方式。在这个过程中，集体意识首先发挥了重要的作用，它在个体的集中上和组织上进行了专业性的分工和意识的集约，尤其是在早期的社会发展中，集体所制定的社会规则通过对个体生存能力的考量在集体内部进行了阶级的界定，强化了优势阶级对于群体的归属性。在制度的限定下，集体中的个人行为受到了意识形态观念的引导，个体的聚集虽然是强制性的，但社会集体的团结性是相对较强的：在惩罚和规训的外部监控下，维护着个体对于群体的贡献和服务；在强权的严格把关下，个人成了社会的单元；在权力制度的分工要求下，进行生态社会空间的开拓和社会空间的维护。随着社会发展程度的提高，社会规则发生的作用和所具有的权力属性也在社会个体的崛起下逐渐受到挑战。社会生态规则对于社会个体监控和要求的强制性明显弱化，个体对于社会的凝聚和集中在于社会集体为个人提供的生存资源和稳定空间。社会空间的打造成为一个社会群体中的专业化过程，权力与分工的分离解放了社会群体空间发展的生产力，推动了社会空间领域专业化发展。社会集体所形成的意识观念形成了对社会群体的抽象空间的构造和开拓，虽然这一空间与实际的社会的空间现实是不一样的，但对于现实社会空间的运行和整体的状态起到了直接的影响，这是在长期的集体劳动和集体行为的过程中逐渐形成的，宗教、意识形态等就是从这一方面演化出来的。"个人死亡，世代交替，而这种非人格的力量却总是真实、鲜活、始终如一的。从宽泛的意义上讲，它是每种图腾所信仰的那个神，但它是非人格的神，没有名字或历史，普遍存在于这个世界上，散布在数不胜数的事物中。"① 这种实际的力量不过是进行社会统治的社会力量的

---

① 涂尔干：《宗教生活的基本形式》，渠东译，上海人民出版社，1999。

化身,在社会文化的传播中以话语、符号、文字的形式和社会仪式化的塑造实现对集体属性的定义，在个人对集体的认识中形成社会集体对个人的统治和规训,但是整个过程不是强制性的,是在个体之间的相互说服和巩固中形成的。

区域社会学、城市社会学理论的重要奠基人列斐伏尔提出了"关于空间一般社会理论,并将空间结构区分为空间的实践、空间的再现与再现的空间三个要素,即空间的实在、构想和认知的三个层面。"空间的实践包括在社会活动所存在的空间以及在这个社会空间中,社会与空间的结合与延续,在社会实践的过程中社会活动加强了个体对于社会的参与，并在空间与群体的交织中增强了个体对于社会的黏性,由于社会实践的延续性和连贯性,社会实践的活动和行为保证了社会空间的稳固。空间的再现是来自社会空间本身,为维护社会实践活动的有序进行，在客观存在的基础上衍生出来的对客观世界的抽象的描述和还原,这种还原实现了对真实社会状态的管理和社会行为的约束,并在对现实社会的映射中实现对于其"秩序"的管理。再现的空间是对现实社会空间的解读,为提高社会发展的效率和个体的参与性,在社会实践的过程中,将客观的现实进行符号性编码,从而形成抽离社会物质的话语空间,实现客观物质跨越其本身的实践和行为,同时,符号系统所形成的符码还原了现实社会的符号空间,社会空间成了一个具有两种存在形式的实践领域。

第二节   生态社会形态的进化与演变

社会形态是指生产力在一定发展阶段相适应的经济基础和上层建筑的具体的历史的统一体。它是统一性和多样性的统一。随着人类社会的发展和社会文化的演进，生态社会的形态和组织的结构在经过环境与个体的协调和谈判后,逐渐呈现出社会环境的适应性和个体参与的共同性。在个体与社会发展的同时,生态社会形态也发生着进化和演变,在制度与组织形式的参与下,生态社会的形态呈现出对集体性、共同性的追求。"从辩证唯物主义的观点出发,社会是生产关系的总和构成，是以共同的物质生产活动为基础而相互联系的有机体。'生产关系总和起来就构成所谓社会关系,构成所谓社会。'"①物质的生产关系在生态社会形态的发展中起到了决定性的作用,随着生产力的发展,生产关系开始产生,并在社会化的生产环节起到调节作用。由于人类社会活动的物质属性,生产力的调节形式以及对于生产的参与程度就直接影响到了社会组织的形式和效果。构成生态社会形态的各个组成部分之间存在着紧密的关系,除了生产关系以外,社会的经济基础、上层建筑也在社会形态的演变和发展中逐渐起到了导向性的作用,其在物质基础、社会观念中对个体的浸入和导向推动着社会形态的演变。生态社会形态的进化是一个不断发展的过程,受到了社会发展的自然性的影响和社会关系组织形式的作用,由于社会历史的复杂性,在具体的发展阶段还存在着特殊形式的社会形态,但总体上是生态社会的进化和演变,是个运动和发展的过程。

一、社会形态的更替

马克思认为:"原始社会—奴隶社会—封建社会—资本主义社会—社会主义社会这五种形态依次更替是社会的'自然的发展阶段'。"但这个过程是社会形态的整体的发展过程,具体到一个民族和一个国家,发展的过程受到了历史选择性的影响,是发展的统一性和多样性并存的,兼具曲折性和渐进性。在统一性和多样性上,社会形态的更替一方面是整体性的前进的过程,在形态的转变中,调节着社会的政治、经济、思想等方面的关系,不断强化社会发展中各个方面的关系,并解放了在原有的关系中对生产力的限制和束缚。另一方面,社会的发展并不是沿着这一固定的模式顺序发展的,在社会形态更替的过程中,社会形态的形成是经过多样性的尝试和选择后,最终由在社会中的优势群体所固定下来的。社会形态发展的曲折性和渐进性主要存在于社会形态在"扬弃"的过程中对新旧关系的转换和变革,曲折性的发展反映了在生产关系中对生产力具有决定因素的集体或阶级对权力的把握与转让过程,新兴的关系是依据旧有关系进行的升华和替代。在对旧有社会权力机制的争夺中,新兴的管理和力量往往是多样化的,它的发展和成熟的程度在新旧势力的对比中以失

---

① 侯钧生:《西方社会学理论教程(第四版)》,南开大学出版社,2019。

去个体的多样性的形式消减传统关系之间的联合性,最终所形成的单一的力量和关系成了新的社会形态的基础。社会形态的发展是相对静态与绝对动态的过程,在发展中关系的转化和形态的更新并不是直接的变化和替代的过程。新的社会形态是滋生于旧有社会形态的发展中,是将原本的发展优势吸纳后,并对其在社会资源的分配和关系连接与生产力发展之间的矛盾进行剖析后,吸引新的阶级和力量加入社会群体规则制定的序列中,所形成的对于旧有社会形态的变革。旧有的社会形态是新的社会力量产生的基础,其本身所具有的关系和问题是推动新的社会形态发展的重要力量,而整个过程是渐进产生的,是在对旧有社会形态的完善和提升中逐渐形成的对其进行淘汰的过程。

原始社会的社会形态是建立在团结群体、抗争环境、共同生存前提下的,社会形态中对于权力、资源的分配和归属未形成明显的划分。由于生产力低下,为抗争环境的因素,群体之间的团结是以共同生存为基础的,群体之间的凝聚力较强,但受外界的影响较大,单个群体内部的变动比较快。奴隶社会的社会形态是建立在强制力对生产资源的把控和分配上的,社会群体聚合的目的是实现生存的需要。在集合后,优势个体的绝对地位,使其在维护个人的资源和群体的扩张当中成为剥削者,享受着绝对的生产资料。在这样的社会形态中,较少的优势个体在资源上享受着绝对的优势,占绝大多数的被剥削者承担着繁重的社会分工和较大的生存风险。随着生产力的提高,这种不平衡的状态逐渐被封建社会在生产关系上的优势取代,封建制度在这个过程中发挥着重要的作用,在制度和观念的推行中,社会群体实现了阶级的划分,由于社会群体之间的矛盾被封建分工转化,个体的关注从阶级之间的矛盾到了领域的归属和界定上,处于资源优势的多个阶级联合抱团,以群体性的力量维护着社会形态的正常运转和对社会群体的统治,在这一社会形态中,意识形态观念开始发挥作用,在意识的传达和话语的赋权中,成为维护现实社会形态的重要工具。资本主义社会取代了"天赋神权"的意识形态对社会群体的把控,依据生产能力和资源掌握的程度,对社会阶级进行了划分。在社会形态中,资源和权力成为对等存在的,现实客观的物质所有权是神圣不可侵犯的权利,也成为影响社会阶级的重要因素。在一个社会发展阶段,资产阶级崛起并与权力进行合谋,以生产关系的调配和生产技术的提升所实现的生产效率,调节了封建社会在强制性权力压迫下对资源的争夺,将剥削关系隐藏到剩余劳动价值上。同时资本主义社会形态所保留的"王权""君权"也以延续生命为代价成了资本主义社会弊病的承担者,化解着资本主义社会中的阶级矛盾和生产关系的矛盾。另外,资本主义的社会形态还引入自我调节的机制,对于维护社会形态的延续和社会功能的发挥起到了重要的作用。资产阶级的生产关系是社会生产过程的最后一个对抗形式。社会主义社会形态也是衍生于资本主义的社会形态当中,在经历过多次理想化的操作和实践后,以解放生产力,调节生产关系,将生产资料的所有权还给全体社会成员,形成一个没有剥削、没有压迫,社会全体成员自由、平等的社会形态。社会主义的社会形态将全体社会成员所拥有的物质资源、生产技术进行按需分配,生产力和生产关系的矛盾被物质资源的充分生产取代,在这样一个社会形态中个人拥有足够的物质资源和充分的自由和发展。马克思在总结人的发展中将其概括为三个基本的历史阶段,即人的依赖性、人的独立性、人的自由个性。在社会主义社会形态中,社会关系、物质资源的矛盾被社会组织形态化解,人的高度发展成为社会致力发展的方向。

二、生态管理与社会自由

社会形态的更替和发展也同时伴随着权力关系的转移和群体关系的变化,但从整体的趋势上来看是随着社会形态的演进和发展的,社会群体之间的关系和对群体生产资料的掌握来说是越来越平衡和谐的。关于社会形态中的自由和平等,其实在每个社会形态中都是相对的,每一次社会形态的更替,都是一次生态权力关系的变化和社会群体的赋权。

在社会形态的演进和发展中,最先系统性地对社会个体的自由和平等理念进行阐述的是资本主义的社会形态。资本主义社会形态产生于封建制社会的社会形态当中,在吸取了等级制度对于社会矛盾激化的教训后,将社会的分工和对物质资源的把控作为社会运行的基础。在物质资源的配备下,社会成员的关系被物质多寡严格地进行区分,等级权力制度在这个物质至上的社会形态中被边缘化,社会个体成了独立和自由的个体,可以根据自己的生产资料、生产资源和资本进行生产和经营活动,生产行为成为自由平等的行为,特权和等级在抓住制度这一根最后的救命稻草的情况下,艰难地吸附在资本上,但其所代表的国家权力机制实质上已经被资本挖空,成为担负矛盾与冲突的外壳,资本在其内部贪婪地吮吸着社会经济利益。社会分工在资本主义社会形态下进行了专业化的划分,除了资本之外的,能够掌握生产技术和生产力的群体在这场"自由"的洗礼中成了另一个赢家,摆脱制度和特权的捆绑后,真成为参与资本主义生产的个体,并以其在生产力的提升、生产关系的协调中所表现出来的效率成为资本的变现者,在与资本家的合谋下,以其生产上的优势实现了对社会物质资源的划归,为"自由"的经济发展制定规则与秩序,从而形成新的阶级利益和对社会其他群体的排他性的设置。资本主义社会形态表面是实现了对社会个体的解放和特权制度的废除,被净化为一个自由、平等、民主的社会形态,但是实际的社会运行中,在社会本身对客观物质资源的强烈追求下,资本主义社会的自由是资本的自由、生产的自由和特定阶级的自由,意识形态中对于"民主、平等"的捆绑实质上是为推行极端自由主义铺路。自由、平等在资本主义社会形态中是具有普遍性的,这个确认无疑,但在自由平等的理念发展中,资本和资产阶级得到了完全的自由。这是一种极端的自由主义,作为一种意识形态,在自由理念的大力推行下,实质上在为掌握资源的阶级和群体服务,是一种扭曲的自由理念。约翰·洛克曾强调"'自由'为人类之必要权利的政治在历史上不断重复",作为阶级理念推行的工具,自由主义几乎成为资本主义社会的主要意识形态。

国家权力机制是借助于国家形式的权力来实现社会集体的运行和秩序的维护,是保障社会形态、推动社会发展的重要力量,在协调社会关系、平衡社会发展中是总的把关者和调控者,在任何的社会形态中,国家政府机制都在发挥着作用。资本主义社会强调对自由主义的崇拜,主张放任自由发展资本主义经济,在这样的体制中,自由发展的权利是最大的且最为合理的,为促进经济发展所发生的一切关系和手段都是合法的,政府权力的让渡既是对自由主义的推动,实质上也是对资本的让步。在对自由主义的极端崇拜下,无政府主义诞生了,其基本的观点是反对包括政府在内的一切的统治和权威,将社会的极端自由作为真正的自由和平等,倡导自由的市场发展和经济关系,顺应社会自然的发展和社会个体之间自由建立的关系,来维护社会的稳定和发展的状态。无政府主义的理念是资本主义社会形态中对社会和个体的自由行为和发展自由的探索,其对于反对政府强权、等级制度、特权思想进行了限制,在理念上反对了群体权利对于人和人的发展的束缚和制约,是对自由思想的实践和探索,但是在极端自由主义推行的背后,是资本的运作和资产阶级的阴谋。资本主义社会自由市场的发展为资产阶级的经济行为和资本的循环与聚集提供了合法的渠道和便捷的条件,在社会群体获得相对自由权利的同时,是资本家在意识上灌输消费至上、反对行政干涉的意图,在经济的运作中获取至上权力,制定群体规则的过程。即使是在无政府主义的图景下,经济发展也会因为私有资本的问题产生极端现象。由于资产阶级对于资本的利己性的追求,缺少政府调节的市场会因为资源协调和资本配备的问题发生经济危机, 以及整体发展中过分对高资本投资回报率的痴迷产生发展不协调的问题。政府的宏观调控是对资本的监管和市场的布局, 在社会形态中以意识形态传递的方式协调着社会个体和集体的发展状态,这种协调的配备在以满足国家意识的情况下,协调了经济的发展和生产关系,促进了社会状态的稳定,是平衡生产关系、促进社会发展的中坚力量。

三、社会主义与共产主义

社会主义社会主张整个社会是一个整体,社会群体所占有的资源、资本应该基于对于社会群体的服务而出现, 在物质资源得到协调的情况下推动社会整体的发展。马克思和恩格斯也指出社会主义是社会发展的一个过程,社会主义是产生于资本主义,发展的结果是共产主义,社会主义在这个过程中是个中介式的存在和过渡的过程。由于资本主义社会形态所形成的生产力与生产关系的矛盾引发了内在的意识形态对阶级特权的保护和资本的固化, 资源一方面在资产阶级群体中饱满溢出,另一方面在无产阶级群体中供不应求,生存空间同时因为在政治上无权,经济上更加贫困。资本主义自由、平等的外衣下的贪婪本质暴露无遗。

社会主义社会基于资本主义在社会群体划分上的阶级性和生产关系上的不协调性,提出基于社会群体共同发展的理念。社会主义社会形态将社会成员作为一个同质的个体,在对生产资源的筹集和生产关系的建构中,将整个社会的资源集合在一起,通过普遍的生产关系的建设,挖掘社会个体进行专业分工,以促进生产力在各个方面的提高,将资源的优势进行开发,其生产成果为社会群体所共享,并在这个过程中消除了私有和阶级带来的社会群体发展不平衡的状态。社会主义社会状态中的国家机制是与社会发展目标高度一致的,在国家政策体制的制定、管理和推行中,与社会管理融合在一起,共同致力于生态社会的维护和国家的发展。国家权力的强制性以民主参与的形式实现了对多数人的管理和集体性的开发。一方面,通过对集体功能的开发,集结社会资源以共有的形式实现了对私有制和特权的规避,在对集体资源高度开发后,实现生产关系的介入,以最广泛的社会参与加入综合性的社会生产当中,推动生产力的高度发展,普遍满足社会群体对资源的需要和生态发展的需要,达到一个基本和谐的状态。另一方面,在社会生产和资源的分配中,社会主义国家的整体理念和发展的整体性思维推动社会生产的集中性和整体性,以资源的宏观调配的形式避免了生产内容上的过度集中和形式的过度单一,社会产业发展的整体性就为生态社会形态的稳固和社会个体的普遍参与提供了基础,整个社会生产和消费的过程成为一个动态的循环的过程。

共产主义社会是社会主义社会的高级形式,是社会主义社会的发展目标。共产主义的前提是社会生产力的高度发展和社会群体对于社会形态的高度认同。在共产主义社会形态中,人的发展实现了马克思对于人的三个基本历史发展阶段的跨越,人成为自由独立的人,具有自由个性的人。共产主义社会形态的本质特点是生产资料公共所有,在公共资源面前,社会的发展在集体的力量下成为高速运转的过程,生产力的高度发展带来了人类解放的实现,不再对所需具有所欲,开始自觉地创造人类自己的历史,在不受制于现实条件所带来的矛盾的情况下,人类社会的发展与自然环境的适应呈现出高度的和谐。由于共产主义社会中个体之间的高度自觉性和意志的一致性,作为强力机制的国家权力被社会的自我进化和社会个体的自我发展弱化,发展的高度自由使社会中的每个个体都融入了社会生态管理的各个环节当中,社会个体的自行运转推动了生态社会的运行和社会的管理,这个自主化的过程在长期的意识影响下成为自然的过程。

第三节　新自由主义的危机

资本主义的自我调整将社会阶段性生产上的矛盾转化到生产关系的适配上,并通过对社会生产方式的调节缓解着社会制度对社会发展造成的阻碍,在一定的社会发展阶段延长和维系着资本主义社会的生命, 进而延伸着这一社会制度状态下的社会生态。在实际的社会发展中,由于社会生产和社会状态受到各种因素的影响,并不是严格地控制在一个过程中。因此,在社会发展中,生产关系和社会状态也是错综复杂的存在, 生产与社会的调节也在社会的发展中不断进行,并与国家权力相互合谋,成为统治社会的工具。但是,社会生产的矛盾本质上是社会制度本身的局限性,随着社会生产和社会关系的发展,这一"合谋"最终在社会和生产的发展面前失灵。

一、新自由主义的社会调控

新自由主义是诞生于 20 世纪 70 年代, 以恢复古典自由主义为主要内容的经济和政治学思潮。它反对国家和政府对经济的不必要干预,强调自由市场的重要性。这一时期,以两次石油危机为导火索,整个世界陷入了"滞胀",凯恩斯主义束手无策,资本主义的发展一方面受制于资源,一方面受制于政府的管控,"自由"的发展过程受到了影响。在伴随着生产效率提高、剩余价值最大化而产生的"高滞胀"的社会状态出现时,新自由主义将问题归结为社会生产的不完全性,政府的管控和资源的所有权成为资本主义私有化的挡箭牌,理论上新自由主义将反对国家干预上升到了一个新的系统化和理论化的高度, 从政治和经济的角度实现了新自由主义的合法性。市场的完全自由摆脱了政府干预对资本发展的束缚,在"看不见的手"的指导下,资本主义经济得到了进一步的发展,同时公共资源的私有化改革也为资本主义的发展扫清了障碍,在充分地获得生产空间和生产资源的情况下, 资本主义生产发展的扩大暂时缓解了社会"滞胀"的矛盾,解决了社会发展的危机。

新自由主义具有多学派的思想和理论体系, 包括以哈耶克为代表的伦敦学派、以费里德曼为代表的货币学派、以卢卡斯为代表的理性预期学派等。在哈耶克看来,所有形式的集体主义最终都只能以中央集权的机构加以维持,在经济上的自由和在政治上的自由是公民不可或缺的。在《通往奴役之路》一书中他主张"极权主义独裁者的崛起是政府对市场进行了太多干预和管制,造成政治和公民自由的丧失而导致的。"在其"自愿秩序"理论中,哈耶克认为:"自由价格机制并不是经过刻意介入产生的,二是'自发社会秩序'或称之为'由人类行为而非人类设计'产生的秩序所领导。"弗里德曼反对政府干预的计划,尤其是对市场价格的监管,他认为"价格在市场机制里扮演调度资源所不可或缺的信号功能。"他从"自然率假说"理论上否定了政府的宏观调控在解决社会失业率中的作用,强调了货币在调节社会生产和消费中所具有的重要作用。以卢卡斯为代表的理性预期学派批判了凯恩斯主义的经济方法,从经济学的角度强调了理性的预期对生产调节的重要作用,支持市场的自我调节。

新自由主义在资本主义社会经济危机的契机下,将自由的社会和经济发展推向了高潮。在新自由主义的支持下,资本与政治合谋,在对政府干预的反对中解除了资本扩张的限制,实现了市场的自由生产,同时在生产资源私有化的过程中解决了资源成本与生产发展的矛盾。在私人资本扩张的需要下,社会资源的存在形式被合理地物质化、资本化,推动了垄断资本主义的发展,新自由主义解决了 20 世纪 70 年代资本主义社会的危机,却为后续的社会发展埋藏了更大的隐患。

二、新自由主义的破灭

在阶段性的社会危机解决以后,新自由主义的弊病随着社会化生产和国际化的发展逐渐暴露出来。在资本主义的社会生产发展到一定的阶段后,技术性的生产力的提高对社会劳动和社会分配所造成的"滞胀"问题再次显现,并伴随着生产的高度社会化和生产资料的私有制产生了更加激烈的矛盾。而这一时期凸显的不仅仅是政治和经济与社会生产之间的关系矛盾,更是综合性的垄断极端发展造成的综合性的、全球性的矛盾。

社会政治与经济在经过高度自由的发展之后,造成了资源的高度私人化和资本的垄断性集中,占据生产资源的少数人凭借着自由的生产制度不断集中着财富,社会贫富差距拉大,并在生产技术的参与下,更多的无产者面临着劳动价值进一步压缩的风险, 自由的市场环境为资本的集聚和剩余价值的剥削创造了良好的环境条件, 社会生产和社会关系在这种自由的状态下进入了一种被资本剥削的境地, 社会关系因此也被政治和经济关系所倡导的规则主导。除此之外,私有化的浪潮席卷全球,在自由的市场经济的引导下,国际垄断开始向全球蔓延,在全球化的市场经济和国际分工的不断发展中,市场经济体制在全球范围内建立起来, 各种经济模式的国家无一例外地受到影响,全球性的资源配置也开始受到自由市场环境的影响。在这一发展趋势中发达资本主义国家合理合法地使用发展中国家的廉价劳动力,开拓并占有其生产资源。尤其是在"华盛顿共识"之后,发展中国家为此付出了惨痛的代价,接连遭遇了多次经济危机,甚至在全球金融体系的影响下,资本主义国家的金融危机转嫁至其他国家,引发了全球性的金融灾难,社会生态也在新自由主义的影响下沦为资本扩张的工具。在市场高度自由的发展中,资源的开发以资本为主导,以市场为方向,生态资源的价值被简单地以经济价值来界定,并在资源的私有化的过程中参与到自由市场的建构中, 市场经济对利益的追逐极大地破坏了生态环境的稳定,生态资源被掠夺式开发。在全球化的过程中,经济发展对资源的开发扩展到了全球, 全球性的生态危机成为影响人类长期发展的重要问题。

第四节　生态社会有机体

人类长期有效的规律性活动产生了人类社会, 社会的发展本质上是人与自然环境相互协调在整个的过程中呈现的状态, 社会形态的演进是人的社会活动与自然环境的关系不断变化和协调的过程。但在整个社会发展中,人类社会越来越倾向于对自然环境的适应和融入。人类社会产生于自然环境,人的社会形态演进的每一个阶段都在与自然环境发生着相互关系, 人的社会行为也在经历着由战胜自然—利用自然—返回自然—适应自然的过程。人类归属于自然环境的生物性,其生存和发展的基础是来自生物行为对自然环境的作用,这是不管在哪个社会形态下都无法改变的,只是在不同的社会形态下,人类与自然环境的关系强弱和适应的方式存在着社会行为上的不同。同时在人的自然属性的基础上,人类活动对于自然环境的多样性的开发和群体活动在对活动空间的建设中,逐渐衍生出了形式上与自然环境相隔离的社会空间和社会状态,但在与自然的关系上正在发生着从外在基础到内在机理的转变。生态社会是个有机社会,是在人与自然相互关系中形成的复杂的、和谐的、动态的社会形式,人类社会和自然环境相互作用的科学就是生态社会学。

一、生态与社会

人类行为是推动社会发展的基础,生态环境是维系社会的根本。人类社会是在自然环境中经过人的组织、分工,并在长期的时间选择中产生的高度社会化的人的活动空间和活动组织,这个空间是人的空间改造和建设的成果。人类社会的发展与自然环境有着密切的关系,自然环境的状态直接决定了人的适应能力和改造能力,在社会的演进中环境因素的调节能力和再生能力也对人类文明的发展和社会形态的形成起到了基础性的作用。"任何文明的起源都需要一定的自然环境支撑,而文明的形成和发展也必定需要伴随着某种环境机制。因为人类文明的产生从来都是从适应环境、利用环境开始的,并在与自然环境的相互作用中不断得以演进。"[1]

自然环境对人类社会具有绝对的影响,这个影响不仅仅存在于人类社会的产生过程,而且一直伴随着人类社会发展演变的整个过程,在社会发展的各个形态中发生着人类个体和群体的连接,以及对形态演变的引导。由于人的生物属性,人类的社会活动首先是生物性的自然活动的过程。为了生存和发展,人类必须从自然环境中攫取资源,与自然环境发生物质的交换。自然环境的状态、资源的分配以及开发的难易程度,直接影响到社会形态形成的速度和社会与自然之间发生关系的紧密程度。自然环境的影响是全方位的,地理、气候、资源关系着人类的生存能力和生存效果,在不同的自然搭配中产生了不同的社会文明和发展类型,人类社会的建立和发展在与自然进行协调的同时,也在以

---

[1] 李宏煦:《生态社会学概论》,冶金工业出版社,2009。

人的行为和活动的形式展现着人类社会对自然的认可和依附，不同地域的社会组织形式和社会发展模式各有不同，但在实质上是依据自然环境条件选择的结果。自然环境作为社会的外部因素，对生产力的布局、社会分工的构造产生了直接影响。人类社会不管发展到哪个阶段，社会生产活动都与自然环境发生着直接的联系，人类社会的发展和进步是依靠社会生产力的提高为其提供充足的资源，并在生产关系的协调中逐步解决着生产与资源之间的关系。表面上人类社会活动与自然环境的距离被工业文明拉大，人类社会的社会性超越了自然性的存在成为影响人类社会文明发展的主要力量，但自然的物质性对人类社会的牵制使其始终围绕着自然对行为的限定而活动，生产力的提高不过是资源的参与度与人的参与度之间不断变化的过程。

人类的社会发展是依托自然环境进行的，人类的社会化过程也是社会生态化的过程，在整体的趋势上，两者之间是相互联系相互融合的。但从人与自然的关系上来看，人类社会的发展经历了与自然环境分离—聚合的过程。在早期的社会发展中，人类适应自然环境为维护自身的生存和发展，以生产参与的形式改造着自然环境，圈定社会空间，在长期的有组织的社会活动下，人类社会空间的打造提高了社会集体对环境的适应性和抗争性。在这个过程中，人类社会对于自然的参与和改造，一方面是为了维护自己的生存和发展，建设一个稳定的发展的空间，另一方面是人类社会对自然环境的脱离。由于在自然环境条件下，人类是从属的地位，自然为人类发展提供资源的同时也带来了生存发展的威胁。为了维持生存发展的状态，社会群体在社会分工的参与下，在自然的环境空间中进行人为改造，在经过人的改造后的空间中，群体在适应的状态下实现了生产的提高和对威胁的规避。但是随着人类社会的进步和发展，人类社会在与自然的这种抗争关系中逐渐成了优势群体，人类的社会活动空间的构建和对自然环境的开发在行为上强化了活动空间的社会属性，却带来了与自然环境的割裂，自然环境的生态属性因此在人的参与下单向度地朝着人类适应性发展，多样性、协调性和共生性受到了影响。长此以往，环境的问题就在自然与社会的循环中重新进入了人类的社会环境当中，在物质的循环流动下，起初所产生的问题又转移到人类社会本身，成为人类生存和发展的又一重大威胁。因此，在人类社会与自然环境相分裂之后，为了推动人类社会的进一步发展,人类社会与自然环境的关系又开始紧密起来,自然环境在人类社会的构建下以参与的形式进入了社会的建设当中,人类社会群体的发展也朝着与自然共生、共存的方向转变,生态社会的理念成为社会可持续性发展所推崇的理论。

二、社会空间与时间

安东尼·吉登斯在《社会的构成》中提到了"共时性"和"历时性"的区别。"他批判性地吸收了海德格尔的时间哲学与赫格斯特兰德的时间地理学,将行动者的互动与时空连接起来, 形成了他另外两个分析性概念——例行化和区域化。"①社会的空间是社会群体活动的主要领域,在人类对于自然环境的改造和社会化行为的探索中, 社会空间领域的扩展和功能的开发完善了社会形态,创造了社会行为的对象领域,而在空间环境的打造中,社会群体形成了稳定的空间关系。在空间的扩展和延伸中,社会成员跨越了时空的不在场互动增强了本体的安全感,使这种时空关系的稳固转移到社会空间的维护中,并在这种"例行化"的传递中实现了社会的发展和变革。区域化的时空再生产将人类的社会活动进行了具体的分类, 并在实际的空间环境的基础上形成了超越物质属性并能发挥空间作用的时空区域, 空间中的区域化社会互动形成了对于社会空间的再生产。

社会空间是在人的社会活动中逐渐从自然环境中独立出来的人类的活动空间,空间没有明确的界定和划分,是在人的自然活动和社会行为的实践中逐渐形成的,是社会个体存在和发展的社会介质。空间具有记忆性,社会个体的行为和实践方式在空间中的反映以延续的方式在社会的发展中进行着传承。个体的实践活动既在现实的空间状态中为社会构造的完善起到了作用,推动了社会空间的维护和社会整体的发展,构成了人类改造自然环境、构建人类社会的现实性活动,又在实践的过程中实现了对空间记忆的打造,实践的行为和理念除了所形成的现实性成果,在其行为的过程中,社会改造活动在生产力的提升和生产关系的协调下所形成的理念和方法同时留存在社会空间当中。由

---

① 侯钧生:《西方社会学理论教程(第四版)》,南开大学出版社,2019。

于这种记忆性,社会中的空间行为都会以另外的形式进行空间保留,社会空间中的个体因为可留存、可传递的属性,形成了对社会改造活动的系统性认识,也形成了跨越时间范围的不在场互动。空间具有延伸性,在社会空间环境的打造和实践中,由于社会实践的复杂性和社会行为的个体化,社会空间在原本的自然空间领域的基础上,为提高其在生产关系上的调节能力和生产效率,逐渐衍生出脱离真实的社会空间的虚拟空间,这一空间以关系为基础,在社会行为和实践中起到了连接的作用。这一空间在现实中是不存在的,但在实际的社会发展中又是真实参与的,随着社会的发展和社会形态的更替,在时间的辅助下实现虚拟社会空间的传承。

三、群体选择与生态共识

人对自然环境的参与和改造是主观需要的过程,是选择的过程,也是集体意识集聚的过程。人类活动对自然环境的介入从本质上来说是有意图的行为,吉登斯认为不应该把这些行为看作是分散的实体,它不是单个的简单的行为的总和,而是在统一的社会意识的指导下不间断的行为动流,是我们在生存和发展的意念下的有意义的活动和行为的总和。因此,人类社会活动对于自然环境的改造实质上是人对自身的行为进行选择的过程,是对自然环境和社会空间打造的意见集合和形成社会共识的过程。

人类对自然环境改造是出自对社会化的生存发展与自然环境的某部分发生关系的过程。人类的活动和选择包括集体的选择和个体的选择。首先是关系到最基本的生存的物质的接触和获取,这是社会群体的集体性的危机感在社会群体行为上的体现,因此,对于自然环境最初的社会化改造是直接与人发生关系的。随着社会化行为对自然环境的拓展,个体的实践能力在群体化的集体行为中得到强化,尤其是当社会个体可以独立参与社会改造活动的时候,社会个体的理念就在集体观念中分散开来,在主观意识的主导下,个体社会行为开始成为本我资源聚集和自由发展的行为。此时社会发展受到个体思想和观念的影响,对自然环境的开拓和介入充满了个体的行为意志,除了集中的社会集体观念,分散的选择和个体的自主性成为社会选择的重要补充。分散的选择和行为方式是个体化发展的需要,但从社会整体的个人选择和意向来看,行为选择的一致性和对自然环境介入程度的相同性又从个体的角度强化了对选择的认同。

　　社会群体的集体性行为的发生是以社会共识为基础的，在社会成员一致的意志认同下，指导着群体关系的协调、组织的配备和目标的达成，社会共识是实现社会发展的基础。社会群体的集聚是出自对生存的共识，在初级的社会形态下，为了群体的规避行为，社会成员凝聚到一起，以集体的力量来抗争自然环境，获取生存资源，维护社会群体的稳定和发展。当社会发展到一定的阶段，个体的力量在群体中被彰显出来，个体的发展呈群体发展的趋势，在成员的个体活动和自我意识一致的情况下，推动着社会形态的变化和社会发展的演进。伴随着社会的进一步发展，社会群体再次在行为上凝聚，在专业性和领域性的分工下，成为社会建设的承担者。由于社会本身是群体性的存在形式，群体之间的关系和对于社会建设的发展是影响社会进程的重要因素，出于对共识的本质需求，社会将个体集合在一起，增强群体目标实现的效率性，推动群体目标的一致化。人的意识因此在社会的形成、演进和空间的打造中发挥着主导性的作用。

第五节　马克思的生态社会理论

　　马克思主义学说在于通过对资本主义社会意识形态和经济制度的批判，提出社会主义社会形态建立的必要性。在马克思主义哲学的探讨下，基于马克思主义唯物史观的社会形态和社会生产关系，说明社会主义社会形态在促进人类社会的发展、实现人的全面发展和社会良性循环之间的重要作用。社会主义社会形态的形成是在资本主义社会建构的过程中发展起来的，其对于资本主义社会关系的改造是社会主义社会形态产生的基础，在对资本主义意识形态的批判和驳斥下，社会主义以马克思主义的唯物史观为指导，开始建立以辩证法为核心的认识和改造世界的方法论，指导着人类的社会实践。

一、马克思主义的生态哲学

马克思主义的生态哲学强调人是自然的存在物,社会发展的基础是物质。由于人类所具有的能动性,在自然的行为活动中成为能动的个体,但同时因为物质性基础是生存发展的根本,所以人的发展受到了自然环境的限制。人的行为应当是在自然环境规则的前提下进行的自然的改造过程和社会的开拓过程,人本身也是能动和受动的统一体。关于生态学的概念最早是由是德国生物学家恩斯特·海克尔于1866年定义的,是研究有机体与其周围环境(包括非生物环境和生物环境)相互关系的科学。后随着对生态学的认识逐渐发展,其成为"研究生物与其环境之间的相互关系的科学"。生态社会学研究的全面发展到了20世纪60年代,在这一时期,社会形态发展为资本主义社会,在工业革命的影响下,人类社会的生产力取得了突飞猛进的发展,在生产关系的进一步协调下, 人与自然之间的对抗关系由自然环境对人的束缚逐渐演化为人的社会行为对自然环境的入侵。随着全球化进程对这一现象的加剧,生态环境问题凸显出来,明显成为限制社会发展、破坏自然环境、威胁人类社会发展的重要阻碍。美国得克萨斯州立大学教授本·阿格尔首先提出了生态马克思主义的概念,认为生态社会主义是马克思主义发展的必然结果。在社会形态的发展中,人、自然和社会的关系的单向性变化使整个社会发展进程出现了偏向,资本主义的工业化发展和极端自由主义的推行,使自然生态的平衡被打破,进而出现了对生物多样性、气候、环境等多方面影响的连锁反应。出于对社会发展的可持续性保护,美国当代生态学马克思主义的领军人物詹姆斯·奥康纳在《自然的理由——生态学马克思主义研究》中"重新解读自然的观念,力图赋予自然以历史和文化的内涵, 并以这样理解的自然和文化概念来改造传统的生产力和生产关系理论,重新理解自然、文化、社会劳动之间的关系,以此重构历史唯物主义。"① 自然生态环境在加入人类社会构建的那一刻就开始了对包括人类社会与自然环境在内的整体环境的作用,是与人和社会一样的,在发展中参与了划归于自然属性的意识和观念。生态马克思主义推崇在社会形态的发展中,

---

① 李宏煦:《生态社会学概论》,冶金工业出版社,2009。

对自然生态参与的重视和协调，并将生态环境的状况作为衡量社会发展质量和社会关系协调的重要指标，将人类社会发展和工业化发展的利益与生态环境的关系进行协调，讲求平衡的发展和协调的发展。

二、资本主义社会生态的恶性循环

"人与自然的关系制约着人与人的关系，同样，人与人的社会关系也制约着人与自然的关系。在人与人的社会关系中，最基本的关系是生产资料所有制的关系，因此，人与自然关系如何，最根本的是取决于人类社会生产资料所有制的性质如何。在资本主义社会，由于实行的是生产资料的资本主义私人所有制，这种资本主义私有制决定了人与自然关系的冲突和对立。"①资本主义社会形态的稳固依赖于工业革命对生产力的解放，工业革命对技术和生产的提高大大地加强了人类改造自然社会的能力，人类社会也迎来了人类文明发展的第三个阶段——工业文明。这一时期以城市的工业化为主要标志，资本主义的机器大生产将人力从生产阶段转移至操作阶段，在机械的生产参与下，社会的生产力显著提高，人类对于自然的改造也进入了快速发展阶段，资本主义社会因此获得发展收益，成为发展程度较之前的社会形态高的工业化社会阶段。在资本主义社会发展的过程中，为了避除工业化发展的障碍，资产阶级与自由主义合谋，在国家权力机制的作用下，无限度地进行工业生产的发展和自然资源的开发。资本高度膨胀的同时是生产资源的高度积累与自然资源的单向无限度获取，因此在社会形态和权力的合谋下，自然的生态价值被否定，随着经济全球化的发展，工业社会对于自然的掠取在全球范围内展开，于是产生了在全球范围内的人口、资源、环境的不平衡状况，进而产生了生态危机。这个过程主要表现在工业社会对生态文明造成的问题上，全球气候变暖成为全球性的政治议程，自然生态系统和物种的分布遭受到严峻的挑战，因此而导致的自然灾害产生了大量的灾难移民，人类生存环境遭受到威胁，资源短缺、能源危机的问题直接呈现到人类面前。但是由于资本主义社会形成的基础在于资产阶级自由生产发展的私人利益，在国家体制和社会形态的合谋下，资本主义社会

---

① 陈金清：《生态文明理论与实践研究》，人民出版社，2016。

的发展使生产加速、生态持续恶化成了一个恶性循环。这一问题的产生，一方面是人类社会发展的不平衡性造成的，另一方面是由于资本主义社会体制产生的，对于生态社会的发展和保护必须借助于社会形态的更替和发展观念的转变。

三、历史唯物论指导下的兼具革命批判性和维护建设性的生态社会

由于在资本主义社会体制下，生态资源环境的问题在社会发展中逐渐凸显出来，马克思、恩格斯的生态思想逐渐受到人们的重视。这一理论的基础是产生于唯物主义对世界存在的物质属性的界定，人是自然界中长期发展的产物，人类源于自然，生产和发展来自自然，是在自然界中长期演化、自我发展的产物，人类社会也是来自人对于自然社会的探索，自然是早于人类社会产生的，并决定着人类发展的物质属性。基于这样的理论，马克思、恩格斯在资本主义社会发展的上升期就预见到，如果不能正确地认识和处理人类社会与自然环境和谐发展之间的关系，最终将威胁到人类社会的进一步发展，并会将前期社会发展中所积累的问题反作用到人类社会的发展当中。

社会主义社会的发展受到了马克思、恩格斯生态社会思想的影响，在历史唯物主义的指导下，社会形态的发展以物质基础为中心，对于资本主义社会存在的发展问题进行革命性的批判，将自然与人的关系、自然环境与人类社会的关系作为衡量社会发展质量和发展水平的重要指标。社会主义社会的发展不仅仅强调社会形态、物质基础和生产水平的发展状态，而且认真地思考了人类社会发展的可持续性的问题，将工业文明的发展与生态环境的保护相结合，注重发展的协调性和整体性，将自然生态融入社会形态的构建和发展当中，对发展的平衡性提出了新的要求。同时在维护性、建设性的要求下，社会形态的发展以生产改良和资源置换的方式极大限度地减少自然资源的消耗，实现资源的循环使用和生产关系的进一步协调。当然，在社会主义社会阶段对于自然环境的重视和人类文明协调发展的理念并不是说人与自然之间的问题已经得到全面解决，生态社会思想的提出是对社会发展全面、协调、可持续的重视和对生态价值观的推崇，这样的意识观念会推动着人类社会与自然环境之间的良性互动，并朝着和解的方向发展。社会主义社会的生产力发展水平上的问题也

是影响人类社会与自然环境之间和谐关系的重要因素，由于社会主义社会阶段的发展形态所具备的生产力还不够发达，生产与消耗之间的矛盾依然存在，人类社会发展与自然环境保护之间的关系依然需要协调。另外，人类社会发展与生态治理在地域上的矛盾和冲突依然存在，如何协调个体发展与生态保护之间的关系、局部发展与整体发展之间的关系等依然是我们需要面对的问题。

第三章　生态社会结构与社会管理

　　社会发展的物质属性使生产力关系和生产个体之间的关系紧密结合在一起,以冲突、归顺、协调的方式,为社会形态的稳定奠定着物质基础,这一属性也是社会形态构建和个体发展的基本条件。随着社会形态的发展和稳固,社会个体对物质属性的依赖会逐步演变成为社会行为的依赖、社会关系的依赖,并在超越物质本身的社会化构建中,推动形成稳定的生态社会结构,带动生态社会发展的整体性、一致性。生态社会结构是寓于社会结构当中的,在对社会结构的建设和社会形态的稳定中,强调生态性、自然性因素在社会结构中的地位和整个的社会结构在发展中与自然关系构建的程度。生态环境的建设和社会结构稳定是辩证统一的关系,需要在现实的社会实践中掌握社会历史发展的规律和人与自然相处的规律,基于生态管理的角度,调节生态社会的空间管理和生产发展之间的关系,使社会的发展成为自然的、历史的、和谐的过程。

第一节　社会主义的社会基模与生态发展

　　社会主义社会形态的维护和对社会主义观念的传递是生态社会构建的基础,社会主义社会的实践活动推动了生态社会与人类社会之间关系的发展,同时也助推了生态社会结构的构建。生态社会为社会主义社会形态的改良和人类社会的可持续性发展指明了发展的方向,并协调了社会发展与生态建设之间的关系,重新在人的认识上将生产活动与自然活动联系在一起。因此,社会主义社会形态的构建既是社会实践活动的发展,又是人与自然的关系的转变,对于人类的长期生存和发展来说,两者之间是相辅相成的关系。在推动社会生态化发展的过程中,一方面依靠的是强制性的权力在发挥作用,国家形式、社会制度和意识形态以社会群体中的绝对权力,把控着社会运行和发展的脉络,在整体性的推动下和强制性权力的监管下,生态意识和观念得以在社会群体中进行推广。另一方面,是来自人们的认知结构和知识体系的发展,也就是自然科学技术的发展中逐渐形成的对自然环境和人类社会之间的关系的认识,以及通过教育、宣传、研究、实践等形式,社会群体知识性思想体系的提升和完善。这一过程实现了人的自主化的认知,并将社会的生态行为转化为个人化的行为,在社会群体的思想认知方面实现了生态社会构建的需要和生态环境保护的需要。但在实际生态社会的建设中,强制的国家体制和政府手段只能在一个相对的社会形态中发挥作用,其对人与自然关系的认识是基于社会权力机构的作用的,一旦社会形态或者国家政权发生更迭,对于生态社会关系的认识就会出现断层,在社会的延续性和发展性上,生态社会的理念一直处于从属的位置。在社会群体的认知结构和知识体系上对生态观念的理解、存储和记忆,会通过知识传递、社会实践和人类的生产活动得以传递和延续下去。在对自然环境的探索中,逐渐加深对自然的认识和人与自然关系的认识,在社会发展对生态思想传承的同时,更延伸了生态社会的理论内涵,并在实践的过程中逐渐验证着人与自然和谐相处的可持续发展理念。

社会基模是认知结构,是人对世界的认识机制,这个机制是关于人对客观现实的感知和对认知讯息的处理模型。人对世界的认识是一个基于人的认识系统的感知和理解体系,与社会形态和社会机制本身存在着不同,社会基模是出自人对社会现实的反馈,是人的普遍性的知识结构。生态社会基模是伴随着人对客观世界的认识和对自然环境的适应而产生的,是在社会发展和社会形态的演变中,经过长期的选择和改造形成的。它对于人类生态社会活动的认识具有延续性和时代性。不容置疑的是,随着社会形态的更迭,生态社会关系的维护和社会生产能力是在不断加强的,人的认知基模也在生态社会形态的发展和转换中不断得到完善,这个过程是具有延续性的,不会随着社会形态的改变而发生变化。因此,在社会发展程度越高的社会形态中,社会群体的生态认知基模就越完善,对于社会现实和生态社会发展的认识和判断也就更具有先进性。时代性是生态社会基模对社会形态的认识和适应能力上的体现。在生态社会认知的延续和发展中，社会形态的变化并未改变社会群体认知基模的架构和规律，即使是意识形态和国家机制发生了相应的改变，在社会空间中，群体的行为和认知依然在基模的延续下继续着社会的行为和关系的建设。这种认识与科学认识和生产力的发展紧密相关，却超越了社会形态和意识观念的影响。基模的功能在于当我们遇到新的信息时，旧有的经验、知识和能力能够发生新的迁移，在对事实本身的判断上，对信息的性质进行分析，由此再对自身的认知和意识进行集束和有机关系的连接，通过旧有的知识体系中完善出能够应对当前问题的、具有现实贴合性的认识和判断。

一、社会认知与生态行为

社会认知主要指存在于社会中的个体对其所处的社会空间进行关系建构和行为构造的认识，包括社会个体对群体的认识和个体对个体的认识，并对社会行为和社会关系进行分析，对其背后的行为原因、心理状态、行为动机、意向意识方面进行推测与判定。社会认知是个体化的认识过程，社会行为则是在社会认知的基础上产生的。

作为社会行为个体的人，是具有复杂身心状态的客观指标。在每个阶段的社会形态中，社会个体存在和生存发展的行为除了受到社会发展能力和发展水平的制约外，受到了行为主体——人的作用，人的社会行为或者是社会群体的行为倾向，在一定程度上影响着生态社会生产发展的方向。人对客观的自然环境的认识和因此而产生的行为首先是出自对其自身发展状态的判断，并针对自身的环境和对社会群体状态的认识进行认知选择、认知反应、行为控制等一系列的行为。认知选择是根据现实的刺激物对个体的刺激程度所做出的对行为价值大小的判断，选择是出自个体的需求，但在社会的群体反应上则是对社会形态中群体发展的倾向。群体基于对生态社会形态的判断形成了权益维护、利益保障和权力抗争的关系，并在关系的交涉和对抗中实现着社会权力主体、社会意识和社会群体之间的协调。群体的生态社会认知在对生产力的判断和生产关系的调和中，形成了对社会发展能力和效果的判断，对基础生存发展和对社会群体地位的维护，试图对权力阶级进行分权。权力阶级出于对自身的优势地位的维护和对社会群体生产成果的把握，以部分利益出让的方式维护着既得利益的稳定和社会形态的不变。但是这样的方式只是在短时间内缓解了权力主体与社会群体之间的矛盾,维持着表面的和谐和稳定,一旦社会群体精准把握了当权者的权力核心,或者关于利益之间的关系到了不可协调的阶段,群体的生态社会认知就会转化成为生态社会行为,社会权力阶级就会受到社会群体的挑战,甚至被社会群体中所凸显出来的阶级所取代。认知反应是群体集中性、一致性行为的体现,在社会事实的刺激下,个人的状态、情感和动机会依据对刺激物的理解和该刺激对个体的影响程度做出反应。群体的认知反应的一致性是群体行为发生的基础,这一行为的发生会在个体境遇想象的带动下引发社会群体性的行为和活动。对于刺激物的判断既存在于对情感价值的判断上,也存在于现实状况的认识中。生态环境的状况和生产发展活动对于人来说都是具有重要价值和意义的刺激信息,在前期生产力发展水平不高,生产发展状况还不能满足人类社会的生存和发展的情况下,社会群体对于生存发展的需求具有较高的反应度,主要表现在对物质资源的短缺上,而当生产力的发展达到了一定的水平以后,对于生存发展恐慌的刺激远远低于对生存条件缺失的焦虑,在对两者价值的对比和选择后,反映出来的行为则为刺激的强弱的引导下做出的判断和选择。行为控制是社会个体自我意识发生作用的结果,为促进自身的状态能够与社会群体之间的状态保持一致,在个体的自我暗示和认知调节中,对自身的行为发生、行为状态和行为结果进行适度的调整。群体的行为控制很难在个体自发的形式下形成并发挥作用,群体行为的控制需要社会群体在意识方面对个体选择和行为动因进行分析,通过群体化的操作或意识形态的强制要求进行群体化的动因指导,即使是在关系生存发展的问题面前,由于个体对行为控制的程度和解构不尽相同,其产生的效果和现实行为上的反应也是不一样的。人类社会是个复杂的个体集合,不仅有自然生物属性给予的特征,还有社会性的存在发生的影响,社会认知是社会行为的前提,社会行为实现了对社会认知的实践。

二、生态构建与社会发展

社会心理学家乔治·赫伯特·米德(George Herbert Mead)提出,人的认知是在日常的人际交往和群体互动中建构来的,而不是人固有的。现实性的形成先于人的认识产生，并通过对人的认知的形式改变着个体在群体中的行为以及个体与群体之间的关系。这一理论就为社会构建论奠定了基础，在经历过库恩的范式理论、伯格和拉克曼对于社会共同意识的现实影响的研究下，以社会构建论为核心的社会研究和发展的理论诞生。社会构建论"反对经验实证主义在解释心理现象是所持有的反映论观点，认为心理活动现象是社会建构的产物，主张知识是建构的，是处于特定的文化历史中的人们互动和协商的结果。"①社会建构理论在对人的认识的产生上，与马克思主义唯物主义的观点基本上是一致的，认为人的认识行为和思想是来源于对社会实践的反应，是社会现实对人的作用中产生的人的意识和观点，包括采集和传递现实客观至人的思考的途径——语言符号，也是构建人的意识和认识的先导。生态社会的构建又是社会发展的基础，在社会形态的整体调配下，社会的内部构造在社会现实和社会群体之间的互动下成为具有结构、框架、体系的整体性的社会架构，在人类活动的前进性和社会历史发展的动态性的影响下，持续地将生态社会的发展推向前进，由此生态社会成为一个动态的、不断向前发展的过程。

　　社会构建论承认了社会存在对人的认知产生的作用，但是同时指出，知识是一种社会建构，是根植于特定的历史进程中人们之间相互对话、互动的结果，生态社会构建首先在人的认识中发挥作用，然后在社会群体的生态行为参与中成为群体性的活动。人类社会的建构是得益于自然生态环境为其提供的社会个体的生产发展的空间和资源。在社会物质空间的基础上，社会个体获得了充分的交流和对话，这种社会化的个体行为在社会中也是具有同一性的，众多的对话和互动使人的意识开始在社会活动中产生新的"意义"和"创造"，这些原本属于社会个体内部的思想意识就在个体之间以及个体与群体之间的"活动"中，从思想层面转换到了社会现实当中。因此，人类社会的构建首先是在人的有意识的活动下的个人行为，随后的社会群体活动也是在人类的社会生存意识的指导下进行的。由此可见，人的生态社会构建行为在最开始出现的时候就具有高度的利己性，但由于在社会发展的初级阶段中人的生存与自然

---

① 社会构建论，https://baike.so.com/doc/8572169-8892915.html，访问日期：2020 年 9 月 20 日。

开发的矛盾是主要矛盾,再加上人类对自然环境的影响能力相对较弱,因此生态环境的问题并未在这一时期彰显出来。随着社会的进一步发展,人的思想在社会活动中产生的社会行为和关系连接越来越精准地对接了生产力与生产关系的协调,人类社会对自然环境的开拓也以更高效的方式开展。由于人类社会与自然环境在力量的对比中发生了变化,工业文明的建立使自然对人类的开发和掠取毫无招架之力。集中在生产力上的矛盾就被转移至生产力高度发展与生态环境可持续发展之间的矛盾,人类社会在思想上对自身生存发展的利己性思想在此时被暴露无遗,自然环境的和谐、物种多样性的发展的问题使人类意识到地球的中心不是人类。由此,生态环境的保护、命运共同体的理念成为践行人类社会构建,进一步推动社会实践和认知探索的指导思想。

三、生态基模的改造

生态社会形态的演进经历了多个社会发展过程的更迭,依然以不同形态的社会状态推动着人类社会的发展和进步。生态社会构造的方式发生了改变,但是生态社会运行的方式没有发生变化。这一方面出于虽然是不同社会形态的权力运行,但对于社会发展推动的目标是一致的;另一方面是社会的运行中社会基模的内涵在不断地发生变化,容纳着越来越多的认知机制,在社会基模的整体架构中不断进行着改革与创新。

生态社会基模的改造一方面依靠了技术对社会的推动。社会生产力的提高不仅为人类社会创造了足够的物质资源,也在多样化地更新着人们对物质的认识。社会运行中,个体之间生产消费的关系被生产改造,人们对物质信息的认识和反应也更加细致化。随着社会生产发展的过程中生产力对物质的转换,从属于社会的个体认知基模对物质环境和社会生产规律的认识就成为一个动态前进的过程。这个过程是对生态社会基模改造的过程,也是生态社会构建更加复杂和丰富的过程。一方面是认知基模的不断完善和融合,在生产力的大力提高下,社会生产的发展为人类社会的交往提供了更加多样的物质条件,在个体化的生产和选择当中,由于个人认知的偏向,同一社会行为的结果对应的发生过程和发生对象都有不同的状况,即使最后的结果在社会现实中具有一致性,但是背后的社会关系和行为机理的本质是不同的,践行的个体在实践中所获得的认知反馈和认知结构也会发生不同。因此,在个人的社会活动中,认识的结构和发展的流程会根据社会物质资源的现状进行判定,在物质资源缺乏的时候个体基模趋于一致, 社会的构造和行为的发生对于行为与结果的判定标准具有高度的一致性。当生态社会的发展已经充分地满足了社会行为需要的时候, 人们对于同一结果的社会构造和行为连接就会出自社会个体基模,在行为中出现对社会结构和认知的复杂性和多样性。另一方面是生态社会基模的不断改造,生产力的发展是依靠于物质基础进行的社会生产行为,其持续性的发展为社会活动和社会个体的构造建立了良好的基础。由于社会生产在社会形态的更迭中通过生产力协调的方式发生着对社会意识观念的改造,每个社会形态中生产力的发展都是与社会意识形态高度融合的,产生这样的社会现实的原因就是生态社会基模在这个过程中发生的改造作用。在社会形态的转变当中,生态社会基模一方面与社会意识形态进行了合谋,在国家强制力的保驾护航中对社会整体的意识观念和认知行为进行洗牌,以生产力的进一步发展所产生的物质基础的进一步分配和生产关系在社会生产行为中的进一步协调,将社会个体在意识观念上的差异转换到物质层面,在物质奖励下偷换概念, 社会群体的意识观念成为围绕社会生产提高和分配关系协调的过程。

生态社会基模的改造在人的意识上产生的结果最终反映到了现实社会当中。人类社会发展的早期,个体基模对于生产的认识是满足生存需要的生物性行为,由于人是活动的主体,自然在人的意识中是属于从属地位的,人类社会的行为是围绕着“人”为中心进行的社会构造和自然开发。在这个过程中,随着劳动关系越来越复杂,人的意识开始脱离社会实际,并在基于社会实际的基础上形成社会的意识空间构造,社会个体的意识也开始脱离现实性的行为本身,成为抽离于现实的社会意识层面的内容,意识和现实在空间上的分离加快了社会生产的步伐,但也强化了以人为中心的理念。因此在后续的发展当中,为满足人类个体的物质需要和生产生活的需要, 以人为主的生产经营活动不断地加深了对于自然环境的渗透,并以自然资源的消耗和自然生态破坏的形式开拓着人类社会的活动空间。即使是经历了多次生产关系的调节,以人为中心而忽视自然环境本体性地位的偏向性发展并未发生改变, 本质上这是由于基

模对人是世界发展的中心的思想从未改变过。因此,在工业革命后期,社会大
生产对生态环境造成的破坏直接以气候失调、生态失衡、生物多样性受到威胁
呈现出来。这些问题的爆发使社会群体开始意识到,人类社会的生产活动仅仅
是构成自然环境中的众多生存发展活动的形式之一。由于人类活动的频繁开
展和对其他生物生存发展活动空间的侵占,这种失衡的现象以自然环境整体
性的危机的形式呈现出来。社会现实对于社会意识的反应因此影响到了社会
基模的认识能力和认识结构,个体对于生存环境的认识和自身所处位置的认
识就发生了根本性的改变。由于社会基模的改变,人与自然之间的关系就伴随
着社会的更替,成功地改造了整个社会的基模,人的中心地位被自然环境的物
质属性取代,人与自然的关系问题成为在人的认知架构中关系人类生存和发
展的重大问题。

第二节 生态社会道德和秩序的进化

在社会的持续稳定发展和社会形态之间的更替和变换中,社会的属性、意
识形态和国家机制发挥着重要的作用,决定了生态社会的整体发展和演进的
方向。但是在空间社会的构造当中,除了显性的机制在这个过程中发挥作用以
外,社会内部群体之间在长期的社会活动当中形成的寓于生态关系和生态行
为的准则和规则,也在以意识引导、行为规约、群体说服的方式参与着人类生
态社会的演变,生态社会道德和社会秩序就在群体行为的引发、协调、调动中
发挥着作用。

人们在共同的劳动生产和共同的收获中,为调节和稳定个体在物质分配
中的地位和群体在生产行为中的优势,群体内部逐渐形成了强烈的集体意识,
并在对社会群体的容纳和吸收中成为被社会群体所信仰和接纳的精神方面的
意识观念,这一观念通过符号介质的形式在社会群体中广为传播,逐渐形成一
种剥离强权的限制、脱离现实的意志、超越行为的引导。生态社会道德对于社
会群体的引导和规约是通过意识认知、规则诠释和群体监督的方式进行的,作
用发挥的过程也是观念传播和普及的过程,在没有形成强制力的情况下,维系

着社会的稳定状态和社会关系的和谐状态。

　　社会秩序是在社会生活中由群体的自发行为和自发意志形成的。社会群体在国家意志力的强制下，出于维护权力阶级对社会群体的统治、维系社会群体之间的利益关系、应对群体中出现的不稳定性因素，在社会形态的帮助下，制定了除法律制度之外的规约和限制，并在社会中以普遍意识的形式进行推广，在群体意识的支持下，逐渐演变成为社会群体所共同遵守的规则。秩序的建立同时也依赖于群体的维护，社会秩序作用的发挥来自社会行为中对于行为效果的评估和行为影响力的评价，在群体化的活动中，维系和推动着社会群体性行为摆脱自由混乱的状态，沿着有序的状态进行。这种契约关系的发生是建立在社会群体认可的基础上的，也是在非强制的情况下在群体之间的相互规约中发生作用。

　　人的发展是寓于自然环境当中的，在社会发展的早期阶段对于生产力提高的一致性目标使人类社会的行为沿着自然改造的方向发展，人的道德观念和集体秩序也是围绕着人的客观行为和群体选择进行的，社会道德和秩序在一定程度上通过意识形态发挥着作用，助推了社会发展的进程和人的发展。社会道德和秩序的标准也不是固定不变的，具有时代性和现实性的特点，随着社会发展的程度发生着符合社会形态要求的改变。在后工业革命时期，人的发展和生态环境保护的问题成为困扰人的生存发展的重大课题。在整体的社会危机意识的引导下，社会道德和行为秩序也受到了意识观念的影响；在对社会群体的意识引导和行为的约束下，人与自然之间和谐相处参与到了生态社会道德和社会秩序维护的序列当中；在群体意识的作用下，逐渐形成对促进生态文明建设的社会道德观念和社会行为秩序；在与社会形态和国家机制的合作下，推动生态文明的建设。

一、生态社会的社会团结和社会民主

　　在社会的组织形式上，社会内部之间的关系和对公共权力的分配直接影响到了社会形态的紧密性和持续性，这并不是在强制性的权力体系和严密的社会监督下能够形成的，必须是在社会的群体意识高度一致的情况下，群体之间的合力才会成为推动社会群体权利的民主，实现社会团结。在人类不同的生态社会发展阶段,社会民主和社会团结的形式和内涵也是不一致的,除了社会形态在意识上的指引和约定,社会关系和社会行为也在发挥着作用。

在关于社会类型的划分上,涂尔干反对将不同的社会类型排列在一条以进化为排序的直线上,"主张要根据社会各个部分之间的结合方式和密切程度来划分社会类型,建立了机械团结的社会和有机团结的社会这种两分法,并把这种社会视为统一的进化链条上的两个环节。"①机械团结是在社会发展水平较低的情况下人类个体之间为维护自身的生存和发展,在进行的与自然环境发生关系的一系列行为活动中,形成的社会个体之间共同抵御外界侵犯、维护群体的生存、保护发展的整体环境而进行的团结性行为。这样的团结是建立在个体之间相似性基础之上的。由于个体之间还未形成明显的分化,社会群体具有相同的社会行为、生活方式、心理状态和道德标准。群体性的行为即是个体行为的集中表现,个体的行为受到群体意志的影响,社会参与者的个性化属性被整体的集体意识所湮灭,由于生产力发展和社会分工并未在社会群体之间建立紧密的联系,社会群体之间的关系相对松散,各个部分之间的依赖程度相对较低。有机团结是建立在高度精细化的分工和社会生产基础之上的,社会构造中的各个部分都是专业化的操作和专门的领域空间,社会个体按照其所处的地位、按照社会生产的要求执行着社会分工和专门的职能。在社会参与的多样性和社会分工的领域性的差异下,个体的社会活动既是个体化的作业,又是专业化的操作,于是在社会活动的参与中就呈现出个体的异质化差异,每个个体由于所存在的专业领域的差异而发挥着不同的作用。在这样的社会结构中每个个体在社会需要的情况下,自主性地参与社会分工和社会建设,成为参与社会生活的独立的个体。但也正是因为在这种专业化的社会建构中,社会个体对于社会的依赖性比较强,个体行为对于社会空间中的其他个体的行为也具有依赖性,这就造成了社会群体当中个体之间的相互依赖、紧密联系。社会的团结因此成为协调一致的整体性行为和和谐统一的参与与分工。

社会道德和社会秩序的建立在一定程度上维系了生态社会的团结,推动

① 侯钧生:《西方社会学理论教程(第四版)》,南开大学出版社,2019。

了群体生产力的提高和生产关系的和谐统一。社会道德主要是以群体内部形成的行为化的归约在群体意识上的呈现,当然这也受到了社会形态的影响。社会群体成员在群体行为中受到了集体意识的作用, 规范着行为的发生和结果的预判。由于社会群体在社会的生产和活动中具有趋向于一致的利益追求,社会道德的观点对社会整体的约束和个体的影响就受到了社会群体自然的支持和维护,以非强制力的形式维护着社会的团结和群体行为的和谐。社会秩序的主要表现形式是法律,法律的组织形式是在集体力量的支撑下,利用强制力和压制性对社会群体的行为和活动进行禁锢,对违反了社会规则者,或群体中的破坏者进行惩罚或排除,并定义其为罪犯。惩处的形式也会依据其对社会群体构成的威胁和危害的程度来划分,并将这种方式传播至社会个体,以期在共同的意志下维护社会的团结和社会群体的已有规则,强化社会个体的集体观念,巩固社会秩序的基础,加强社会的团结,维护生态的平衡。

　　社会民主是社会秩序进化的产物, 最早是马克思和恩格斯在其早期的著作中提到的, 把社会民主看作是民主党和共和党中具有社会主义色彩的一部分人。后随着社会的更迭与意识形态的巩固和建立,社会民主发生了不同的变化和定义。在政党为其地位和权力的抗争中,社会民主逐渐被扩散到社会生活的层面,特别是社会的生产关系的组织当中,从而成为与国家权力和阶级统治相对的,参与社会分工的社会个体之间在地位、权益、生产上的平等和一致的权利。社会民主是社会组织形式的一种,在不受强制性权力的压制和国家机器允许的范围内进行,在社会群体中以意识观念的形式推广,并在社会群体的生产关系的协调中发挥作用。由于这是一种民主的合作形式,能够促使个体在社会活动中进行自由的选择和生产权力的保证, 因此其在社会群体中得到了广泛的维护。在稳定的社会形态中,社会意识形态的推行与特定的社会发展阶段中的民主思想的合作,是意识形态从政治领域到社会领域推行的基础,意识形态对当权者的权力维护, 在一定程度上对社会上广泛存在的大多数进行部分的出让和给予。这部分权益的民主化是社会群体被社会形态的意识形态观念说服了,社会民主由此成了社会群体自发维系社会稳定、倡导社会自治、维护社会秩序的重要手段。

　　社会团结与社会民主在人类生产和关系的演变中发挥着作用, 但是由于人类活动和关系的处理与物质世界存在着紧密的联系，随着社会关系的发展和群体社会关系的连接，生态环境也在社会关系的变化中逐渐受到影响。人类群体的生态意识，首先是围绕着人类对生产关系和生活环境的需求进行的，在生产力的变革下，社会群体对物质生产的需求是物质的精细化和专业化，而物质的发展是围绕着人类的社会生活的现实进行的，因此，物质生产的发展在社会的集体的参与分工下逐渐呈现出生态化。社会集体的需求团结了市场的参与与生产，而社会群体的发展和对社会环境的打造也在民主化的需要下推动着生态社会的发展和人与自然的和谐。

二、社会道德与秩序中介

社会道德和秩序中介是在人类社会的实践中产生的，源于社会集体的观念和社会结构，人们以社会参与形式来认识人与人之间、人与群体之间的关系。在这之前，首先是对自己所属的群体和所存在的形式进行界定，然后形成了对自己在群体中的认识和对自己地位的判断。社会道德和社会秩序在这个过程中已经深入社会的意识当中，以非强制性的权力和社会群体之间的相互约束开始在群体中发挥作用，深入生态社会的建构和演变中。

社会道德的构建是在共同的社会意识基础之上，发挥着维护社会结构的稳定性和社会群体之间活动的延续性，维护个体在社会中的地位和对自然资源的把握，并保证整体的利益的作用。社会道德对群体的制约来自意识方面对观念的传播，但其背后是群体对于个人的操控。社会群体的活动首先需要一致性的目标和统一化的行动，由于社会群体是由数量较多的个体构成的，成员之间思想、理念、意识和认识在整体上是不一致的，就需要一个能够使群体之间的行为和目标趋于一致的理念进行协调。这种力量与国家机器的强制性权力是不一样的，社会群体目标趋于一致是需要群体之间的高度配合和观念认可，强制性的权力机器只能达到行为上的一致，却无法在理念上使社会群体的认识统一。社会道德在社会群体之间以一种普世的价值观念，宣扬着社会行为和社会活动中相互合作、相互交融、目标一致、整体向好的观念，以物质资源的形式平衡着强势群体与弱势群体的关系，以情感依托增强社会群体对个体的吸引和融入意识，以限制行为和交流的方式规范着个体的社会行为，协调着生态社会建构的关系,保护着大多数人的权益。因此,在社会道德的规约下,社会群体能够对这个统一体形成一致的认识,并通过群体对个体的融入和对个体权益保护,强化着个体对社会群体的黏性,规范着个体的行为,维系着生态社会的和谐。社会道德对群体的制约来自对行为的约束,但背后实际是社会形态对社会的控制。社会形态的进化伴随着生产力的发展和国家意识形态的变化。在物质资源、社会关系、权力关系和意识观念的影响下,在不同的社会形态中,群体的社会道德观念和意识是不一样的,整体来看每个社会形态下,群体之间的社会道德是在社会政治意识和国家权力的制约下对社会的个体——人的意识的影响和观念的引导。社会道德是社会形态顺利更替的保障,在社会道德对社会群体的维护下,社会形态的改变以情感上的贴近性和地位上的共通性引导着社会个体潜在意识的觉醒,并转向对新的社会意识形态所塑造的美好生活的追寻。在个体追求的过程中,社会道德以情感上的共鸣和现实中的帮助推动了这一目标的实现,在社会形态对个体的操作下,社会道德完成了对个体影响的任务。

社会秩序是指在社会发展中为保持平稳有序的运动状态,群体对个体行为在一定范围内的要求和规范。"秩序"本身就具有有序、平衡运行的意思,社会秩序则是社会整体运行中的行为持续保证稳定发展的状态。社会发展和运行是在整体的社会空间中进行的持续性的、交融性的、关联性的个体活动和行为,但是由于个体之间在思想、观念、行为,认知上的差异和生存环境带来的群体意识和价值观念的不同,社会群体在交流和发展中不免会出现冲突和无序的现象,影响社会群体的团结和社会整体发展的进程。一方面,国家权力在整体上为了维护国家的统治和意识形态的稳定,实现对于社会群体的统治,制定了包括法律、监狱、警察在内的强制性的约束手段,保证社会活动的正常秩序和生产活动的正常运行,社会群体出于对"惩罚"的规避和对"异类"观念的排斥,自觉地遵守着国家输入的秩序和规则,沿着设定的轨迹从事着社会交流和社会交往。秩序成了国家维护政治统治,约束社会群体的中介手段。另一方面,除了国家强制力在社会秩序维护上发挥作用,社会的契约、道德、文化、建筑也在以不同的形式灌输着社会秩序的观念,传递着社会秩序的思想和生态社会的规则。

不同于强制性的国家权力,这样的方式是从社会个体的观念入手,在认知的加强、群体的监督、环境的营造和文化的传承中发挥作用。一方面是现实的秩序性的符号文化。符号是依据现实的生产和现实的行为制作创造出来的,用于传递群体之间观念和意识,其发挥作用的介质是被表征化了的符号信息本身,但在意义传递中,传递者现实性的行为和观点发挥了巨大的作用,社会群体通过符号的制作和传播,加强对于个体遵守观念的意识的传输。同时,通过现实性的符号表现,在视觉上为社会群体营造了一种氛围,将秩序的遵守和执行表现为社会群体中占有多数的人的选择,个体在视觉符号的监督和说服下,做出了遵守秩序和规定的行为。

另一方面是观念性的意识认知,由于地域文化的不同和生活习惯的差异,社会群体对于秩序的认识也存在不同的观点, 如何把社会群体的观念和意识统一到一起, 形成对不同观念的人的行为秩序的统一是社会秩序稳固需要面对的一个问题。群体契约、社会文化就在这个过程中发挥了作用,政府通过部分权益出让的形式,给予社会群体一定的自管、自治、自理的空间,并在社会个体当中普及,从而维护社会自主权益。在群体之间就形成了彼此对行为约束和观念的引导。社会群体的意识的统一可以服务于整个群体,而出现的反叛者就会冠以敌对者的名义,被群体排斥,因此受社会契约的管辖,群体之间内部能够形成稳定的生态社会秩序。社会文化的传承维护了群体对共同观念的传递,随着时间沉淀, 文化成为融入人的观念和意识的对社会规则和社会秩序认可的保障,在社会的生态行为和社会群体的规约中发挥着作用。

生态环境的维护和人与自然协调发展的观念的践行成效在于社会群体对生态环境的认识和对社会意识观念的接受。生态环境保护的思想随着社会形态的发展成为社会主义社会形态的集体性共识,并以生态环境与人类整体之间的关系角度,通过道德和秩序的形式引导着社会群体的观念和行为。在社会的管理和维护中,生态社会思想一方面是国家机制的社会秩序因素在发挥作用,为平衡生态环境与人的发展,国家机器以强制性的权力对自然的开发和利用的程度进行了规定,并以强制性的法律机制发挥作用,社会群体之间形成的群体规则和群体共识与其相互呼应,在社会群体的活动空间中阐释人与自然的关系。另一方面,将人与自然和谐相处的理念接入社会团结协作的过程,并在道德规范的引导下,持续性发挥作用凝聚社会共识。社会群体中个体之间相互监督和理念传播,在非强制性的情况下实现了生态环境保护与个体社会行为判定标准的挂钩,人与自然关系的问题就转化成了社会个体与群体的问题。

第三节　社会变革——最本质的自然状态

人类的进步和发展推动了社会的进化和演变,在人类文明不断前进和发展中,社会形态不断随着社会群体生产与发展的关系发生着相应的改变,社会形态的改变在一定程度上更新了社会的观念,调解了旧有社会形态中所存在的矛盾,转变了生产力与生产关系之间的接连,释放了社会权益,提高了社会满意度。每一次社会形态的转变都是人类社会文明的进一步发展,是对于社会公众权益的释放和维护,因此社会更替的一个先决条件就是社会群体对于社会形态的追随,在受到众多的社会个体的支持和拥护后,新的社会形态将变革的根本转换到旧有社会形态的弊病和问题上,再配合政治性行为和思想解放完成社会形态的过渡和社会的变革。从本质上来说,社会变革是社会中不同的阶级为了获得阶级权益,通过对政治、经济、文化、法律和暴力的调整,实现大规模的利益分配和规则的变化。也就是说,社会的变革是阶级生产在社会层面的表现。掌握时代生产力的群体,为了物质权益的维护和社会秩序的更改,以社会变革的形式对社会资源和社会关系进行再分配。变革是社会形态不断发展和演进的过程,是社会意识在发挥作用,同时也是社会的自然进化形态,是最为本质的自然状态。

马克思认为其中起决定性作用的不是财产的多寡、收入的多少,或是职业的种类,而是经济活动的方式和由它决定的社会成员在社会经济结构中所处的地位。社会变革就是在社会群体中对资源的重新分配和对其他阶级群体资源的占有。社会变革的核心就是在一定的经济利益和政治利益的诉求下,进行的社会大范围的分工、权益的调整,有自上而下的形式,也存在着自下而上的形式,社会变革的实质是群体权利的重新分配和物质资源的重新分配。当社会生产力的发展达到一定的阶段后，社会群体中掌握较高的生产力的群体开始不满足其在社会中所处的位置和物质的分配，开始以抗议、反叛的形式与掌握权力的社会阶级进行抗争，当权者出于对这一群体在生产力上的巨大作用，以部分利益的出让和权力上的妥协维护这一群体稳定的生产状态，但是资源的矛盾并非能够就此止步。当进一步的冲突发生之后，当权者的退让也无法满足这一群体的需要，阶级矛盾就衍化成为暴力冲突，国家机制中的阶级特权和生产限制性因素成为社会群体攻击的对象，这一群体在联合与说服其他的社会群体对共同利益的讨要下与权力阶级发生抗争，引发了进一步的冲突与对抗，最终衍化成为暴力的形式。但是在生产力的不断发展中，社会的这种更迭和变革是持续发生的，随着生产力在每一个环节上的提升和生产方式的改造，社会生产的先进力量就会向相应的群体倾斜，当这种倾斜达到了一定的程度后，社会变革自然而然地产生，因此，社会变革是一个与人的自然发展一样的不断演进和淘汰的过程。社会的生态化建设往往是社会变革中对旧有社会形态变革和讨伐的工具，随着社会形态的演变，发生变化的是社会形态变化后的社会组织和生产方式。为了维护新的社会形态的先进性和民主性，社会群体在新的社会生产中会逐步补齐旧的社会形态中存在的生态短板，在强烈的对比中维系当前的社会形态存在的合理性。因此在社会形态的变革中生态社会的完善和社会生态环境的变化是出自对社会形态发展过程中对社会生态的修复和延续。

一、可持续发展是永恒不变的主题

社会的发展和变革是相辅相成的两个过程，达到的目的是社会生产力发展的提高和社会群体之间资源的重新分配，最终实现一个高度发展的社会形态。可持续发展是变革的一个前提，从人类社会形态形成开始，可持续发展一直是社会群体的主题，为了规避自然、生存发展，个体逐渐以群体的方式来壮大与自然对抗的力量。随着社会群体的发展，在群体内部实现了简单的分工和社会合作，整体的社会组成就由其所从事的类型和生产的效率成为以生产力为标志的群体之间的划分。这一划分将具有同样生产属性的群体在超越了地理空间范围的情况下联系到一起，群体之间的分类完成了社会的初次分工，生产力在群体的合作下迅速提高,首先解决着生产力对群体生存资源的问题,然后提升生产关系中由于物质资源的短缺而产生的分配不均的问题。在生产力达到一定的程度后,社会群体的矛盾就转移到因为资源的分配不均或者生产力发展不平衡带来的问题上,社会群体之间的矛盾因此产生。生态社会发展的趋势是不变的,因此产生的矛盾必须通过生产关系的调节来解决,社会群体在内部开始对生产关系进行调节,对生产资源进行分配,在社会内部的作用下,生态社会矛盾暂时被调节,顺利恢复到和平发展的进程当中。但是生产发展的速度决定了再次发生冲突的时间长短,当群体之间的调节无法实现生产的发展和生产关系协调的情况下,群体之间的矛盾就会促进阶级群体的产生。为了维护群体内部的共同利益,在生态社会的整体对抗当中,拥有共同物质利益基础的群体凝结到一起,与社会的其他群体和当权者进行抗争。随着社会的发展,这一群体的力量不断扩大,在经历了群体物质资源扩大后,群体内部的个体之间的关系越来越紧密,逐渐发展成为具有共同价值追求和生产的群体,成为一个固定的阶级群体。拥有了生产能力和抗争能力的阶级群体为获取更多的物质资源和生产资料,开始与社会当权者抗争,社会发展由此演变成为社会变革,变革是对生态社会发展的根本性的改造,在生产的调节无法实现时,对权力和资源的角逐就转化为对生产力的角逐。因此,在社会变革的过程中,新的阶级权力产生并与社会权力进行合谋,在生产资源的重新分配下,实现对阶级权益的维护和对生产关系的变革,社会变革成为生态社会发展的结果。

自然环境与人类的关系是随着社会的发展进程不断变化的,社会的发展为人类开拓自然、改造世界奠定了基础,同时也在不断地演化着人与自然的关系。人与自然和谐相处的关系是经历了很长一段对抗之后,在人类的胜利成果初步显现的时候产生的。人类社会的发展从开始就是对自然的脱离,对于人类社会建设的高度需要促使着人在与自然环境的交往和发展中,逐渐远离自然本身,人本身对人类社会的驾驭和控制,使人与自然的关系更加疏远,但是人的发展本质上是来自自然的,这种脱离和排斥就造成了人类社会发展对自然环境的敌对和排斥,因此,经历过较长时间的社会演化和变革后,人类社会对自然的控制欲和占有欲越来越强,社会变革刚开始在一定程度上是人对自然占有的欲望推动的结果。在这一阶段,人类社会力量迅速发展,并快速地占有自然资源,在促进生产力发展的基础上,推动社会变革的进行。随着社会的变革,社会生产力进一步提高,对自然的开发和利用进一步推进,但是这一过程却在生产效率的高度提升下,造成了生态的失衡和破坏,进而导致人与自然关系的恶化。由于生态环境对于人类社会的发展产生了根本性的影响,人类社会开始重视在生产中如何协调人类发展与生态保护之间的关系,推动可持续发展的战略。社会变革就成了推动这一变化的先锋,首先通过社会群体的关系再构建和权力的调整,将生产力与生产关系之间的问题进行进一步协调,强调生态观念在经济发展中的重要作用,在人与自然协调可持续的基础上,推动形成自然与人类共同发展的社会理念。因此,人与自然的关系也是随着社会的发展、社会群体对自然的认识以及人类对自然环境的适应状态不断变化。

二、生态社会功能更新的本质

人类社会最为基本的运行规律是持续不断的发展与变革,社会在发展的过程中也不断根据生产力和生产关系的具体现实不断更新着生态社会的功能和架构,在随着社会的发展和变革中,生态社会的功能也是不断在更新和完善。生态社会功能承担了社会运行的整个过程中的运作模式、行为框架、发展渠道和决定了后续生态社会发展和变革的途径,是关系到人类社会发展的重要力量。社会学家孔德、赛宾斯最早提出了社会功能这一概念,认为"社会功能是在社会系统中,各个组成部分所具有的能力、功效和作用"。社会生活的参与者不仅仅是作为生物性的个体,更是社会性的个体,是有机社会的重要组成部分,社会群体在社会空间中形成的明显的分工和不同的功能,使整体社会稳固。"结构功能主义理论认为组织化的社会系统的各个组成部分是以有序的方式而相互联系的,并且在促进社会整体发展的过程中都发挥着各自相应的功能。它作为一种维护型的社会学理论,十分注重社会运行和社会发展的平衡与协调机制,它强调的往往是'稳定的秩序'。社会生活中任何一种现象,包括制度、习惯、道德,抑或是工具器物,都有其一定的功能,满足着人的需要,并且它们之间相互关联、相互作用,成为社会整体中不可分割的一部分。"①社会形态稳固中所形成的对社会群体能够发挥作用的规矩、秩序等也与生态社会功能的发挥和内部构造的动态化发展是紧密联系的。社会是一个发展的过程,生态社会结构功能也是一个不断发展和进化的过程,整体的动态性演化,推动着生态社会整体的正常运行和功能作用的发挥。

生态社会功能的稳定和更新依赖于对社会分工系统的维护。生态社会功能的发挥一方面是需要一定的群体支持,在社会的发展和功能的发挥中起到推动作用;另一方面需要社会群体对社会维护和功能的分工,在整体的协调中调节着社会各个部分之间的关系。生态社会功能的发挥首先是群体的支持和对社会行为的参与度。社会群体是个整体,但在其中能够发挥个体作用的并不多见,一般是一个阶级或者一个专业化程度较高的群体在社会关系的维护和社会生产的推动上承担了主要的职责。经历多群体的分工和社会的协同分工后,社会的各项功能和在生态空间中的划分更加明确和精细,生态社会空间的功能属性就更加强,为社会群体提供的服务和生态发展的支持也就更加稳定。生态社会功能作用发挥的过程也是社会空间扩张和群体作用发挥的过程,在这样的环境构建中,生态社会功能的稳定为社会群体提供了更加完善的社会空间,社会群体对生态空间功能的使用和消费,推动了社会功能的进一步完善和开拓,在相互支持的两个过程中,生态社会的功能性逐渐转化为群体对社会的适应性。随着社会的发展,社会群体在生态社会空间当中的活动和行为更加频繁,在社会的不断更替和进化中,人类活动对生态社会的功能性的需求越来越高。为适应社会群体对生态社会空间的需要,在阶级的发展和生产关系的转变中,社会群体逐渐开始以分工的形式开拓生态社会空间并推进更加精细化社会的改造活动。社会分工推动了群体之间对生产分配和生产结构的认识,在专门的群体活动空间和领域中,由于群体性的集中拓展和开发,社会在专业领域内的发展开始突飞猛进,随之,在众多的社会群体分工合作中,生态社会的功能和结构更加完善。

生态社会结构和功能的完善,不仅有利于在整体上的功能架构关系的强

---

① 王麓涵:《结构功能主义视角下专业社会工作对信访政策的嵌入性研究》,辽宁大学,2018。

化和稳固，还在社会结构的网络性单元在推动社会功能的更新过程中发挥着重要的作用。社会角色、社会制度、社会政策以不同的形式参与了生态社会空间的构造、秩序的完善和功能的维护，是推动生态社会空间发展和完善的重要的网络化的单元。社会角色是以社会个体分工的形式实现对社会群体中存在的个体在社会发展中的作用的分配和规定，在经过社会性的分配和限定后，社会个体就承担起了专业化的责任和社会构建中的角色，在群体性的组织和要求下，发挥着作用。社会制度是以文字的形式对社会空间的维护和社会空间的打造进行限定，是社会权力阶级对社会管理行为治理的结果。在制度的管理下，社会的发展和人的行为都沿着社会的要求和规则进行，社会群体的分工也在制度的严格管理下有序进行。社会制度作为社会结构的组成部分，是对生态社会行为的限定和管理，在人的意识形态领域发挥着作用。社会制度一方面稳固着社会的构造、保障着生态社会功能的发挥，另一方面延续着生态社会功能的作用发挥，随着社会历史的发展变化不断地巩固着生态社会结构，保障着生态社会结构的传承。在社会整体的功能架构下，社会群体在社会变革中保存了对既有社会规则的改良和社会功能，在新的社会形态中，以新的生产结合方式发挥着新的作用。

在生态社会功能不断完善和发展中，生态社会空间的结构得以完善、社会系统更加完备、社会群体的调节和运行更加成体系。维持生态社会功能的社会系统就在社会的发展和变革中成为联系社会群体之间、社会发展与群体之间最为关键的纽带，在维护生态社会的结构化和功能化的过程中发挥着重要的作用。帕森斯的"系统"具体阐述了社会系统的理论，是在其论述中占有突出位置的。社会系统的概念来自生物学，在动物与自然相互适应的过程中，生物为了赢得更多的生存发展的空间，能够实现利用自然的形式保护自己。因此，很多生物在经历长时间的探索和适应之后，形成了在自然环境中生存的一技之长，善于利用环境和处所的空间位置来保护自己、隐藏自己，利用不同生物之间的生存空间的相互填补和生存资源的相互补给来维持着在自然环境中的正常生命活动，并且也形成了群体性的力量，在同类或者同科的属性下，相互团结和分工，抵御外来的环境因素所带来的危险。在生态社会空间中，社会系统具有四种功能属性：适应、达成目标、模式维持、整合。在社会整体的发展和变革中社会系统的四种功能在合力发生作用,并且调节着社会系统内部的运行。适应是社会群体中的个体在遇到相关的变动或者冲突后主动行动和反应的过程,在社会整体发展和演变的过程中,社会的变革会带动社会结构和空间规则的转变。在这个过程中,一部分群体成为权力阶级获得了赋权,另一部分因为受到社会变革的影响发生地位的变化或者社会联系的改变,因此在社会变革中成了弱势群体。基于这样的情况,为了能够在社会中生存发展下去,社会内部之间就会在这种强弱关系的调节下发生主动适应,以群体性对于社会性的改变推动群体在社会空间中的生存和发展的持续,这就在社会内部之间形成了社会关系的协调和社会结构的稳固。达成目标是指在社会系统的运行中,所有的参与者共同想要达到的结果和目的。为达到这样的结果,社会群体会整合团结起来,运用所具有的能力和资料来共同推动目标的实现。在目标的维系和指引下,社会群体的生产有了具体性、一致性的目标追求。在合作与分工中为实现目标,社会群体开始进行社会生产和关系协调的合作,从而实现社会性整体的目标,引导着社会运行过程的秩序和社会价值的一致性。模式维持是生态社会在发展和演化当中,出于对社会群体的生物性的更迭规律,在人类寿命的限制和新生力量的不断供给下,生态社会出现的动态稳定的过程。一方面是新的参与者逐步加入生态社会的动态运行和维护当中,另一方面是新加入者和旧有成员在社会系统中持续社会化的过程。社会发展是自然更迭的,其内部的组成部分——社会个体也是不断地更新和变化的,随着社会的历史发展,社会群体的组成就会不断进行吸收与维持,保证在生态社会运行的过程中具有足够多的参与者、足够熟练的社会秩序和规则的践行者,从而满足社会不断发展的需要。整合是维系系统之间的各个组成部分之间的关系,以协调、团结的形式确保社会内部力量的稳固和对抗外来风险能力的提高。社会内部之间的关系建立就在社会系统的主动整合和归纳下,自然地成了优势互补、相互合作的过程,在抵御外来风险和重大内部问题中,整体性的力量就起到了稳定、协调、化解、推动的作用。在生态社会系统的维系下,社会的关系和运行的过程发生了定向的运动和变化,在社会变革中稳定着既有的生态社会结构和状态,并在整体稳定的情况下逐步实现对社会群体的改造、对社会关系的改造。

第四章   生态社会与民族共生

　　生态社会的理论是随着社会形态的演化，在社会群体的组织形式、意识形态和文化观念的不断完善和变化中产生的，是人的社会实践活动对于真实的人在自然的存在状态的反应，这一反应又在人的观念、行为中实现了对于人与自然关系的改善和巩固。生态社会讲求的是人与自然和谐相处，是人类行为对自然作用的结果，这既是社会群体长期实践的结果，也是社会群体集体观念和文化结构的表现。社会群体随着社会形态的发展也形成了与群体的地域性、共同性和道德理念相一致的民族，在社会的发展中以一种意识形态和观念的形式组织和延续着社会发展和群体的稳定，以群体实践的形式联系和组织着群体与自然的关系。众多的民族共同构成了社会群体的各个单元，在整个社会的发展和演变中，组织和维护着社会的基本状态。生态社会是讲求和谐发展的社会，是对人的生产和自然的承受做出衡量之后的结果。生态社会的发展依靠于社会群体力量的推动。民族是在这个过程中推动群体观念一致、行动一致、目标一致的重要组织形式，民族文化中对于生态理念的认识和生态行为的规范直接影响到了一个地域或一个群体整体的认识和反应，决定着民族的行为及众多民族之间的行为关系。因此，生态社会的发展和人与自然协调发展都是寓于民族的生态理念和群体行为的文化观念中，生态社会的观念推动了民族的长远发展，民族的文化观念推动了生态社会体系的进步和完善。

　　社会群体的行为一致和民族群体之间共生发展的行为支撑，除了社会形态和国家意识在发挥作用以外，文化观念发挥着社会延续和理念传承的重要作用，是决定一个群体一个地区人的行为观念和思想意识的重要因素。文化是描述人类行为方式的重要形式，是人的行为模式发挥作用的潜在的价值标准，在经历社会的发展和人类的群体性实践后，是在维护生产的延续和群体秩序稳定的基础上形成的，在人的观念和心理上产生的引导和规约。在文化理念下,群体之间会形成统一的价值观念的行为模式,当面对群体的威胁和社会整体的变动时,会以群体文化模式的方式与自然地域相连,抽身于意识形态的斗争。受集体观念的维护,文化对于群体生存发展的重要作用,强化了群体成员的信奉,引导了群体的行为,并逐渐以群体思想价值引导的行为推动着社会群体的发展。在齐美尔看来,社会结构以及各种文化产物在思想上影响了社会个体的行为,甚至有时是一种威胁,影响了人的个体化发展和群体的整体化发展的关系,因此文化的作用是不容忽视的。齐美尔对于文化做出了区分,"'主观文化'指行为者的生产、吸收和控制各种客观文化因素的能力与倾向,是已经内化了的各种文化因素在行为者那里的综合体现。而客观文化,则是指人们在历史进程中创造和生产的各种文化因素,如:宗教、哲学、科学、工具、技术、艺术、伦理、组织、团体、制度等。这些因素外在于个体,但却影响着个体生活的每一个方面。"①主观文化影响着个体的思想塑造,同时受到了客观文化的影响。客观文化一旦产生就在其地位的稳固和习俗的传承中具有了内在的生命力,在社会群体当中发挥作用并持续发展,成为社会文化演进、民族发展的重要推动力量。因此,在生态社会的构建当中,社会文化与民族群体对社会发展的影响和对社会群体的引导是不容忽视的。社会文化空间和文化体系对于生态文化建设具有重要意义,能凝练社会共同的生态价值观念,形成新生态的聚合和共生共荣的社会发展,是民族社会空间构造的关键。

第一节　社会空间构造和社会框架的进化

本尼迪克特在《文化模式》中说道:"我们必然是生活在由我们自己的文化所制度化了的那种你我之间泾渭分明的构架中。"②文化的作用存在于我们的社会实践和社会关系当中,随着我们的社会行为而产生,并对社会群体的思想、社会行为的发生和社会环境的打造产生着重要的影响。社会空间是社会群

---

① 侯钧生:《西方社会学理论教程(第四版)》,南开大学出版社,2019。
② 露丝·本尼迪克特:《文化模式》,王炜等译,生活·读书·新知三联书店,1992。

体进行群体行为和生产活动的重要领域,正是因为社会空间内的活动,才产生了社会群体和社会关系。在长期的社会实践活动中,社会群体之间的组织方式和生产活动在社会空间中长期存在,并逐渐成为连接个体与群体以及群体与群体之间的关键的纽带。社会空间的属性在人的长期活动下,不再仅仅是现实性的,还包括意识上的,社会空间开始由一个现实的社会活动空间逐渐衍生出一个包含着社会文化、社会观念、社会权力和社会思想为一体的复杂的多重空间,并在社会行为中不断稳固自身的状态和权力,社会群体也在社会空间的构造中搭建自己的框架,包括现实行为和意识行为。群体的社会活动和社会行为本质上受到社会空间构造的影响和限制。社会框架是在社会空间中对社会的状态维护和行为关系的联通,正是由于社会框架在发挥作用,社会空间才能够形成社会群体之间的有效连接和群体组织的建立。社会框架构筑于社会空间当中,是人的社会行为的规律性运动产生了关于社会空间的关系和连接,在经过社会化的固化后,逐渐成为引导和限制社会行为产生和活动的基本要求。社会关系的框架随着社会形态的进化不断单元化、精细化,并渗透于群体社会行为的方方面面,虽说是人的社会活动产生了社会关系的框架,但框架产生后也成为后续人的行为和活动发生的基本条件,并推动着社会的进一步发展。人类社会的发展是自然性和社会性相互博弈的结果,在这个过程中两者是相互竞争的过程,也是相互提升的过程。

一、社会公平与社会规则

社会的持续发展是社会形态的转换对生产力和生产关系的调节起到的作用。社会形态仅仅是主导权力的持续性运行和更替的动力。在社会整体发展中,社会本是在一个持续性且稳定性的环境中动态发展的,并且自发展开始从未发生过间断与断层。这个过程中社会本身的机制在发挥着总体的协调和调配的作用,维持着社会的整体的运行和社会群体对于社会参与的黏性。在社会的运行和发展中,参与个体为维护自己的社会参与和社会行为的成果,以社会规则、秩序的形式在群体内部形成相互制约的机制,这种权力作用的发挥在受到群体的普遍认可和赋权后成了社会群体之间默认的关系和规则。在这样的"关系"的维护下,社会群体持续不断地在社会空间中构筑关系、组织生产、推动发展,并在相互之间的监督和规则的约束下,维护着社会的公平和社会的规则,实现了个人系统和社会系统的共存。社会公平是以权益维护和关系调节的形式依据社会发展的指引对群体的维护。机制作用的发挥是为了增加社会群体对社会发展的黏性。社会规则是一种约束机制,是为了能够实现社会群体对社会共同的目标价值的追求和对内部行为的协调一致。社会公平和社会秩序在社会空间中对社会行为和组织形式进行了构建和联系,是社会空间构建和框架形成中的行为影响机制。

社会公平是来自社会权力。科尔曼认为权力存在于社会共识当中,人们对权力的共识达到一致时,权力开始有效,社会公平是在社会权力的共识下对社会群体权益的认可,包括社会参与的公平、生产的公平和选择的公平。在社会的发展中,社会形态的变革本质上是社会参与的调整,当社会内部自我调节无法完成时,权力机制开始参与社会关系的调节,以制度、意识形态、暴力机制等形式,强迫社会参与的变革和群体参与的改变。在社会群体的组织和分工中,由于社会群体内部的发展水平和对生产力的掌握程度不同,就会在群体生产和活动的组织中产生不同的参与程度;由于社会秩序的存在,参与程度高的群体获得更多的社会权益,参与程度低的群体获得的社会权益就少。这种获得性的不公平就在社会制度上的"公平"理念中得到维护,长此以往,社会群体的参与能力就开始出现分化,具有较高参与能力的群体越来越多地掌握社会的资源和生产的权益,参与程度低的群体慢慢成为社会发展的边缘群体,在零星的社会生产中获得生存和发展。公平的理念成了推动自由主义的幕后黑手,社会结构的稳定在这种社会参与的偏向下就会出现失衡,这种失衡的产生就会影响社会群体对社会活动的参与度,从而导致两极分化的局面。极端自由的社会生产和参与反而成了社会秩序的破坏者,因此,社会自身的调节作用和国家机器的权力参与成为调节这种极端矛盾的重要力量,在稳定社会的参与权力和生产关系中,普遍提高了社会群体的社会参与度,增加了社会成员对社会的黏性。生产的公平权利来自资源使用的公平。在社会群体的生产活动中,凭借着在社会群体中制定的规则,社会成员自由地参与社会的生产和自然资源的开发,在物质权益的诱惑下,社会的规则开始由物质生产的规则所代替,人类文明发展也被工业文明的发展引导。为了满足人类社会对物质的需求,生产力的发展成为社会生产中的重要内容,整个社会的机制服从于生产的要求,从而发生相应的变革和权力的交替,在生产力的快速提高下,社会生产的高速发展和生态环境的迅速恶化相伴产生。但是当人类社会沉浸在物质的极度满足下,并未意识到问题的严重性,直至自然反作用于人类本身。公平的生产实际是仅仅面对社会群体的"公平",却忽视了在社会生产的整个过程中,自然生态也扮演了参与者的角色。在对物质的极大规模生产下,社会生产与生态文明之间的关系严重失衡。人类活动对自然资源的"公平"开采,导致了人与自然发展的失衡,可持续发展的局面被破坏。因此,生产的公平应该是兼顾社会的发展和自然的发展两方面的,对于发展的方式需要在公平的理念下利用社会规则进行限定,要在兼顾生态发展的情况下,促进共同的发展,推动社会与自然发展的和谐统一。社会选择包括社会个体的选择、社会群体的选择、社会整体的选择。对于个体选择而言,选择的公平是出自社会群体意识指引下的对于社会行为的限定。出于"选择"的限定,个体的社会行为被圈禁在一定的范围内,在社会给予的个体权力和空间下发生既定的选择,但是这样的"选择公平"在本质上剥夺了人的行为和发展的"多样性"。个体的发展是自然的过程,也是社会的过程,选择的界定使个体失去了自然选择机会,并逐渐衍化为在社会权力机制下的引导性行为。群体的选择是在个体推动下的集体意识的产物,但更是意识形态和国家权力作用下的行为,与人的自然选择相差甚远,或者说从个体选择到群体选择的过程中,是社会意识攻占个体自然选择的过程,群体选择受到了社会意识、权力观念和社会发展的整体性的影响。社会整体的选择是依据社会本身的内部结构和生产发展的需要做出的判断,这一选择是主动选择的过程,更是在众多的个体和群体推动下的必然的选择,实质上是已经由社会发展的状态和社会结构所限定了的。社会的选择依托的是社会的发展,并不是在人与自然的关系的视角上做出的选择,因此,在群体的推动下,社会的选择为社会的发展和人类社会文明的进步确定了基本的方向和指引,但对于人类发展的基础——生态环境本身却从未参与选择的过程。

　　社会规则是在社会的运行当中,为了维护社会群体的发展,形成的人与人之间社会关系的行为规范。社会规则的作用发挥依托于社会活动中形成的社会关系,社会规则一经制定就参与到了社会群体的行为活动和社会空间的构建当中,在生产、发展当中调节着整个社会的关系,维持着社会规律性的运动。社会规则的产生和作用的发挥,一方面是出自社会群体对规律性行为的认识和对社会发展的共同追求,另一方面就是社会权力体系对社会运行的介入和发挥作用。社会群体在社会行为和社会活动当中,由于具有对生产和发展的一致性的追求,为协调社会群体对整体社会目标的行为和思想,在社会群体的支持下,形成了对群体的社会规则。这一规则产生于群体,却在后续的发展中约束着群体,规则的产生是来自社会群体的赋权,在未形成强制性的情况下,凭借社会个体权益在集体中的维护发挥着作用,并形成了调节社会关系的固定标准。社会规则作用的发挥是针对群体中的个人的,是在实际的社会空间行为调节中发挥作用,协调的是人与人之间的关系,服务的是生产发展的需要。福柯认为"空间是权力争夺的场所,也是权力实施的媒介"。社会权力作用的发挥来自社会群体在社会空间当中的社会行为,社会规则作用的发挥来自社会空间中对社会行为的约束和限定。社会规则是维系社会发展和稳定的重要力量,也是国家权力推行,管控社会行为的重要力量。在社会形态的变革中,社会群体的发展方式和群体所具有的社会地位发生了变化,但是总体的生产发展的状态并未发生改变。意识形态为发挥对社会的作用,必须要与社会规则进行合谋,在社会规则的辅助下形成新的行为标准,重新定义规则与社会活动的关系,从而为意识形态存在的合理性提供依据。

二、社会文化与生态意识

在社会群体的长期实践和行为活动中,群体之间的生产管理和社会联系随着生产力的提高形成了越来越紧密的关系,在共同的社会环境下,逐渐形成了基于共同的信念、价值观念、信仰、道德、审美的标准和为社会群体所公认的行为规范,社会群体文化由此产生。文化是人们社会实践的产物,也是对社会群体社会活动在意识观念上的表现。由于文化的存在,群体之间的固有关系能够在社会历史的发展中得以延续,形成群体特有的生活方式和行为观念,并由此传递着社会群体的社会行为和价值标准。社会文化是社会实践在人的思想领域的反应。真正在社会生活中把社会群体凝聚在一起的是群体文化,即在社会实践中所形成的共同的观念和准则。

　　社会意识是社会群体在社会环境中的行为和活动的产物，斯图尔特受到历史个别主义和文化传播论的影响，不断强调环境对文化及文化演变的影响。生态意识存在于人的思想观念当中，是社会文化的重要组成部分，也是群体在社会实践中发生的人与自然关系的调和在人的意识中的反应，从本质上来说是人对于自然的认识的发展状态的实时反馈。生态意识是在群体的社会实践的过程中逐渐形成的对自然与人关系的看法和观点。人类的生态意识并不是固定不变的，而是随着人与自然环境之间的历史关系的变化和社会文化的变化发生着改变，社会群体的生态意识影响着社会群体的社会行为以及人类社会与自然环境之间的关系。

　　社会文化与社会实践紧密相关，是社会现实在意识领域的反应。"每一个民族都有着自己独特的文化，这种文化犹如一个人的思想和行为模式，多少具有一致性，每一种文化内部又都有其特殊的目标，而这种目标是其他民族和社会所没有的。所以，不同的民族和社会有不同的文化模式。但是，文化的差异性并不排斥文化的相容性。"① 社会文化是记录着社会群体整个的实践活动和行为模式的意识反应，延续了人们与现实环境之间的关系，推动了人类文明成果的不断创新和发展，是社会群体的文化成果。但是，在整体的社会群体范围下，由于地域不同，社会群体之间的社会活动和活动的行为方式都存在着一定的差异，在实践的环境的影响下，社会群体之间建立了不同的社会生产关系和分工关系，在经历过实践检验后，逐渐成为一定地域范围内固有的社会行为关系，维护和稳定着地区社会实践活动的延续和传承。在这样具有鲜明的地域性的社会群体共同参与的实践当中，现实性的行为和活动逐渐转换成了能够传递的文字和符号，进一步成了维系思想的社会文化。

　　社会文化来自社会实践，却影响着社会的行为和实践的进度。在社会文化的影响下，社会群体在共有的思想理念下从事着改造自然的活动，但是文化一旦形成就与现实的行为分离开来，并通过人的意识影响着社会空间的打造和社会行为的发生，成为社会行为发生和运动的思想上的引导。在资本主义社会发展阶段，工业文明出于对价值的判断以利己性的考虑，在群体发展的基础上

---

① 林召霞:《本尼迪克特的文化模式思想研究》,《学理论》2011 年第 1 期。

对生产力提出了更高的要求，忽视了自然的保护和自然资源的开发限度,在工业文明发展中,社会文化逐渐被工业文明入侵,成为践行工业的思想机器。社会群体的行为被社会文化影响，在对高效生产的要求下成为资本家推行资本主义生产和追求剩余价值的工具。随之,工业文明的生态后果很快显现,在"先污染,后治理"的理念下,社会群体的生产力显著提高,但是其背后所带来的生态问题、环境问题、气候问题逐渐显现出来,成为威胁人类生产发展的重大问题。在面对生存和发展的选择下,社会的主要行为议题发生了改变,社会文化随之发生了改变,生态发展、绿色生产的理念加入了社会文化的思想体系当中,指导着人类的生产和实践活动,低碳生产、适度消费、绿色出行等生态行为进入人们视野,社会群体的行为或发展的方式也相应地做出了适度的调整。

社会文化会随着社会生产的发展发生着变化,并非是一成不变的。人类社会对于生产实践的认识受到生产力发展的影响，社会文化是社会生产在群体观念上的呈现,是由社会生产力决定的。社会文化作为社会群体对实践在意识上的反应是随着人的认识水平的提高而不断发展的。在较低的群体生产状态下所形成的社会文化,是限于社会的发展水平的,由于在社会实践中经验不足,这种文化对群体的凝聚力是严重不足的,会随着自然环境的变化和权力体系的调整被解构。在发展较为综合全面的社会群体中,社会文化的意识已经在习惯的延续下实现了对群体及个体行为的调整和监督,群体之间对社会文化的认同度较高,社会文化的作用力相对强大。在社会群体生产力持续提高的情况下,社会文化对现实的认识和反应也更加全面、真实和客观。

用生态学的思维来审视生态的价值、环境的价值,将生态环境的状况与人类群体的生产发展相结合。在兼顾生态与生产的情况下,推动人类文明的进步和发展就是生态意识。当生态问题明显地出现在人的思维中的时候,工业文明生产过度的弊端也开始暴露出来，生态学的思维也开始出现在人们的生产生活中,并与工业文明和环境破坏进行着斗争。生态思维包含两方面的含义:一是人与自然共生的生存发展机制,二是社会空间的持续与和谐的系统性运行过程。生态观念的提出是基于人类生存发展的需要,在过度的自我进化和发展中,忽视了环境的整体性的因素。生态环境的破坏给予了人类很大的警示,人类社会开始对生态和社会生产行为进行重新的认识和审视。在平衡人类社会的生产实践活动与生态的可持续发展中，人与自然共生共存的发展机制成为推动人类社会文明发展的重要组成部分。人与自然的共生共存是在社会发展的过程中将生产对生态环境的影响破坏程度进行衡量的情况下，对社会的生产关系进行调节，以人类社会群体内部之间的调整和关系的整合推动生产与生态同步发展，并以生产的方式推动对生态问题的调整和解决，将生态的价值纳入生产的评价体系当中，使生态观念深入社会行为和社会实践当中。社会空间的持续与和谐的系统性运行是社会的发展与生态自然环境在实践中的融合：社会的发展是在自然的环境中进行的，人类群体的社会实践活动也存在于自然环境当中。人类社会在环境中与自然的互动和交流决定了人类社会与自然环境的和谐程度，当生产的过程与环境的自然过程联系在一起时，在动态的发展和变化中推动着共同的系统的运动发生，这一过程的形成和巩固就从社会群体生产实践的初始环节将人与自然联系到了一起。人类的社会活动也是归属于自然的活动，是与自然相互依存的状态，"帕克将其对生态学的熟悉以及对动植物相互依赖关系的兴趣转移到对人类的社会行为、社会过程、社会制度与环境之间的生态关系上来。"①人类的社会化发生在自然环境当中，人类在自然环境改造中不断实现着自我的社会化。但是在本质上从属于自然环境中的个体是相互依存的，社会的可持续发展也要依靠整个环境系统的系统性、持续性的运作。

第二节　民族共生与生态和谐

民族的形成是因一定的现实性因素。社会群体被组织到一起，形成共同的生活习惯和文化信仰，在生产和环境改造中逐渐显现出对群体内部组织、指挥、调整、协调的作用，并且通过意识、文化、信仰的形式对民族群体内部的个体施加影响，推动民族社会行为的一致性和目的性。民族的组织形式决定了社会空间的状态，在具有群体性特征的民族集聚和社会性行为中，随着民族性的

---

① 洪大用、马国栋：《生态现代化与文明转型》，中国人民大学出版社，2014。

延续和惯习的影响,社会群体的实践转化到了社会空间打造当中,空间具有了明显的民族性特征,空间的生态状态和生态环境也受到民族权力的影响。

一、民族的权力与生态空间状态

在自然的生态系统中,生物体相互之间形成了循环联系的紧密关系,在适宜与生存当中维持着生态系统的平衡与稳定。这种关系的形成本质上是依附于自然环境的循环机制的,因此在生物的活动和食物链的作用下,自然生态系统维持着动态稳定的运动规律。社会的生态空间是从属于自然生态系统当中的,是人的生存组织形式在自然生态空间中的状态。由于人类劳动的复杂性,人类社会空间是一个由多重关系共同参与的复杂的状态,人类社会的空间关系包含人与人之间的关系和人与生态之间的关系。人与人之间的关系是一对具有特殊性的关系,这与自然空间中的其他生物之间的关系是不一样的。受人类思想、意识、观念的影响,人类群体之间存在着生存之间的竞争,还存在着观念和思想上的异同,在观念的对峙和冲突以及地域的划分和隔离中,人类群体划分成了不同的聚集群体,在群体内部实现观念的融合和信念的一致,在共同的价值判断下形成群体的发展机制和保护机制,逐渐在历史的作用下形成民族。民族在显性权力和隐形权力的维护下,维持着既定的社会运作和社会空间的开发。惩罚、监狱等强制性的显性权力机制以警示性的角色在民族群体中运行,强化民族行为的趋同性和一致性,维护着民族群体对于集体观念的认同和遵循。隐性权力是利用群体内部之间的相互约束形成对群体的观念、思想、判断的影响,并以群体的接纳性作为衡量机制,在民族内部的群体维护中巩固着民族权力。

人与生态之间的关系存在于民族思想对于生态的认识和与生态自然之间的关系中,是民族在生态环境中的实践和行为,也是民族权力的指向和判断。民族思想的形成与民族的生产实践活动和权力巩固形式密切相关。民族群体与地域环境相适应是民族与自然生态之间权力关系相互转化的过程。在民族发展的初期阶段,在群体的生产合作中逐步探索出了能够与自然生态相适应的生产方式,并在长期的生产互动中维持着民族群体的生产发展和民族的运行,但随之出现的是两者之间的矛盾,生产的高速发展壮大了民族的权力,民族群体与自然生态之间的地位关系出现了转变,在生产发展与生态建构中,民族思想对于生态观念和自然观念的认识程度直接影响到人与自然相处的模式。资本主义社会对物质生产的高度追求显然把生态空间的建构放到了次要的位置上,在工业文明的思想控制下,社会群体过度追求物质的生产与消费,并在自由主义的引导下,将这种不平衡的发展模式合理化,在获得民族权力的支持下对自然进行无限制的开发和利用。这种关系的建构建立在人的高度利益化的基础之上,破坏了人与自然之间的和谐关系,民族群体与自然生态保护出现了冲突,最终在生态的反作用力下民族权力受到影响,其所具备的权力也被分解。民族权力的巩固和生态空间的建构关系在本质上是相互联系的,民族权力的获取来自环境的赋权,在生态空间的建构中,逐步稳固群体之间的状态和观念,并在环境空间的完善和升级中扩大权力作用发挥的空间。

二、民族的形成与共生

民族是在长期的人类活动的历史发展中逐渐形成的稳定的社会共同体,在对抗共同的自然环境的基础上形成的在群体的意识和观念上的统一体。民族的形成依赖于共同的生存环境,民族群体的稳定在于群体对自然环境的对抗力、对群体灾难的抵御能力以及与自然生态的适应能力。民族并不是单一的,在长期的历史发展中人类群体出于对集体力量的维护,形成了不同的民族和群落,在不同的民族组织形式、民族文化和共同的发展需要的情况下,不同的民族在相互融合、相互合作中成了共生的民族群体。

云南是我国少数民族最多的省,全国有 55 个少数民族,云南就有 25 个,少数民族的人口数占云南省总人口的 1/3,多民族共生的形成以及民族间的融合发展成为地域性生态社会构建的关键。由于其特殊的地理环境,地形复杂,海拔悬殊,地域之间的连通并不通畅,长期的隔绝的自然条件下,群体之间缺乏融合发展的条件,在适应自然环境维持群体发展中,就形成了各具特色的生产生活方式,并在民族群体的聚集下形成了具有特色的民族文化。云南省的地形是阶梯式的递降,西北高东南低,再加上山脉和河流的影响,云南省的气候条件也较为复杂,不同的聚居区有着不同的温度环境和地理环境,因此这又为民族生活组织的复杂性提供了基础,在长期的历史发展中,形成了独特的民族文化和民族生活方式。但是少数民族对生态自然的敬畏以及在长期生活生产实践中形成的和谐共生、生态融合的观念，使得少数民族即使数量众多，但其与自然的相处方式在民族文化上保持了一致性，文化具有传承性，同时也具备教化的功能，因此，在长久的发展当中实现了民族的共生共建。随着社会形态的不断变化和人类社会发展的进步，民族群体开始融入社会群体发展的过程当中，尤其是当技术超过了人类劳动成为开发自然改造自然的主要工具的时候，民族发展在地理环境上的隔绝被打破，在物质的交流和生产的往来中，逐渐成为与整体社会共同发展的民族群体。现代社会的发展并未泯灭民族的特色，反而民族性的生态社会观念成为具有特色的群体文化，在生态社会的发展和群体社会的衍化中，对人与自然的关系构建、生态社会的价值、可持续的发展都具有探索性的意义。

贵州是仅次于云南的我国第二个少数民族较多的省份，有世居民族18个，全省有3个民族自治州、11个民族自治县，地级行政区划单位占全省的30%，县级行政区划单位46个，占全省的52.3%，还有253个民族乡[①]。少数民族自治地区国土面积9.78万平方公里，占全省面积的55.5%。贵州成为少数民族聚居的地区除了受自然地理环境因素影响，历史人文因素也起了作用。贵州世居的少数民族几乎都是生活在深山密林当中，汲取大自然的养分生存发展下去，与自然环境高度融合，民族群体生活和生产的过程也融入自然生态的过程当中，在一个基本和谐稳定的状态下维持着多个民族之间的和谐与共生。由于自然环境对生存环境的影响，贵州的少数民族文化中也具有明显的山地环境因素。贵州成为少数民族聚居地的原因还在于历史上人口迁徙，贵州被称为"移民之州"，在长期的历史发展过程当中，很多的少数民族出于各种原因由各地迁徙至此，逐渐定居下来，在长期的社会生产与发展中与当地的环境、人文、地理融合到一起，在群体生存和发展的客观要求下，逐渐形成了稳定的民族关系。由于当地本有众多的民族群落的存在，民族性特征使得外来民族能够顺利地与当地的自然环境、民族群落形成和谐的共生关系。现代社会的发展增加了

---

① 2020 中国统计年鉴，http://www.stats.gov.cn/tjsj/ndsj/2020/indexch.htm，访问日期2021年3月1日。

社会群体之间的往来,也提升了民族改造自然的能力,少数民族的社会生活方式和民族文化也逐步在现代文明的冲击下略显弱势，但是民族生态观和民族文化观成为具有鲜明特色的民族符号。

民族是在对抗自然环境实现群体发展的需要中而产生的，民族群体一旦形成就与当地的自然环境融合在一起,形成长期稳定的生产生活,民族群体对自然生态既具有对抗性,也具有融入性。民族不是单一的,不同的民族具有不同的民族文化和价值信仰,但是在一定的地域内,在受到共同自然环境和生存条件的影响,在与自然博弈的过程中就具有了相同的民族内涵和民族观念。由于民族群体之间的观念和目标具有一致性,再加上对自然环境吸收和对抗的共同需要,不同的民族群体既能与自然环境形成共生和谐的关系,民族群体之间也能够实现共生与发展。

第三节　生态社会共同体的强化和巩固

人与自然之间的关系从本质上来说是共同体的关系，人的社会性发展依托于自然环境的物质性基础而存在，自然环境的状况也依附于人类的社会实践活动所施加的力量,两者同属于自然环境中动态关系的构建和运转,是一种共同存在和共同发展的状态。在共同体的构建中，生态社会中存在着两组矛盾。一是个人发展与群体社会发展之间的矛盾,这是存在于人类社会化行为和群体社会行为之间的关系上的矛盾。个人的社会行为受到个体的价值判断和行为选择,是具有个体化思想的行为方式,当个体的行为指向与群体的行为指向一致的时候,个体对群体的作用是正向的,能够推动社会的发展和目标的共同性,但是当个体的价值选择和群体的社会意识不一致的时候,个体的力量成为社会行为的阻碍,影响着社会群体整体性作用的发挥。生态价值的理念决定了个体与群体的行为与选择,对于自然环境的生态价值、经济价值和自然价值的判断影响着个人与群体之间的关系。二是社会发展与生态保护之间的矛盾关系，社会的发展来源于对自然环境的改造，发展的过程是人的社会化的过程,也是生态环境空间构造的过程,社会发展与生态保护之间的关系受到了社会形态、发展方式、生产关系等多方面的影响。人类社会可持续发展的关键是人与自然的关系问题,更是人类社会的生态观念以及生态文明发展的问题。生态社会的构建过程是自然、社会、理念的动态平衡的发展,并在社会行为的实践当中将其转化成为一种可以持续发挥作用的理念——生态文明,生态社会共同体的构建就是在生态文明观念的指引下进行的社会生产行为和生态保护行为,生态社会共同体的建设依靠于人与自然之间的作用关系,也受到生态文明理念价值对社会群体行为的影响。生态社会共同体的强化和巩固需要在社会群体的价值性的分配上强化生态价值对社会行为的作用,引导群体的行为方式和行为理念,在社会形态与社会文化以及社会文明的存在关系上建立联系,推动生态文明随着人类社会发展而传承,避免生态文明在社会的发展中出现被切断的现象。

一、生态价值

价值是在社会长期的实践中对于行为和结果的判断,是出自社会群体集体的认同和对行为的看法和反应,价值性体现在其所获得的物质结果和群体的认可度上,是影响着人的行为和选择的重要因素。生态社会共同体的巩固要获得基于价值观念上对于生态意识进行现实和意识上的判定,为其社会行为和社会实践赋予一定的价值和意义,引导社会群体在生态价值的认识和判断中,强化生态社会的意识,巩固社会生态发展的观念。

1.行为的价值赋权与引导

资本主义社会为生产和消费赋予了自由的权利,资本家在社会生产中以经济利益为中心,生产的参与者也在这样的生产运作机制下以物质资源的获取作为劳动价值的判定标准。在物质生产与国家权力机器的结合下,资产阶级的物质生产和消费获得了国家权力的支持,在物质价值判断的指引下,捆绑着国家的发展和社会行为的判断。物质的生产本质上来源于自然环境本身,但是价值指标单向性的以物质利益引导着整个社会的行为发生和国家的运转。因此,在物质价值的影响下,自然环境被动承受着资本发展带来的生态后果,最终生态问题爆发出来。生态价值从行为对个体的价值判断和行为所产生的生态作用上对社会发展和人的行为进行了重新定义,也就是对社会行为的价值判断进行充分分配。在个体行为的价值分配中,个体行为的社会获得和社会意义是个体行为在第一层面上的价值判断,个体在从事相应的社会行为前,会对其行为产生的结果进行判定,一方面是依托于个人获取层面的,另一方面是所在群体对其行为进行的价值判断。生态价值对于价值判断的介入将生态观念和生态价值放置于个体的社会动机当中,在判断的标准上进行分割,将行为所产生的在资源、环境等方面的影响纳入考虑的范畴之内,个体行为就在个体的价值判断和社会群体的行为监督下内化为习惯性的社会行为,从而将生态价值观念转化为生态行为。群体行为的价值分配,一方面是群体利益的获取和群体的维护,另一方面是群体权利的巩固。群体的社会行为是出自群体在社会中获得的利益和权力,在资本主义社会的主导中,经济价值的获取成了群体行为追求的目标,社会群体的行为为经济价值所引导,成为参与生产发展的力量,并以生产回报的方式给予社会群体持续参与的动力,在物质基础的持续增长中,社会群体获得了维护群体、发展群体的能力。生态社会的发展是发展与保护协调一致的行为过程,资本主义的社会形式在凸显生产与消费关系的同时,掩盖了自然环境与可持续发展的关系,生态价值被经济价值隐藏,其在人类生存发展中的作用被量化的指标和数字蒙蔽,直至出现严重的生态问题,其背后的价值才被凸显出来。生态价值对于社会群体的观念融入在于生态意识对社会群体文明发展的介入。文明是社会群体对社会行为适应和发展的过程,是对于行为的反馈和群体间的延续,依靠着来源于群体内部对发展的需要维持着群体的状态。生态文明的理念将可持续的、生态的、共生的理念传播于社会群体当中,使社会行为担负起保护生态的责任和使命,在社会生态文明的号召下践行社会行为。

2. 生产的价值定义

社会发展的动力来自社会个体以群体组织的形式参与到社会的生产和改造自然的活动的过程当中,群体的生产行为和改造行为是社会空间建构和社会发展的重要基础。人的生产和改造活动是对自然环境适应的过程,在劳动的参与下创造着生存和发展的资源,维持着既定的生存发展的状态,这其中既有人的自然需求,也包含着人的社会需要。由于人类生存发展的本质是从自然环境中获取自然资源,对自然的物质需要是人生存的最基本的需要,维持人类生命活动的资源都是来自自然环境。由于人的活动与自然之间的这种获取是在自然行为产生后一直存在的，在社会发展的初期对自然环境的影响是在一定范围内的，资源的流动性在自然空间内的自我协调和循环中得到解决。但是高度社会化的人类社会对生存发展资源的获取在生产力的提高下扩大了规模与范围，其单向的获取行为带来了资源短缺、环境恶化、生物多样性被破坏，自然行为下的生态影响为可持续发展带来问题和阻碍。人的社会行为是自然环境中的物质交换，行为的动因是在社会意识、经济关系、权力关系作用下，为获得更多的社会资源而进行的生产行为。人类社会的生产行为是在经济利益获取的基础上进行的，这一行为产生的目的就指向了利益的获取，但是社会生产本身也是在自然环境中从事的行为，遵循着自然守恒的规则，因此，在热衷于对经济的追逐中，忽视了生态平衡和环境保护，致使在后工业革命时代出现了一系列的生态问题。因此，社会行为对生产活动的价值在利益上的单向定位使人类的生产实践围绕着行为的获取和利益的创造进行，并未考虑到生态的保护和资源的可持续性利用。生态社会的共同体是资源与行为可持续可循环的动态运作的过程，生态价值的定义要在群体的意识中产生对行为结果的生态性反应，将生态环境的保护和可持续性的生产作为生产的目的和价值性的归属，扩大生产价值的范围和限制。

二、社会冲突与生态冲突

冲突是普遍存在的一种社会现象，是社会个体和群体在社会行为中出现的意见分歧和观念的对立，其目的是为了打破既定的行为中的现存组织和规则，获取发展的空间和权力。由于生产与生产关系的互动产生了物质资源的聚集与分配，在生产关系的构建中就会根据资源的分配和掌握情况划分出不同的群体和阶级，在物质资源上的差别与不同就必然导致社会的冲突。正是由于社会冲突的存在，社会行为和观念在随着社会的发展不断完善和变革，以适应社会的发展和生产发展的要求。在人类社会的发展中，不仅是个体之间存在着冲突与对峙，个体与群体之间、不同群体之间都存在着冲突与矛盾，正是这些矛盾调节着个体与群体之间的关系，推动着社会物质分配和组织条件的不断转换。生态社会共同体的构建转变了社会群体对社会行为和社会生产的限定和要求,面临着生产与保护的冲突、生存与发展的冲突,但是这些冲突是在社会的发展中出现的个体和群体基于社会分层理论的冲突,而非是整体性的冲突,冲突的背后是生态环境保护的需要与旧有的生产关系矛盾的调节。

在社会发展中由于群体参与的社会组织形式和社会分工的不同,在权力机制的作用下,社会群体就会自然地根据其掌握的资源和权力的不同形成不同的分层。"柯林斯指出,冲突不可避免地是由诸如财富、权力、声望及其他产品的不平等分配所引起的。人们总是力争最大限度地增加自己所占有的稀缺资源的数量。而那些已经占有较多资源的人,总想巩固自己的地位,最大限度地维护自己的既得利益不会丢失。"[1]在生产资料私有制的社会形态下,物质资源的属性问题将社会群体进行了划分,由于权力群体掌握了绝对优势的社会资源,资源分配在每一个社会形态中都是倾向于当权者,由于分配的不平等,社会群体就会在受到物质资源私人占有的支配下与资源优势群体产生冲突以调节在资源分配上的问题,从而获得更多的权益。社会分工对专业领域的开拓和群体行为综合性分解逐渐使个体无法脱离群体而单独存在。群体的结构功能的开发为其内部的个体创造了更加丰富的物质资源,但在专业领域的开拓和社会分工的个体定位中,产生了基于社会生产参与形式的不同领域的划分,社会群体在这种组织分工中对生存和发展能力逐渐形成了区别和差距,随着专业化分工的加剧,个体社会行为的参与度和参与能力逐渐下降,成为边缘群体,为在群体中获得生存发展的权利,社会群体内部基于社会分工的冲突爆发,社会生产结构在冲突的作用下实现再调整和重新分工,推动了社会生产的进一步发展。

生态冲突产生于人与自然的生产与交换的过程当中,是在生产力的作用下人类社会对自然环境改造的方式不断创新和升级。随着人类社会活动的不断增加,人类对自然的改造涉及的方面越来越多,领域越来越广,在自然的物质存在和人类社会的物质生产的转化中,人类中心主义的论断将人类社会的发展放置于自然环境发展的核心,生产活动在较长的一个时间段内围绕着人类社会文明的提高而进行,环境本身以及生物多样性的发展受到了限制,平衡

---

[1] 侯钧生:《西方社会学理论教程(第四版)》,南开大学出版社,2019。

的自然生态关系被打破,因此在生态环境方面造成的冲突在不断加剧。人与自然的和谐相处需要一个稳定的持续的生态关系来维护和延续,人类的社会活动需要在整体的生态调节的基础上发挥调动与配置的作用,将生产与资源的关系融入自然的循环和物质的转化当中,在顺应自然发展的过程中推动社会生产成为自然环境中物质交换的一个环节。人类社会在与自然环境的交往中要与环境之间建立一种共同体的关系,在发展中相互协调推动着环境的再生、物质的循环、生态的平衡。

三、生态仪式化

现代化与全球化的发展环境使世界各个国家、民族之间的关系越来越密切,这种关系不仅仅是存在于社会生产、经济关系和国家交往之中,也随着各个国家之间的生产的交互和社会群体的流动将全球的地域环境、生态状况和生态系统联系到了一起。由此,在地区和国家之间的流动和传递中,生态环境的问题不再是某个地区和某个国家面临的问题,而是整个世界所有的国家和人民所需要共同面对的问题。在全球的生态环境问题中,全球化的发展将各个地域之间的关系联系到一起,地域生态环境的问题通过生产的交往、人员的流动逐渐形成全球范围内的扩散,进而成为影响全球生产发展系统和人类的生存的重要问题。在生态认识上,全球化为人类活动与生态环境的关系的认识搭建了一个全球化的平台,在这样的平台上人类社会的生态上的观念和认识会形成一个固化的模式,并在这种模式的推行中逐渐失去生态的多样性。在全球化的作用下整个社会生态系统成了一个紧密联系、相互依赖的群体,高度的专业化分工使得全球各国和地区之间的关系更加紧密,社会群体之间也形成了一种相互联系共同合作的社会交往系统。在对于改善生态环境的行为实践中,这种紧密合作形成了对于环境改善的群体性的仪式化行为,并在群体意识上发挥作用推动生态保护的全球化大型仪式的形成。在全球合作和人类命运共同体的推动下,生态仪式化的社会行为在全球范围内进行推广,它既是社会群体的生态补偿行为,又是生态环境建设和生态意识维护的重要的仪式。

生态仪式化行为是在人类社会高度发展的基础上产生的,是在全球性的生态危机面前,全球各个国家为了维护共同的生存家园而有组织有计划地进行的一场全球性的生态仪式。生态仪式化在整体性的层面上强化了对生态危机的认识和对全球性生态合作的建构,在仪式化对合理性和有效性的强化下,推动了各个国家在生态环境保护方面的合作并推动形成生态化的发展模式。生态仪式化是在群体力量的参与下进行的,但是仪式的作用确是在通过群体性行为发挥对个体的引导和约束。面对高度工业化发展带来的物质和利益的诱惑,资本主义国家以"转移"的方式暂时性地规避着生产带来的生态问题,在全球化的进程中将生产污染和生态破坏比较严重的部分产业转移到发展中国家,实现了生态问题的局部解决,但是由于生态的问题是存在于人类生存的整体环境当中的,这种转移只能在一定程度上置换了污染的地域和生态问题的发生地,在自然系统的循环中,无法整体消除的生态问题在随着物质的转化中,逐渐形成全球性的影响,因此生态的问题是无法通过地域的转移解决的。仪式化的行为调配着全球性的生态合作和绿色发展的潮流,在生态行为领域中通过对行为主体的心理暗示,使其成为生态理念推行的大多数,并在仪式化的场合中为其进行赋权,以意识性的权力机制推动着全球各个国家以及社会群体形成对生态发展的系统性认识,并在群体的约束和群体行为的引导下推动生态性的行为成为集体性的行为。生态仪式化是一场审判,是人类社会以精神审判的形式对群体施加的惩罚。"马克思、恩格斯认为,人与自然的关系实质上体现的是人与人的关系,资本主义社会人与自然的对立和危机体现的是人与人之间的对立和危机,人与自然关系的异化反映的是人与人关系的异化。"①生态仪式化将人与人的这种异化关系以生态恶化、生存环境难以维系的方式和可呈现、可观察的形式呈现到人类社会面前,仪式化的审判立足于人与自然的矛盾和对立的调解与协调,将罪魁祸首定义为人类社会的关系。一方面是异化的生产关系。在生产对人的劳动作用中,人与人之间由于劳动能力的不同产生了基于同类的异化,人类社会群体之间的关系开始在物质的引导下成为一种利益指向的关系,资本主义社会在国家权力的施加下将这一关系合理化,长时间作用下人类社会的这种异化关系转移到了人与自然的关系当中,造成了人与自然的分离与对立,这种对立与分离是资本主义以人对自然的分配作为

---

① 陈金清:《生态文明理论与实践研究》,人民出版社,2016。

发展的前提。另一方面是异化的生态观。人类早期的生产发展是在自然力量的制约下，获取自然环境对人类的物质赋权。人类对于自然是崇敬和敬畏的，但是随着人类改造自然发展生产的能力不断增强，人类的主体意识开始加剧，认为自然是为人类社会的发展服务的，人类改造自然的权力是上天赋予的。后来在笛卡尔为代表的机械自然观的推动下，进一步明确了人类对自然的行为的合理性和应当性，在资本主义社会的这种以自我为中心的发展理念下，人类对自然的开采和掠取更加肆无忌惮，在人类意识上形成了人与自然本质对立的关系的论断。

生态仪式化行为将人与自然对立的这种错误观念进行了审判，将其置于众人面前进行剖析，达到警示的作用，并以这种方式产生对生态行为的诱导，强化生态行为和生态观念的群体接收性，在众目睽睽下推动生态观念的强化、集体性的接受，从而形成一种集体推动和监督下的生态行为和生态观念，推动在群体合作中形成生态社会共同体。

第四节　社会新生态的聚合

人与自然关系的异化、生产发展理念的长期偏颇、人类中心主义的论断在结合意识形态的作用下长期发展，逐渐造成了生态环境的恶化、生存空间的异化、自然资源的破坏以及生态危机的出现。在人类沉迷于对物质世界的建设中，物质文化的发展引导着人们进入了一个自我满足、自我为中心的发展阶段。在这个发展过程中，人类社会的物质追求成为生产发展的主要动力。经过社会形态的转变，社会权力为其进行了赋权，人类社会的生产建设成为社会发展的中心，所有的社会活动都围绕着社会生产的发展来进行，在资本主义自由发展理念的引导下，人类社会的生产力得到了空前的发展。但是由于生产的发展是生产活动对自然资源的开拓，长期的生产发展忽视了自然生态的承受能力，打破了人类生产与自然循环的平衡规律，出现了生态失衡。由于人类社会的生产活动是从属于自然循环和运行的一个组成部分，整体的失衡和恶化就会影响到循环的每一个部分和阶段，逐渐地人类不合理的自然行为和肆虐的开采最终将自然生态的恶果反馈给了人类社会本身来消化。

社会生态的维护和发展是目前社会发展和生态建设重点，这是关系人类命运和前途的关键，要推动建立崇尚自然、遵循自然规律的生态理念，解决好工业文明带来的矛盾。将生态观念融入社会文化当中，在文化的建设和发展中强化生态理念、构筑生态文明，推动形成生态共识，建立生态价值体系，发挥社会意识对生态社会发展的重要作用，在社会意识领域传播生态理念与建设生态意识，以国家权力、社会约束、集体理念的形式推动生产发展的转型和生态友好型社会的建立，推动形成全面的自由发展，摒弃资本主义自由理念以人类发展为中心的价值判断，以平等的、友好的、良性的发展理念为基础，推动形成人与自然和谐相处的生态理念，实现人与自然的共同发展，推动建设可持续的发展目标。生态的观念意识融入社会发展和人类文明的建设当中，将人与自然和谐相处的理念和人类命运共同体进行实践，形成了一个新的生态发展方式，构筑了一个新的社会生态的聚合。

一、社会生态文化

社会文化对群体的聚集和行为的引导具有重要的作用，在社会文化的作用下，群体能够形成统一的行为指向和目标设定，同时也能够维护社会的稳定和社会运行的有序进行，是除了国家机器的方式之外的对社会行为规范和引导的重要方式。社会文化是一定的社会意识形态和思想在社会形态和社会行为上的反映，一般情况下是符合一定的群体的利益和要求的。在社会文化的推行下，社会文化结构中的非意识形态元素也会在社会意识的引导下参与到社会的合谋当中，推动着社会群体的行为按照一定的要求来进行。社会生态文化是立足于有生态理念的文化思想，在社会生态价值的判定下，将生态的价值纳入社会生产和社会发展的判定当中，讲求社会发展与生态保护的结合，是在群体性的社会意识和人士中发挥作用的。生态社会的建设和生态理念的传播需要社会生态文化对社会行为的约束和限定，在社会整体性的参与和群体影响下实现社会群体对生态价值的认识和对社会生态文明的建设。

社会生态文化是通过生态发展的理念对社会发展的可持续性的融合上发挥文化在生态环境保护上的作用。当今社会对生态发展问题的认识是源于工业文明发展对生态环境破坏所产生的后果,是一种倒推的认识行为。生态保护的观念和认识在对当前的生态判断和归因的基础上, 从人类社会发展的过程当中寻找生态保护和可持续发展的方法和策略。社会生态文化是出自社会生态行为的反思当中,是对人类社会发展与自我之间的关系的理解和认知,其本质是人类对自身在生产和发展之间的关系的认识, 对自然和社会的关系的认识。生态的观念作用于人的行为,并在行为的发生和践行中产生效果。社会生态文化是人类思想领域的重大变革, 对人的生产生活和物质运行产生了根本性的转变,社会生态文化首先在自然—社会之间建立了一种关系,推动着人类的生产社会活动沿着自然性的方向进行, 人类社会行为动机也在这个关系的建立中恢复了平衡, 在文化对生态的适应过程中实现生态观念的转变和生态行为的延续。

社会生态文化通过生态文明的建设实现对社会形态的融入,并获得一种合法性的地位和实现途径。资本主义生产关系的建立推动形成了以物质生产为中心的工业文明,工业文明以社会劳动力的最优组合、社会公平的最佳精细化、社会生产关系的高度利益化实现了一个阶段的人类社会物质文明快速发展,但是工业文明以单向的人类社会发展为中心,忽视了对自然环境造成的影响和对生态环境造成的后果,物质生产的高度发展推动了人类文明的进步,却带来了环境污染、资源浪费、贫富差距等一系列问题。生态文明是与工业文明相对的社会发展形式。首先,生态文明是对生态环境的保护的基础上的绿色产业的发展、生态产业的发展,并在生产和发展当中将生产力的自然属性释放出来,主动参与到自然循环的过程当中,使人类社会的生产发展成为自然的物质转换和生态循环的组成部分。在生态文明的社会理念的引导下,社会生产行为既发挥了社会生产力发展的作用,推动了人类文明的发展,也在本质上将人类社会活动重新纳入自然环境当中,实现一种生产的平衡、交换的平衡和发展的平衡。其次,生态文明就是对生态环境的治理与恢复。资源的过度消耗、环境的过重负担使整个生态自然环境出现了整体性的危机, 这种危机成为影响人类可持续性发展的阻碍因素。生态文明构筑了一个以维护和恢复为中心的理念,在转变发展方式实现生产升级的同时, 加强对现有生态问题的治理和对生态不良影响的消除。在国际合作、集体行为和志愿服务行动中,将生态的恢复和发展作为主要的实践指导，在生态文明的引导中通过行为的调整来修复退化的环境。最后，生态文明就是通过与社会形态的合谋实现在国家机器的主张下的生态建设和文明发展。社会生态文明是受到了社会形态和国家机器的影响在社会的群体行为和群体意识中设定的规范、约束和准则，生态文明的理念来自群体对人与自然的关系的本质的认识，存在于权力组织形式当中。国家意识与生态意识的结合决定了国家生态意识的发展和生态文明的作用效果。在与国家权力的结合下，生态文明理念的传播得到了系统性和制度性的保障，并在与国家管理和社会规约的配合下，成为支持社会生产发展可持续、发展形势可循环、生产提高与自然保护相一致的生态发展。

　　社会生态文化通过生态价值的彰显实现对社会行为的引导和个体价值追求的衡量界定，在价值的创造和价值实现中完成对生态文化理念的稳固和生态环境的保护。人的行为从本质上来说是受到价值性获得的影响的，人类的社会行为对个体自我的满足和对个体发展的判断构成了行为的动机，在行为的过程中对获得感的加强强化了行为的持续性，行为结果对行为个体在精神、物质、关系等方面带来的利益和动机引导着社会行为的延续性。生态环境对个体的作用是很难通过个体的获得感来体现的，因此，在较长的一个历史时间段内，人类的社会行为是以个体为中心的毫无顾忌的自然掠取，以获得个体的物质生活资源，被忽视的生态环境在人的行为作用下超过了其本身所具有的承载量，出现了生态失衡和生态恶化的后果。在人类集体意识觉醒和对生态价值的感知下，生态价值开始成为人类社会行为和社会价值判断的重要标准，在社会生产发展和文化建构中，对生态环境的作用和生态环境的保护成为人类的行为是否具有价值的一个方面。社会的物质生产，一方面要能够满足人类社会活动的物质需要，实现人类社会生产关系的协调和物质发展的要求，实现其功能性的作用；另一方面是具有生态价值性，在生产及消费的整个过程能够贯穿生态发展的理念融入生态循环的过程当中，实现生态价值与经济价值的结合。生态价值在群体的认识和意识的转化中逐渐开始以显性的形式出现在人类社会的生产生活当中，从而在个体的行为价值的判断中产生作用。生态环境与生产生活的直接关系引导着个体对生态环境破坏的后果的认识，在直接性的生存空间破坏的威胁下，将生态价值作为行为发生的动机性因素。生态环境与经济的结合引导着个体的生产行为和消费行为，社会通过权力机制对生态进行价值赋权，生态行为的价值性结果及经济行为中的生态价值成为参与社会生产和社会获得的重要因素，个体对获取性和价值性的获得就推动了生态环境的保护和生态文化的稳固。权力机制对行为的生态价值的赋权也使社会群体在意识上形成了以生态文明和生态保护为中心的教化理念，随着文化在地域和群体的传承中实现生态理念的不断强化和生态意识的不断加强。群体性的行为和规约同时在群体行为和群体交往中实现了监督机制对生态价值的维护。在群体的监督和约束下，个体的行为只能严格地按照生态规范的要求来参与生产和发展，并按照约定的生态要求参与到群体的合作和竞争当中。生态价值在群体行为和个人动机的加入后，实现了对社会行为在生态标准方面的把关，推动了社会生态文化在生产发展中不断得到巩固。

二、社会意识引导

社会形态的维护和社会群体的生产是在社会意识的引导下进行的，社会意识为社会生产和群体运动界定了基本的模式。一般情况下社会意识会与政治权力相结合以社会群体中发挥主导性的作用来进行推广，因此，整体性社会行为的背后是社会意识的引导。当前，生态环境的问题首先是在资本主义社会的发展过程中造成的，是资本主义意识形态中对生产力发展的要求和自由主义下的经济发展造成的。"在奥康纳看来，生态社会主义实际上是指资本主义世界的绿色运动。在生态马克思主义视野中，绿色运动之所以具有社会主义的因素，是因为目的是解决资本主义的总体危机，包括政治危机、经济危机和生态危机，而且是新形势下的'阶级斗争'。"[①] 社会主义是脱生于资本主义社会的社会形态，是对资本主义的打破和发展，其所改革和发展的部分是资本主义形态在运行和发展中存在弊病的部分。生态社会的问题凸显于资本主义的社会形态中，因此是社会主义社会改良和发展的组成。社会主义社会在意识层面就具有了对生态观念的认知，因此，保护生态环境、平衡人与自然之间的关系需要发挥社会意识的引导作用，形成一个整体性的、持续性的作用发

---

① 李宏煦：《生态社会学概论》，冶金工业出版社，2009。

挥机制。

资本主义的意识形态决定了生产发展不能实现可持续性。资本主义制度是造成全球性生态危机的根本原因，生态环境的保护和生态文明的发展需要从社会意识层面实现本质的转变才能形成生态社会建设的基础。资本主义产生于封建社会，是对封建社会的等级权力制度进行摒弃后对物质资源和物质生产的自由权利的实现。在资本主义的意识形态的作用下，资本主义生产以利益为中心，在满足社会物质需要的基础上，强化生产为个体带来的利益价值，因此在资本主义意识的影响下，个体的社会生产是持续进行的，并且在利益的引导下个体的生产行为将成本的控制放置于对资源的开拓上。当利益的产出达到饱和状态时，全球化消费市场的形成和产业转移的资源利用就为其进一步的发展创造了新的空间。全球化的消费市场将生产的需求在群体的扩大中得到了开拓，资本主义的生产在全球化动力的支持下进行着一轮又一轮的生产，资产阶级在这个过程中贪婪地攫取着经济利益。产业在地域间的转移实现了环境问题的暂时性、局部性的缓解，但是环境的问题是全球性的问题，污染的问题并没有在本质上得到解决。在自由主义生产发展中，利己主义片面性地界定环境的影响，将意识形态所导致的生态问题转移给生产方式，但即使是资本主义国家在通过制度、协议和合作的形式推动建立生态友好的组织和开展环境保护的行动，也只是在资本主义内部的自我调整，实现的只是资本主义生命的延续，从本质上来看生态社会无法在资本主义的社会形态中形成实质性的进展。

社会主义社会是与生态社会的构建结合在一起的。"生态学社会主义的思想基础是生态学马克思主义。生态学马克思主义属于政治生态学，认为生态问题实际上是社会问题和政治问题，只有废除资本主义制度，才能从根本上解决生态危机；它致力于生态原则与社会主义的结合，力图超越资本主义与传统社会主义模式，构建一种新型的人与自然和谐相处的社会主义模式。"① 生态学马克思主义的观点是生态问题是政治问题的范畴，生态环境的建设涉及政治体制，人与自然和谐相处的生态模式是需要在脱离旧有制度的基础上才能够

---

① 李宏煊：《生态社会学概论》，冶金工业出版社，2009。

产生的，变革的方式只能在较短的一个阶段内缓解社会发展与生态危机之间的矛盾，根本性的问题并没有解决。从哲学的认识论上来说，马克思主义认为物质是第一性的，物质是不依赖于人的意识并能被人的意识所反映的客观事实，这就与生态社会构建的基本认识是一致的。生态社会发展的目标是实现人与自然的和谐统一，人是自然环境中的组成部分，人类活动是改造自然的重要内容，但是本质上自然环境是第一位的，人类的社会活动必须依赖于自然的物质交换而存在，人类的行为和改造活动是在物质存在基础上进行的，人类并不是处于中心地位的，要遵循自然的规律。从目标和共识上来看，生态社会追求的是一个生态和谐的环境，是人的生产生活能够与自然的循环和自然的规律紧密结合在一起，生产的过程融入自然的过程当中，在适度的发展中维持着人与自然的和谐相处。社会主义在共产主义的奋斗目标和社会公平的实现上削弱了经济价值对社会生产的绑架，强调在一个高度发展的社会中实现物尽其用。脱离了利益的引导机制，没有了经济价值和个人利诱的诱导，社会活动的经济理性失去了存在的土壤，在按需获取和适度发展中，人的行为和活动都是在围绕自身的发展而展开的，人的发展成为社会可持续发展的动力。

三、相对自由与全面自由

资本主义制度在一定程度上来说实现了人类社会发展过程的进步和解放，实现了人类社会发展过程中物质生产的一次飞跃，但是因为资本主义对物质生产的高度追求，自由的物质生产成为相对的自由，在资本的捆绑下，自由生产带来了包括贫富差距拉大、社会公平被破坏、自然开采过度、生态环境恶化等一系列的问题。资本主义的自由本质上是为了资本主义生产服务的，是局部的自由和相对的自由，围绕着物质生产和利益创造在资本主义制度的协调下对社会生产关系进行调节，对个人的资本利益进行维护的自由。在自由资本主义下，经济发展在市场的自由调解下开展自由竞争，社会经济行为受到市场规律的作用发生产业领域的集聚和转换，资本在各个市场环节中不断自由地转移与扩大，由于市场是在利益价值下发挥作用的，在社会生产力快速提高的同时，资本主义的矛盾不断加剧。马克思主义追求的根本价值目标是人的全面的自由和发展，是建立在高度发展和高度自觉的基础上每一个社会成员全面而自由的发展,经济理性被社会公平打破,生产活动不再被利益主导,人与自然的关系成为在自然属性下的自然性行为,人类社会活动实现的是人的全面的自由。

资本主义的社会制度是自由资本主义存在的基础。在社会形态的维护下,资本主义社会实现了生产力的解放,社会生产脱离了权力的束缚和绑架,实现了在市场的规律下自由的运行。资本主义制度对生产自由的维护使得生产力在这一社会阶段获得了迅速的提高,物质文明得到了空前的发展,但是随之而产生的后果也在生产力快速提高的过程中凸显出来。自由资本主义是以生产力的提高为基础的,市场的调节是协调生产关系的主要因素,但是在生产力的发展中对于经济利益的追求将社会生产引导到一个价值理性的方向,社会生产的平衡性受到了影响,生产发展对人类社会物质需求的基本属性被打破。在自由主义的生产下,资本主义制度为其提供了合理合法的实现路径,为获取更多的物质利益和财富,资本主义的生产活动不断加深着对自然资源的利用和开采,在人类社会运行中集聚了过量的物质财富。为了提高生产动力,全球化的经济合作与贸易往来为资本主义的生产提供了新的动力,消费的升级也将生产的矛盾转移到了消费的领域。资本主义的自由发展强化了资本主义政治权力,在自由主义的市场运行下,资本家凭借着制度的优势首先获得了相对的发展空间,在运用市场规则的情况下积累社会财富资源,进而实现对权力的获取,以确立阶级优势,自由主义就成了资产阶级的自由,普通的社会群体在生产关系的协调下成为维护资产阶级统治的工具。在资本主义社会中,生产的指向和发展的方式都是在对阶级利益的维护下推动的,所谓的自由主义是为了资本主义的生产发展扫清障碍,获得更多的生产发展的空间,资本主义的自由是资产阶级的自由,是社会局部的自由,是相对的自由。

全面的自由既是包括个人发展的自由,也是指群体的自由。马克思曾说,人的全面自由的发展的意义就是劳动是成为人的自我实现的需要而不是谋生的手段。全面的自由是以个体的发展需求为导向的,社会行为和社会活动都是在为个体目标的实现所服务,社会生产是在个体的发展意愿下进行的,社会需求成为社会生产的主要动力。全面的自由是个体实现自我价值的自由。社会生产在满足基本的社会活动以外,通过个体自我发展的形式融合到社会生产当中,引导社会活动的是社会公平下的自我发展和共同发展,社会制度与社会生产相结合成为全面自由发展的保障性因素。全面的自由不仅仅包括人类个体的自由也实现了平等参与自然性活动的自由, 人类活动是自然性的生物活动的重要组成部分。以人类为中心的发展理念将人类的活动作为改造世界的重要活动,忽视了生态的平衡和生物的多样性,因此在长期的人类社会中心的发展下,生态环境问题突出生态失衡。全面自由的发展以生态环境的物质性存在为基础。"马克思、恩格斯认为,人是自然界发展到一定程度的产物,是自然界的一部分;同时,人的存在和发展依赖于自然界提供的物质生活资料。因此,人与自然界是相互依存、和谐平等的关系。"① 人类的行为与自然生物的行为拥有同样的发展权利, 在生态运行中自然环境能够凭借自身的力量实现对于生态的调节,人与自然的关系更加协调,在人类的自由全面的发展中也实现了生态社会的全面进步。

① 陈金清:《生态文明理论与实践研究》,人民出版社,2016。

第五章　中国古代生态社会的思想渊源及治理模式

　　面对日益严重的生态危机,许多思想家都不约而同地将视角转向东方,希望从东方智慧中寻求出路与办法。儒家思想基于"天人合一"的广阔视角,将人与天地万物同时纳入思考的范围,呈现出一种整体性、共生性、超越性,从而为走出人类中心主义,建立人与自然和谐共生的社会寻找方向。正如国际环境协会主席科罗拉多教授所指出的那样:建立当代生态伦理学的契机和出路在中国传统的哲学思想中。所以,发掘和弘扬儒家生态哲学思想,对于建构新的生态社会理论具有重要的现代价值。

　　儒家生态社会思想以儒家学说及社会治理理论为基础,不断传承创新,具有丰富性、系统性的特点,主要包括:生态哲学思想——探讨儒家哲学中的天人关系、万物合一、"仁"的心灵结构、气本论、"生生"思想、"相感"思想等;生态社会制度构建的原理与规则——礼乐制度、生态社会官职及职分、天人合一理念下的制度设计等;生态社会中的人格结构——儒家经济人的人格特点、结构与维度。可以看到儒家生态社会思想包括的内容非常丰富,并且自成体系。它"对于生命广大连续性的尊敬,对于苦难的同情,对于为正义而建立可持续发展社会的渴望,对于整体的道德教育的重视,以及对于植根于彼此关联的同心圆内的生命的欣赏"[①]都具有十分重要的意义与价值。

　　同时,儒家生态社会思想具有深刻性。儒家生态社会思想基于对人性的思考,将形而上的哲思与形而下的实践相结合,完整阐述了其基本价值理念。首先,儒家生态社会中的人类是一种形而上的存在。他们具有最高的渴望,这种渴望不能用人类中心主义的观念来简单界定,而是以不断为天命所鼓舞并不

---

　　① 安乐哲:《儒家与生态》,江苏教育出版社,2008,第1页。

断对天命有所回应的终极关心为其特征；其次，儒家生态社会中的人类是一种感性的存在。他们不仅与其他人形成内在的共鸣，也能与其他动物、植物、高山、河流，直至自然整体，形成内在的共鸣。此外，儒家生态社会思想中的人类是一种社会的存在，他们通过相互作用的关系及以此为根基的制度设计，保证了人类的生存和繁荣。可以说中国儒学是深层生态学，对于解决当今时代的生态危机，帮助人类走出困境，建构人与自然相合的生态社会有着重要的作用。

第一节　先秦儒家生态思想

一、孔子的生态思想

(一)"仁"的思想

孔子"仁"的思想，不仅指向人与人的关系，也指向人与物的关系，核心在于心的相感。《说文解字》(以下简称《说文》)说："仁，亲也。从人从二。忎，古文仁从千心。""仁"字的金文写法为 尸，还写为 ，其异体字的写法还有 忈 和 忎。从字源看来，"仁"的意思是以我之心与他人之心相感，以我之心与万物相感。

首先，我们探讨"相感"。"相感"的概念最早要从《周易》的"咸"卦谈起。"咸，感也。柔上而刚下，二气感应以相与。止而说，男下女，是以亨，利贞，取女吉也。天地感而万物化生，圣人感人心而天下和平：观其所感，而天地万物之情可见矣！"(《周易·咸·彖辞》)"咸"卦的"咸"也即"感应"的"感"，它是以"相感"为议题的。这里的"相感"，一方面指男女两性之间的感应，即人与人之间的感应。"他人之心，予忖度之。"(《诗经·小雅·巧言》)推而广之，讲到圣人与他人的人心相感，由此带来天下和平昌顺。《说文》里说"感，动人心也"。这种"相感"必然是人的心灵间的"相感"。而这种心灵间的"感应"也即"咸"卦九四所谓的"憧憧往来，朋从尔思"，以及王弼"咸"卦九四注中所谓的"二体始相交感，以通其志，心神始感者也"(《周易注》)。另一方面，又指天地交感，由此带来万物化育生长,《正义》里说:"皆叹咸道之广,大则包天地,小则该万物。感物而动,谓之情也。"因此,这里可以看到,无论是人与人相感,还是宇宙万物相感,都表现为一种情。

人与物的"相感",在《礼记·乐记》里有很多描述。"人生而静,天之性也。感于物而动,性之欲也。"人的天性本来是静的,因受到外物的影响而成为动的,这是人的情欲使然。"凡音之起,由人心生也。人心之动,物使之然也。感于物而动,故形于声。""乐者,音之所由生也,其本在人心之感于物也。"之所以会产生音乐,是因为人心会感于物而动。外在的事物会使人的心灵有起伏,人们因此会产生感应。人的心显然不是死水,当外在的事物激荡人的心灵时,人会对其"随感而应"。这在中国的诗词里面有大量的呈现。例如《诗经·小雅·采薇》里就有"昔我往矣,杨柳依依,今我来思,雨雪霏霏"。外在的自然之物,会让人心有所感,可见,人心与万物是有关联的。通过《诗经》,我们看到人是一种情感的存在,人心与万物是相感的关系。

再回到儒家的"仁"学。由于人心会感于人而动,感于物而动,因此,忑就好理解了。"仁",就是以我之心可与他人之心相感,可与万物相感。这形成了儒家"仁"学思想的基本概念。蒙培元认为:"仁的核心是'爱',这是一种普遍的道德情感,它的实现就是'爱人',但其扩展则不止于爱人,还应当爱惜自然界的一切生命。"① 把道德之心从人扩展到万物,从而具有了一种广阔的生态学意义。《论语》中"仁"字一共提到了 109 次,如果我们把"仁"放在生态学意义上来理解,基于人心与外物相感的前提,我们可以总结出以下几个命题。

第一,"乐山乐水"是仁者的生命形态。子曰:"知者乐水,仁者乐山。"(《论语·雍也》)我们可以感受到孔子对于大自然的热爱。对人来讲,真正有意义的选择,是乐于与山水相伴。山和水都是活泼的事物,并且是有生命气息的存在物。刘宝楠先生对"知者乐水,仁者乐山"有这样的论述:"'知者乐水'可释读为,'夫水者,缘理而行,不遗小闻,似有智者。动而下之,似有礼者。蹈深不疑,似有勇者。障防而清,似知命者。历险臻远,卒成不毁,似有德者。天地以成,万物以生,国家以宁,万物以平,品物以正。此智者所以乐于水也。'"而"'仁者乐

① 蒙培元:《人与自然:中国哲学生态观》,人民出版社,2004,第 169 页。

山'可释读为,'夫山者,万者之所瞻仰也。草木生焉,万物植焉,飞鸟集焉,走兽休焉,四方益取与焉。出云道风,嵷乎天地之间,天地以成,国家以宁,此仁者所以乐于山也。'"①由此看来,人心之所以可以与山水相感,是因为山水本身带有了一种"天德"。而这种德可以与人的德相呼应。仁者与山水相伴,这对于提升自己的生命德性有重要的意义。在《论语·先进》里记载了孔子与他的学生谈论人生理想,曾点说:"莫春者,春服既成。冠者五六人,童子六七人,浴乎沂,风乎舞雩,咏而归。"孔子听完后说"吾与点也!"曾点的理想与孔子"乐山乐水"的情怀是一致的,是仁智之人热爱山水的写照。

第二,"钓而不纲,弋不射宿"是仁者的行为选择。《论语·述而》记载,孔子在打鱼和狩猎时坚持"钓而不纲,弋不射宿"的原则,意思是:孔子只用竹竿钓鱼,而不用网捕鱼;只射飞着的鸟,不射夜宿的鸟。这是因为用绳网捕鱼会对鱼儿一网打尽,影响鱼儿繁衍后代;射杀夜宿的鸟会影响幼鸟的进食,幼鸟会因没有食物而死亡。这样就破坏了鱼儿和鸟的持续繁衍。这同样是感于物而动。动物与人一样,同样需要繁衍幼崽。这里也体现出孔子的"不忍人之心"。人的心与物的心是可以相感的,类似的例子还有很多。有一次,孔子行走到山中,看见山冈上的山鸡,观赏之后,唱出"山梁雌雉,时哉时哉"(《论语·乡党》)的诗句。其弟子子路也恭敬地向山鸡作揖,表现出对野生动物的极大尊重以及对人与动物和谐相处的向往。《礼记》中记载,孔子的犬死了,他没有用车盖的布包裹自己的犬,而用席子裹起来埋葬,这说明他对动物很有情感。这些例子都说明孔子是以仁爱之心对待动物的。这也是"仁"的表现。如果没有这样的仁爱之心,人是不会做出类似的行为选择的。

第三,"何陋之有"是仁者的克己意识。孔子认为,君子不要讲究吃、穿、住、行,吃的能果腹就行,住的不要太安逸,即"君子食无求饱,居无求安"。孔子赞扬他的学生颜回"一箪食,一瓢饮,在陋巷,人不堪其忧,回也不改其乐。贤哉回也!"此外,子欲居九夷。或曰:"陋,如之何?"子曰:"君子居之,何陋之有?"(《论语·子罕第九》)这不仅仅体现出一种节俭,在生态学意义上体现出一种"克己复礼"的道德意识,在更深层的意义上体现了一种尊重自然之物的道德情感。

---

① 刘宝楠:《十三经清人注疏:论语正义》,中华书局,1990,第359页。

一个懂得克制自己私欲的人，会有智慧地处理人与自然之间的界限，不会由于人的无限度需要而任意破坏自然。因为人有"仁"，所以自然之物在人心里存有位置，这是能够有效地克制自己私欲的心理前提。这里有一种儒家所倡导的修养境界问题。在儒家看来，人的修养是分层次的，较浅层次是处理人与人之间关系的道德修养，较高层次是处理人与自然之间关系的道德修养。而处理人与自然之间的关系完全需要一种慎独自律，克己复礼。自然无言，不会轻易反抗。如果人能够"有约"，则"失之者鲜矣"；而如果人毫无节制，其结果反而会损害人自己。

第四，"我欲仁，斯仁至矣"是仁者的道德自觉。子曰："仁远乎哉，我欲仁，斯仁至矣。"(《论语·述而》)这里有一个字，特别重要，即"欲"字。孔子说，"仁"离我们远吗，只要我想要"仁"，这个"仁"立刻就来了。也就是说，之所以感觉"仁"离自己很远，是因为人们往往不想要，没有这样的想法。"悉"这里的心，被私欲蒙蔽，用王阳明的话来讲，本心就不容易显现了。因此，人们需要努力做好的是"欲"字，即"我要想"。在儒家看来，"自我"从来不是孤立的，"自我"是在关系中确立的，其存在的价值、意义和完满性都在关系中实现。这个关系不仅仅包括群己关系，也包括人与自然的关系。因此，将自然万物融入"我"，人才有价值，生命才有意义。圣人如果仅仅考虑自己的需要，他是不安的。子曰："不仁者不可以久处约，不可以长处乐。仁者安仁，智者利仁。"孔子认为，不仁的人不会有长久的自我约束，"实行仁德便心安，不实行仁德心便不安"。"我欲仁"里的"欲"字就是体现这种发自内心的道德自觉。

(二)"天人合一"的思想

许慎在《说文解字》里说："天，颠也。至高无上，从一大。"甲骨文写作"呆"。"天"字本身就是一个天人合一的设计。没有了人，那不过只是宇宙的无限，而有了人，天才有其存在的意义。段玉裁在《说文解字注》对其的注释是："颠者，人之顶也。以为凡高之称。始者，女之初也，以为凡起之称。然则天亦可为凡颠之称。臣于君，子于父，妻于夫，民于食皆曰天是也。至高无上，从一大。至高无上，是其大无有二也，故从一大。"天不仅是一个自然存在，更代表了人效法的对象，也就是人对至善价值的追求要求人仰观俯察，与天地变化相协调即"与天地合其德，与日月合其明，与四时合其序"。在这一概念中，"天"与"人"相得益彰，"天"对"人"并不是宰制性的，它无声无言，却有着最高的德性与秩序。"人"对"天"也并非控制与利用，相反需要人仰观天德，由此走向人之性最完善的境地，从而成己成物，达到"赞天地之化育""与天地参"的水平。《论语》中有十处直接论述"天"的话语。归纳起来，"天"的概念有三层内涵：一是自然生化之天。例如《阳货》篇，子曰："予欲无言。"子贡曰："子如不言，则小子何述焉？"子曰："天何言哉？四时行焉，百物生焉，天何言哉？"二是道德超越之天。例如《泰伯》篇，子曰："大哉，尧之为君也！巍巍乎，唯天为大，唯尧则之。荡荡乎，民无能名焉。巍巍乎，其有成功也，焕乎，其有文章！"《述而》篇，子曰："天生德于予，桓魋其如予何。"三是神性命定之天。例如《先进》篇，颜渊死。子曰："噫！天丧予！天丧予！"《颜渊》篇，司马牛忧曰："人皆有兄弟，我独亡。"子夏曰："商闻之矣：死生有命，富贵在天。君子敬而无失，与人恭而有礼，四海之内，皆兄弟也。君子何患乎无兄弟也？"《宪问》篇，子曰："莫我知也夫！"子贡曰："何为其莫知子也？"子曰："不怨天，不尤人。下学而上达。知我者其天乎！""天人合一"的生态学意义在于如下几方面：

首先，自然生化之天，是不言之天。虽不言，却有大言。天蕴含着一种秩序，一种规定性，并且可以化育万物。人在处理与天的关系时需要遵循这种秩序，才能化育万物；一旦违背，必然会遭害。在《礼记·月令》中就规定了在不同的月份，人应该如何行事才是合乎秩序的。例如在孟春之月，"天气下降，地气上腾，天地和同，草木萌动。王命布农事，命田舍东郊，皆修封疆，审端经术，善相丘陵，阪险，原隰。土地所宜，五谷所殖。以教道民，必躬亲之。田事既饬，先定准直，农乃不惑。"又如仲冬之月，"农有不收藏积聚者，马牛畜兽有放佚者。取之不竭，山林薮泽，有能取蔬食田猎禽兽者，野虞教道之。其有相侵夺者，罪之不赦。是月也，日短至，阴阳争，诸生荡。君子齐戒，处必掩身，身欲宁，去声色。禁耆欲，安形性，事欲静，以待阴阳之所定。"可见，这种自然生化之天有其固有的秩序，人顺应这种秩序行事，人与自然都会相安无事。

其次，道德超越之天，是至善德性之天。这里有一个最高价值定位问题，描述了天道与人道的关系。在儒家看来，天地等自然之物都有着最高的德性。例如《易传》："天行健，君子以自强不息。地势坤，君子以厚德载物。"另外，自然之物如水和玉正可以作为儒家君子用来比德的重要象征，如所谓"君子比德于玉"(《礼记·聘义》)和"夫水者,君子比德焉"(《大戴礼记·劝学》)。可见,天道是最高的德性,人道是天道在人身上的表现。值得一提的是,儒家所倡导的"德性"并不是伦理学上所界定的"应该",而是人的本性使然,即人的本性中原本就存在一种天道,只是需要通过学习让这种本性彰显出来。

再次,神性命定之天,是宇宙至上之天。这里的生态学意义有两点,其一在于人对天要有一种真实的敬畏之心。用这种敬畏心作为内心的"约",当私欲到来时,可以做符合天意的选择。孔子认为要使人和自然处于和谐的状态,只有人怀有对天命的敬畏之情,才不至于在自然面前肆意妄为。子曰:"君子有三畏:畏天命……小人不知天命而不畏也。"孔子认为天命难知,发出了"畏天命"的感慨。人的行为如果违背了天命,自然一定会有所反应。其二在周人看来,这个神性命定之天支配着国家的兴亡和个人的命运,至高无上的君权来自上天,而上天只会将天命授予有德之君,并通过降下灾害或祥瑞以表达对君主之德行好坏的责罚和赞赏。因此,这里强调君主在天人互动中的重要作用。在历史上也可以看到,不少朝代都有君主因为所谓灾异而反躬自责。如明太祖朱元璋就对灾异怀有强烈的敬畏之心,认为"嘉祥无征而灾异有验,可不戒哉!"因为"灾异乃上天示戒,所系尤重"。可见,因着对神性命定之天的敬畏,在人与天地相参相连的整体关系中,强调人对社会和天地自然的整体责任意识。

二、孟子的生态思想

(一)仁民爱物的生态思想

孟子根据孔子的仁学思想,做了补充和发挥,从而形成了自己的仁学思想,并创造性地提出"亲亲而仁民,仁民而爱物"的思想体系。这可以作为孟子生态思想的根基。

第一,"人皆有不忍人之心"是生态思想的逻辑起点。

在孟子看来,人性不是像荀子所说是恶的,也不是像告子所说是无善无恶的。他认为人性是善的。因为孟子发现"人皆有不忍人之心"。"所以谓人皆有不忍人之心者,今人乍见孺子将入于井,皆有怵惕恻隐之心,非所以内交于孺子之父母也,非所以要誉于乡党朋友也,非恶其声而然也。由是观之,无恻隐之心,非人也。"孟子认为人们看到一个小孩掉进井里了,都有恻隐之心,这不是由于要与孩子父母交好，也不是要在邻里朋友间沽名钓誉，也并非厌恶孩子的哭叫声。这仅仅是人们发自内心的同情和怜悯。谢良佐曰："人须是识其真心。方乍见孺子入井之时，其心怵惕，乃真心也。非思而得，非勉而中，天理之自然也。"①正是这样一种自然的真心，将人与禽兽区别开来。有恻隐之心的人就有"仁"的表现，就是人。所谓"人皆有所不忍，达之于其所忍，仁也。""仁也者，人也。"

　　第二，孟子非常强调"不忍人之心"还需要"扩而充之"，"若火之始然，泉之始达"。将其心扩充开来，就好比刚刚燃起的火焰，会越燃越旺，最终这颗心就成为一团烧旺的火；又像开始流出的泉水，会越聚越多，最终这颗心就有滔滔不绝的善流涌。所以孟子会说："可欲之谓善，有诸己之谓信，充实之谓美，充实而有光辉之谓大，大而化之之谓圣，圣而不可知之之谓神。"（《孟子·尽心下》）人的自然本心需要不断充实扩大，那样就可以达到"圣"甚至是"神"的境界了。这是孟子对孔子思想的重要发挥，为人们提示了人如何一直保持有一颗原本的善心。孟子看到，如果人们的本心不加以扩充，是很难维持的。外界的很多人、事物会让这颗本心受到污染，甚至失去其该有的真实状态。孟子说："大人者，不失其赤子之心者也。"这颗本心的真实状态就是这种赤子之心。朱子注曰："大人之心，通达万变。赤子之心，则纯一无伪而已。然大人之所以为大人，正以其不为物诱，而有以全其纯一无伪之本然。是以扩而充之，则无所不知，无所不能，而极其大也。"赤子之心，纯一无伪，所以可以包含很多的可能性，从而，可以无所不知，无所不能，沟通天地上下，而大其心。

　　第三，"扩而充之"的逻辑顺序就是亲亲—仁民—爱物。孟子曰："亲亲而仁民，仁民而爱物。"（《孟子·尽心上》）这个顺序就是由与自身关系最亲近的人到与自身关系最远的物的逻辑展开。亲亲，对自己的亲人有仁爱之心。《大学》里说"君子贤其贤而亲其亲，小人乐其乐而利其利，此以没世不忘也。"《康诰》曰："克明德。"亲亲，都是不容易做到的，哪怕是与自己最近的亲属关系，小人也只会算计其利害得失，君子才会有亲爱之心，而不会考虑其利害之心。仁民，这是对孔子"泛爱众，而亲仁"的概括总结。对于非亲属、陌生人，君子的仁心——

---

①　朱熹：《四书章句集注下》，金良年今译，上海古籍出版社，1998，第305页。

不忍人之心也会在此关系中发扬。最难能可贵的是：爱物。君子将不忍人之心扩而充之，最重要的表现就是对与自身关系很远的"物"也会有此心。《孟子》里有多处论述："君子之于禽兽也，见其生，不忍见其死；闻其声，不忍食其肉。是以君子远庖厨也。"(《梁惠王·章句上》)王坐于堂上，有牵牛而过堂下者，王见之，曰："牛何之？"对曰："将以衅钟。"王曰："舍之！吾不忍其觳觫，若无罪而就死地。"对曰："然则废衅钟与？"曰："何可废也？以羊易之！"(《孟子·梁惠王上》)将自然万物纳入人心之中，使不忍人之心扩大，人与自然在心的层面是统一的关系，这是孟子生态思想的落脚点。当然，人在很多私欲面前，对物的这种本心很容易被污染，因此，这需要一种"扩而充之"的训练。在儒家思想看来，需要不断地实践，爱物之心才会显现。否则，人的这种爱物之心只会停留在嘴巴上。

在儒家看来，存在一种扩大的道德共同体。这种道德共同体的范围包括动物、植物，直至无机物如泥土瓦石之类。这叫作"德及禽兽"[1]"泽及草木"[2]"禽兽草木广裕"[3]"恩及于土"[4]"恩及于金石"[5]"恩至于水"[6]"化及鸟兽""顺物性命"[7]等。这些说法都表明"爱物"包含了整个自然界，爱的是天地万物。儒家认为，有这种爱的人才是完整的，因为人与天原本就是合一的关系，离了天，人是不完全的。因此，孟子会说："万物皆备于我矣。反身而诚，乐莫大焉。强恕而行，求仁莫近焉。"孟子说万物的本性我都具备，通过实践而觉得它们正确，快乐没有比这更大的了。这里的"恕"字"如心"，不仅推己及人，还要推己及物，这样才会近仁。因此，儒家这种道德共同体其实表明了人的一种本性，也就是回答这样一个问题："人是什么？有将爱推及自然万物的心，就是人。"否则，人性是缺失的，是不完整的。

---

① 司马迁：《史记》，中华书局，1982，第 59 页。

② 班固：《汉书严助传：引淮南王刘安上武帝书》，中华书局，1962，第 2780 页。

③ 贾谊：《贾谊集》，上海人民出版社，1976，第 196 页。

④ 苏舆，钟哲点校：《春秋繁露义证》，中华书局，2002，第 375 页。

⑤ 同上书，第 376 页。

⑥ 同上书，第 381 页。

⑦ 范晔：《后汉书》，中华书局，1965，第 874、882 页。

（二）"不可胜用"的生态发展观

由于有了上述对物的"不忍人之心"，孟子很自然地提出了"不可胜用"的生态发展观。他指出："不违农时，谷不可胜食也。数罟不入洿池，鱼鳖不可胜食也。斧斤以时入山林，材木不可胜用也。谷与鱼鳖不可胜食，材木不可胜用，是使民养生丧死无憾也。养生丧死无憾，王道之始也。"（《孟子·梁惠王上》）这里的"不违农时""数罟不入洿池""斧斤以时入山林"都指向要保护弱小，使其可以自然生长，而这样做的客观结果却是可持续发展，导向长远利益。

孟子还为我们描述了一幅理想生态社会的图景："五亩之宅，树之以桑，五十者可以衣帛矣。鸡豚狗彘之畜，无失其时，七十者可以食肉矣。百亩之田，勿夺其时，数口之家可以无饥矣，谨庠序之教，申之以孝悌之义，颁白者不负戴于道路矣。七十者衣帛食肉，黎民不饥不寒。"（《孟子·梁惠王上》）在这个社会里，农民坚持"不可胜用"的生态发展思想，耕种不违农时，不乱捕鱼，不乱伐树，粮食、鱼鳖和木材都用之不尽，真正可以做到老有所养。人与自然是一种非常和谐的状态。

孟子"不可胜用"的生态发展思想主要基于对万物的"养"上。孟子认为，人对于物的首要责任应该是"养"。他说："苟得其养，无物不长；苟失其养，无物不消。"（《孟子·告子上》）如果自然万物都得到了"养"，那么万物都会生长繁荣，反之亦然。并举例说，"拱把之桐梓，人苟欲生之，皆知所以养之者"，"虽天下易生之物也，一日暴之，十日寒之，未有能生者也"（《孟子·告子上》）。所以我们要减少对自然的索取，尽量维护自然的原貌，要养护好自然，促进自然繁育的旺盛。

（三）"养心寡欲"的生态素养

孟子认为人要达到爱物的境界，还需要有个修养的功夫，其中之一便是"养心"。孟子所讲的心，很少指"一团血肉"的心脏，概括来讲，《孟子》中的心有三种基本含义：①主宰心，即心作为意志的主体；②情感欲望心，即心作为情感主体；③道德心，即心作为道德主体。

首先，作为主宰心，心在人的各种身体器官中居支配地位。《孟子》中有这样一段对话，公都子问曰："均是人也，或为大人，或为小人，何也？"孟子曰："从其大体为大人，从其小体为小人。"曰："均是人也，或从其大体，或从其小体，何也?"曰:"耳目之官不思,而蔽于物,物交物,则引之而已矣。心之官则思,思则得之,不思则不得也。此天之所与我者,先立乎其大者,则其小者弗能夺也。此为大人而已矣。"(《告子上》)朱熹注曰:"大体,心也。小体,耳目之类也。"心能思,耳目之官不能思,心比耳目之官优越和高贵。"先立乎其大者,则其小者弗能夺也",如果把心官能思的功能发挥出来,使心成为身体的主宰,支配其他器官,就不会被欲望蒙蔽,这是上天赋予我们的。

其次,作为情感欲望心,孟子说:"故理义之悦我心,犹刍豢之悦我口。"(《告子上》)在孟子看来,能使自己的心愉悦的并非仅仅是口腹之欲,而是理义。孟子并不反对"食色"等正常的自然欲求。孟子自己也说过"鱼,我所欲也;熊掌,亦我所欲也"(《告子上》),"好色,人之所欲","富,人之所欲","贵,人之所欲"(《万章上》),"欲贵者,人之同心也"(《告子上》)。对于好色、富贵这些欲望,孟子也并不反对,反而认为是"人之所欲"。但孟子更看重的是理义,看重的是理义让自己的心愉悦的功能。"心之所同然者何也?谓理也,义也。圣人先得我心之所同然耳。故理义之悦我心,犹刍豢之悦我口"(《告子上》)。人心有一个共同的评价标准,就是理义。圣人之所以成为圣人,在于他们能先知先觉到理义。所以,就像人们喜欢吃牛羊狗猪这些美味一样,人心喜欢去追求理义。孟子用刍豢与口的关系来比喻理义与心的关系。心悦理义,这个"悦"字说明,心去追求理义,按照理义的原则行事,没有丝毫外力的强制,而是自觉自发的,自然而然的。理义对心造成的愉悦,就像我们吃牛羊猪狗这些美味给我们带来的愉悦一样。心悦理义,是一种精神上的极大快乐。

最后,作为道德心,即良心。孟子多次说过人都具有这种良心,无论是圣人还是一般百姓。"恻隐之心,人皆有之;羞恶之心,人皆有之;恭敬之心,人皆有之;是非之心,人皆有之"(《告子上》),"人之有是四端也,犹其有四体也"(《公孙丑上》),"圣人与我同类者"(《告子上》)。"恻隐之心,仁也;羞恶之心,义也;恭敬之心,礼也;是非之心,智也。仁义礼智,非由外铄我也,我固有之也,弗思耳矣"(《告子上》)。每个人本心具足仁义礼智,有些人有不善的行为,并非他本来不具备善性,而是不注重存养而失去了"本心","放其心而不知求"(《告子上》)。善心对每个人都是极其珍贵的,是人之所以为人的道德特征,每个人都应存养善心,才不至于沦为禽兽,才能成为圣贤,才可能达于天道。

　　然而,人要克服自己的私欲,拥有上述本心,需要有"养"的功夫。孟子直接提到"养心",全文仅有一处。"养心莫善于寡欲。其为人也寡欲,虽有不存焉者,寡矣;其为人也多欲,虽有存焉者,寡矣。"(《尽心下》)与"养心"有关联的还有"养气""养身"。

　　孟子认为本心的存养需要寡欲。修养心性最好的方法是减少欲望。如果能减少欲望,他的善性即使有所丧失,也不会很多;如果欲望很多,那他的善性即使有所保留,也是极少的了。这里孟子提到了其修养论的一个关键问题,就是欲望和养心的关系。人有大体和小体,大体之心好理义,小体之耳目之官好欲望,这都是人的属性。人处于物欲横流、声色杂陈、光怪陆离的社会中,心性的修养不可能不受欲望的影响,也不可能把这些欲望都灭掉,所以,孟子就采取了折中的方法——寡欲。欲望过多,心的灵明就会被蒙蔽而黯淡,心会沉溺于物欲,逐物而不返。欲望少,心的灵明就得以呈现而朗照,主宰之心发动起用,善端固存而不失。蔡仁厚先生这样讲:"欲寡则心能得其养,欲多则心不能得其养。人如能分别主从,寡欲以养心,则所求于外者日以少,所存于内者日以多。求于外者少,则精力少所浪费,存于内者多,则义理日充,生机日畅;而仁心之流行发用,亦如原原滚滚,不舍昼夜,而沛然莫之能御了。"[1] 寡欲有助于本心的存养,因为寡欲能把人心从纷扰的外部世界拉回来,反省内察,致力于仁心的涵养。孟子并不是反对人的正常欲望,而是更加强调养心的重要性,侧重于对精神层面的追求。这种思想能够很好地处理人和自然的关系。人如果一味地追求物质欲望,必然会无休止地掠夺自然资源,导致人与自然的冲突加剧,最后受害的还是我们人类自身。"寡欲"的思想在生活中的体现就是节俭。孟子曾告诫统治者要放弃奢侈浪费的行为,他说"易其田畴,薄其税敛,民可使富也。食之以时,用之以礼,财不可胜用也!"(《孟子·尽心下》)通过节俭,既有助于百姓富有,展现君王爱人的思想,又有利于国家实力的增强。节俭是孟子倡导的良好人生态度与生活方式,通过节俭的品格塑造来实现修身养性。这种节俭思想客观上维护了自然的和谐。将寡欲纳入人心,其实也是人性的重要组成部分。因此,在孟子看来,人之为人,非常重要的是确立人与自然的界限。自然之

---

① 蔡仁厚:《孔孟荀哲学》,台湾学生书局,1984,第 253 页。

物能满足自己的基本需要,人性就自足圆满。如果人的欲求超出了基本物质需要,那么心不得存养,人性就受亏损。因此,孟子说"人有不为也,而后可以有为。"(《孟子·离娄·章句下》)程子注曰:"有不为,知所择也。惟能有不为,是以可以有为。无所不为者,安能有所为邪?"人有所不为,确立好人与自然的界限,不过多向自然索取,这是人最终成为自己,拥有人性的基本前提。

与"养心"密切相关的是"养气"。孟子曰:"我知言,我善养吾浩然正气。""敢问何谓浩然正气?"曰:"难言也。其为气也,至大至刚,以直养而无害,则塞于天地之间。其为气也,配义与道;无是,馁也。是集义所生者,非义袭而取之也。行有不慊于心,则馁矣。"(《孟子·公孙丑》)学者对浩然正气的理解有很多内涵。笔者认为,浩然正气有两个层面,第一层是与天地相接,将天地正气纳于人自身的气,因此,大而刚。这是一种无形的气。第二层是表现于人的精神层面,外貌形态的气。这是有形的气,是他人可以从旁看到的。第一层天地之气决定了人的外在形态的精神的气。"养"表明了一种积累的过程,是义在内心积累起来而产生。当人们内心充满这种浩然正气的时候,人们就能行出"仁""义""礼""智"。因此,养气是人能够克服私欲的一种方式。

三、荀子的生态思想

(一)天有自己的意志,人不能违背,但可以与天地参

关于天与人的关系,荀子提出了"天人之分"—"天人相参"—"天人合一"的观点,以此说明天有自己的意志,人不能违背。"天人之分"强调天与人的区别,说明了天的主导地位;"天人相参"是一种方法、手段,说明人如何与天配合;"天人合一"是最终的目的,说明人存在的最高境界。

荀子提出"天行有常,不为尧存,不为桀亡。应之以治则吉,应之以乱则凶。强本而节用,则天不能贫;养备而动时,则天不能病;修道而不贰,则天不能祸。故水旱不能使之饥渴,寒暑不能使之疾,祆怪不能使之凶。本荒而用侈,则天不能使之富;养略而动罕,则天不能使之全;背道而妄行,则天不能使之吉。故水旱未至而饥,寒暑未薄而疾,祆怪未至而凶。受时与治世同,而殃祸与治世异,不可以怨天,其道然也。故明于天人之分,则可谓至人矣。"(《荀子·天论》)在荀子看来,天人之分表明了天的主导地位。在人与天的关系中,天有其固有的运

行规则,人的活动不能违背天的规则,否则人的活动是不长久的,甚至是有害的,是有祸乱的。需要指出的是荀子"天人之分"的观念并非"天""人"对立,荀子是想用这种方式强调天与人的区别,同时强调人不能自视过高,要把自己放在该有的位置上面,人的意志不能与天意相违背,这是人性的重要组成部分。"明于天人之分,则可谓至人矣。"荀子似乎在回答这样的问题,"人是什么? 人就是懂得天与人的区别,并且懂得不与天的运行原则相违背的存在。"这里,荀子强调人的意志的作用。人需要有意识地控制自己的行为,用行为来明于天人之分。

　　然而,人并不是一种被动的存在。明白了"天人之分"的区别,接下来人需要做到"天人相参"。"天有其时,地有其财,人有其治,夫是之谓能参。舍其所以参,而愿其所参,则惑矣! "(《荀子·天论》)天有其季节更替,地有其材物资源,人依据天时地利而来的治理方法,就叫人与天地相互配合。舍弃依据天时地利而来的治理方法而指望天地自身的恩赐,那就太迷惑无知了。荀子把人之君子看作是"君子者,天地之参也,万物之总也,民之父母也。"(《荀子·王制》)人来源于自然,但人又高于自然,人不同于鸟兽树木是因为"人有气、有生、有知,亦且有义"(《荀子·王制》),有治理自然的能力。天和人的关系应该定位于"参"的关系,人在"知天"的前提下发挥人的主观能动性,积极参与到万物的生生不息的发展过程中,"如是,则知其所为,知其所不为矣,则天地官而万物役矣"(《荀子·天论》)。荀子肯定了人的发展,在顺应自然规律的同时积极发挥人的主动性,建立一种人和自然和谐发展的生态理念,这便是"天人相参"的精髓所在。

　　在"天人相参"思想的指导下,荀子进一步提出了"制天命而用之"的观点。首先我们需要明白一点,这里的"制"并非制裁、决断之意,而是"制度""法则",告诫人们的本性和行为要遵循自然客观规律,而非征服主宰之意。①故"制"更多的是裁取、裁制的意思,和"序四时,裁万物,兼利天下"中"裁"字为一个意思。"制天命而用之"的思想是在尊重和掌握自然规律的前提下,利用自然的规律为人类服务。也就是说,我们在利用自然之前必须要掌握自然的

---

① 纳什:《大自然的权利》,杨通进译,青岛出版社,1999,第91—95页。

规律,根据自然的规律行事,"知其所为,知其所不为矣,则天地官而万物役矣",否则就会受到自然的惩罚。"顺其类者谓之福,逆其类者谓之祸"(《荀子·天论》),便是荀子的"天政"思想。人虽然无从知晓上天为什么要如此安排,但是完全可以利用、顺应上天的这种安排,这样行就是福,否则就是祸,这就是"天政"。

这样看来,荀子天人思想的最终目的是确保人与自然的和谐发展,即"天人合一"。"如是者,虽深,其人不加虑焉;虽大,不加能焉;虽精,不加察焉;夫是之谓不与天争职。"(《荀子·天论》)人虽"最为天下贵也"(《荀子·王制》),但即使是君子也不会去揣测天道,不会去施加什么,不会去考察,人道必须顺应天道,这就叫作"不与天争职"(《荀子·天论》)。"人之命在天"(《荀子·强国》)人应该做当为之事,促进万物的生长。

(二)"以时""应时"的生态观

由于天有自己的意志,人不能违背,但人可以与天地参。"圣王之用也,上察于天,下错于地;塞备天地之间,加施万物之上。"(《荀子·王制》)荀子依此提出了"以时""合时"的生态思想。"时"是荀子天人相参的重要概念。由于天的主导地位,人需要尊重天的规律,顺应天的法则,不能任意妄为,以此人与自然才能和谐共生。"养长时,则六畜育;杀生时,则草木殖;政令时,则百姓一,贤良服。"养育、生长适时,六畜就繁盛;砍伐、种植适时,草木就茂密;政令适时,百姓就会一心,贤良就会悦服。"时"代表了一种规则,尊重这种规则,天地万物就会有所养,人也会归顺。而"以时""应时"则代表着人的一种主动性,是人与天地参的主动选择。"养山林薮泽草木鱼鳖百索,以时禁发,使国家足用而财物不屈,虞师之事也。"养护山森、湖泊中的草木、鱼鳖及各种蔬菜,依据时令关闭或开放,使国家财物充足而不匮乏。荀子强调:"草木荣华滋硕之时,则斧斤不入山林,不夭其生,不绝其长也;鼋鼍、鱼鳖、鳅鳝孕别之时,罔罟毒药不入泽,不夭其生,不绝其长也;春耕、夏耘、秋收、冬藏,四者不失时,故五谷不绝,而百姓有余食也;污池渊沼川泽,谨其时禁,故鱼鳖优多,而百姓有余用也;斩伐养长不失其时,故山林不童,而百姓有余材也。"(《荀子·王制》)荀子在人和自然辩证关系的前提下,充分认识到了生态养护与人的关系,在草木生长之时,禁止采伐;在鼋鼍、鱼鳖、鳅鳝孕育之时,不把毒药、渔网投入湖中;四季之事不违时节等,根据万物的生长和四时运行特点,把人的取用和万物的养护结合起来,谨其时禁,长养其时,维持自然的持续繁衍,这样百姓才会"有余食也""有余用也""有余材也"。此外,荀子还提到"以时顺修""应时而使之""罕兴力役,无夺农时""不失时""将时斩伐,佻其期日"等观点。荀子要求人们在行动时要考虑"时",把握自然本身的动态平衡、生成节律的方法,掌握人与自然互动节奏的方法,以期达到万物与人的共存共生之道以及天地万物一体无隔的自然境界。这与《中庸》所倡导的"致中和,天地位焉,万物育焉"是一致的。

(三)"化性起伪"蕴含的生态责任意识

荀子说:"人之性恶,其善者伪也。今人之性,生而有好利焉,顺是,故争夺生而辞让亡焉……人之性,顺人之情,必出于争夺,合于犯分乱理,而归于暴……用此观之,然则人之性恶明矣,其善者伪也。"(《荀子·性恶》)荀子认为人的本性是恶的。他从自然的肉体生命看待人,人生来就好利、疾恶,有耳目之欲,有声色之娱。人有肉体生命的欲求。因而,如果顺着人原本的性情,人与自然之间就是一种主客二元对立的关系,是一种攫取与被攫取,宰制与被宰制的关系。但荀子并不因此对人性持悲观态度,他认为只要通过教育、礼义等外在的努力,人是可以"化性起伪"的。"今人之性恶,必将待师法然后正,得礼义然后治。今人无师法,则偏险而不正;无礼义,则悖乱而不治。"(《荀子·性恶》)

"化性起伪"可以看到荀子思想蕴藏的两个内涵,一是人有向善的可能性,二是人有向善的责任与义务。首先,人只要通过外在的努力,就可以得到改变,并活出圣贤人格。荀子说"水火有气而无生,草木有生而无知,禽兽有知而无义,人有气、有生、有知,亦且有义,故最为天下贵也。"(《荀子·王制》)人之所以最为天下贵,是因为人有气、有生、有知、有义。这些特性是其他生物不完全具备的。因此,虽然人在本性上是恶的,但只要加以教化,就可以活出高贵的生命品质。"故序四时,裁万物,兼利天下,无它故焉,得之分义也。"(《荀子·王制》)

此外,"化性起伪"是人应具备的责任与义务。"故圣人化性而起伪,伪起而生礼义,礼义生而制法度。然则礼义法度者,是圣人之所生也。故圣人之所以同于众,其不异于众者,性也;所以异而过于众者,伪也。"可以看到,荀子对人的要求是要成为圣人,而圣人的主要特点是"化性起伪"。用于人与自然的关系,则要求用礼义来规范人的行为,这是人对自然应该具有的责任和义务。具体而言,荀子强调两个方面:一是节用,二是御欲。

荀子说:"足国之道,节用裕民,而善藏其余,节用以礼,裕民以政。彼裕民,故多余,裕民则民富,民富则田肥以易,田肥以易则出实百倍,上以法取焉,而下以礼节用之。"(《荀子·富国》)说的就是要通过节用来使国家富足、百姓充裕,人要珍惜自然资源,恰当地利用自然资源。只要人们能够合理地节用资源,"谨养其和,节其流,开其源,而时斟酌焉",那么必然能够使得国家和百姓富足,也能够维护自然的生态平衡。荀子又说:"伐其本,竭其源,而并之其末,然而主相不知恶也,则其倾覆灭亡可立而待也。"(《荀子·富国》)如果一味地砍伐树木、竭泽而渔、焚林而猎,就破坏了自然的再生能力,是一条不可持续发展的道路。

荀子在节用的同时也强调"御欲","欲多而物寡"(《荀子·富国》)"物不能赡"(《荀子·荣辱》),因此荀子主张通过"礼"的来节制人的欲望,"礼,节也,故成"(《荀子·大略》),礼的作用在于节制人的欲望,防止人无节制地向自然索取,正所谓"故人一之于礼义,则两得之矣"(《荀子·礼论》),如果做到了"礼",那么礼义和性情两者都可以得到。"这里将自然界和社会均包括在礼的范围之内,这是因为荀子认为如果社会上的事搞不好,将会影响到人与自然界的关系,从而带来人与自然界的不协调。"[1]

第二节　新儒家生态思想

儒家思想经过不断发展,到了宋明时期,理学与心学成为主流,并形成了自己独有的生态思想。新儒学生态思想是在先秦儒学基础上发展起来的,有一脉相承的渊源关系。但新儒家与先秦儒学相比,气象更广大,内涵更深刻,思想更形而上,尽管儒学不是真正意义上的形而上学,但新儒学与先秦儒学比较起

---

① 匡亚明:《中国思想家评传丛书》,南京大学出版社,1997。

来的确深刻很多,成为深层生态学的理论基石。下面我们主要就张载、朱熹、王阳明的生态思想做介绍。

一、张载的生态思想

(一)气本论中的生态哲学思想

西方启蒙运动的当代遗产之一,就是物质和精神的分离。因为"自然"大体上等同于能够被用来操控的物质,于是,对自然的敬畏感就被消除了,取而代之的是对自然的剥削。自然更多的是被视为一种用来使用的"资源",而不是一种值得尊敬的所有生命的"根源"。张载的气本论就很好地解决了这个问题,人与自然在本源上具有一致性,"气"则是其根基。

张载的气本论思想主要体现在其著名的形而上学论文《正蒙》篇中。他在《太和》篇中写道:

> 太和所谓道,中涵浮沉、升降、动静、相感之性,是生絪缊、相荡、胜负、屈伸之始,其来也几微其易简,其究也广大坚固,起知于易者乾乎! 效法于简者坤乎! 散殊而可象为气,清通而不可象为神。不如野马、絪缊,不足谓之"太和"。

在张载看来,宇宙不存在外力作用使其产生。这使得中国哲学没有产生"上帝"的概念。宇宙是自身生成变化的结果。状如野马、絪缊变化之气是构成宇宙的主要元素。

> 游气纷扰,(阴阳)合而成质者,生人物之万殊;其阴阳两端循环不已者,立天地之大义。(《正蒙·太和》)

张载的气本论主要有以下几个内涵:

1.气是能量与物质的统一体,并有着精神性的生命力

气并不仅仅指单纯的物质,而是一种可以概括宇宙基本结构和功能的概念,是能量与物质的统一体。陈荣捷将"气"翻译成 material force,是包含物质和

能量的东西。①他还指出气是"和血气相关的身心力量"。张载的"气"说源自孟子的"气"说。孟子将"气"称之为"体之充也"。孟子所说的气是一种生命能量。他指出,充满于身体的"气"由志来引导,"夫志至焉,气次焉",更重要的是"持其志,无暴其气"。如果这样来养气,它便可以充塞于天地之间。所以孟子用浩然正气来给它命名。张载的巨大贡献就在于将"气"解释为贯穿整个创生过程的生命力。气处在不断转化过程中。然而,这种变化并不只是随机、虚幻或者漫无目的的。在气的动态运动之下,起支撑作用的是阴阳交替的模式。他指出了气的"体"和"用"两个方面。作为"体","气"是"太虚",是最原初的未分化的物质能量的气;而作为"用","气"是"太和",是不断的聚散的过程,这就体现出一种精神性的生命力。区分"气"的这两个方面的意义在于肯定有无、可见与不可见的潜在统一。气永远不会消灭,而只会转化。尽管事物的形式总在不断改变,便其中存在一个"有无混一之常"②。

2. 气是宇宙万物生成的本源,是宇宙统一论的基础

张载的"气"哲学表明气是宇宙万物生成的共同本源。"太虚无形,气之本体,其聚其散,变化之客形尔","太虚不能无气,气不能不聚而为万物,万物不能不散而为太虚。"这些都说明存在于世界的一切,从空虚无物的太虚(宇宙)到形形色色的万物,都以气为本来状态,都是气的变化,最终又统一于气。具体而言,气生成万物的过程为:"气坱然太虚,升降飞扬,未尝止息……此虚实、动静之机,阴阳、刚柔之始。浮而上者阳之清,降而下者阴之浊,其感通聚结,为风雨,为雪霜,万品之流形,山川之融结,糟粕煨烬,无非教也。"此句依"太虚即气"原理言气之运行变化,万物生成之机制和原始。生成万物之气为飞扬之游气,亦是阴阳二气,其初皆本于太虚,湛然寂静,未有形体,交相感应而生物,则凝聚成形而有象。张载又说:"气之聚散于太虚,犹冰凝释于水。知太虚即气,则无'无'"(《太和》)。这里,借由"冰""水"这些平常事物的譬喻,"事物""气"与"太虚"三者之间的关系原是明晰而单纯的(气聚则成万物,万物散则为太虚,也就是气)。而"有"必有"象",即人主观中的事物形象。所以,《正蒙·乾称》篇提

---

① 安乐哲:《儒学与生态》,江苏教育出版社,2008,第164页。
② 同上书,第166页。

出"凡可状,皆有也;凡有,皆象也;凡象,皆气也。"张载的气一元论强调世界以"气"这个整体反映出来,气构成了万事万物,气是整体,又是部分,而这种整体与部分之间和部分与部分之间是不可分割的相互联系。

王夫之也接着张载的观点进一步论述"凡山川、动植、灵蠢、花果以至于万物之资者,皆气运而成也。气充满宇宙,为万物化育之本,故通行不滞;通行不滞,故诚信不爽。从晨至夕,从春至夏,从古至今,它无时不作,无时不生。犹如新芽长成繁茂之树,鱼卵演变为吞舟之鲸……"

罗钦顺(明代中期新儒家)用"一"来概括这种气的统一性的力量。"盖通天地,亘古今,无非一气而已。气本一也,而一动一静,一往一来,一阖一辟,一升一降,循环无已,积微而著,由著复微。"尽管气在季节变化、自然生长和人类生活的道德关系中各有表现,但罗钦顺认为,在这种多样性和转化的过程中,"千条万绪""纷纭辚辚而卒不可乱也"。

可以看到,"气"是宇宙生成的本源,也是将万物有机地联系在一起的方式。他的生态学意义就很重要。人与万事万物,包括有机物与无机物,都因着气有了统一的基础。"气"哲学暗含着这样一种观点,如果人类去破坏自然万物,就折损了它们的气。又由于人与万物因着气而统一,折损自然万物的气也就折损了人类自身的气,折损了人类精神性的生命力。更重要的是,这种转化是循环往复的。当人自身的气折损,又会折损万物的气,由此,进入恶性循环。相反,如果人类懂得自身与万物因"气"统一,懂得存养万物的气,当自然万物都有了一种浩然正气,人自身也会增加这种气,增加这种精神性的生命力。从而又会促进自然万物进一步拥有这种气。由此,进入良性循环。牟复礼认为"真正中国人的宇宙起源论,是一种有机过程论,即整体宇宙的所有组成部分都属于一个有机整体,它们都作为参与者在一个自发的自我生成的生命过程中相互作用。"[1]

塔克尔认为张载的气哲学对生态社会有着非常丰富而重要的作用。[1]对于理解不同生命形式的同与异,气哲学提供了一种宇宙论的基础。也就是说,通过承认气贯穿于万物,气哲学既为所有生物确认了一种共同的基础,也对在

---

[1] 牟复礼:《中国的思想基础》,诺普夫出版社,1971,第17—18页。

这些事物之间做出区分提供了基础。②它鼓励一种关于人心与自然之间关联的认知，由此，为所有生命形式的互惠和关系提供了基础。③它提示了一种说明宇宙中变化和转化的方式，这些变化和转化承认宇宙的生命力和能动性以及人类与这一过程的特殊关系。④它肯定了人类在宇宙展开和转化过程中的角色。人类被视为"赞天地之化育"，而并非一种宰制性的人类中心主义。⑤由于所有生命由气组成，并且，气为与其他人和社群保持连为一体提供了脉络，气哲学的社会和政治伦理学的含义就富有意义。通过这种关联，社会和政治的参与，尤其是通过受过教育的士大夫阶层的参与，在儒家看来，对产生仁政和人道社会来说是至关重要的。⑥气哲学也具有一种被称为"实学"的经验主义的含义。通过对诸如历史、农业、自然历史、医学和天文学等学科的学习，气哲学有助于鼓励"格物"。①

值得一提的是第五点，气哲学也提供了一种人与他人、人与社群保持联系的方式，这会影响到士大夫的政治参与，并进而影响仁政和人道社会的产生。也就是说人类如果折损了万物的浩然正气，会影响到人与人、人与社群之间的正气的交流，进而影响到人最终制定实施仁政，形成人道社会。这样看来，"气哲学"的意义就太重要了。人类社会的终极关怀如果不指向自然，最终会导致人性的恶，导致健全的社会形态难以形成。关怀自然是人类要走的必经之路。

(二)"民胞物与"的生态意蕴

张载有一个著名观点：民胞物与。他的名篇《西铭》里说"乾称父，坤称母；予兹藐焉，乃混然中处。故天地之塞，吾其体；天地之帅，吾其性。民，吾同胞；物，吾与也。"《易经》的乾卦，表示天道创造的奥秘，称作万物之父；坤卦表示万物生成的物质性原则与结构性原则，称作万物之母。我如此渺小，却混有天地之道于一身，而处于天地之间。这样看来，充塞于天地之间的(气)，就是我的形色之体；而引领统帅天地万物以成其变化的，就是我的天然本性。人民百姓是我同胞的兄弟姐妹，而万物皆与我为同类。《西铭》篇气象宏大，思想深邃，是北宋儒学的代表作之一。首先，张载重新定义了父母，即乾坤为父母。如果没有了

---

① 安乐哲：《儒学与生态》，江苏教育出版社，2008，第163页。

天地万物,人也是不复存在的。因此,乾坤的确是人的父母。然而在乾坤之间,人是如此渺小。这里,张载还原了人该有的位置。"人定胜天"的命题将人的作用无限夸大,这在儒家看来是完全不合理的,"人定胜天"是个伪命题。人在乾坤天地面前是渺小的。要先承认这种渺小的特性,人才可以处理好人与自然的关系。然而,人也并不因此而悲哀。因为人的本性中蕴含了天地的奥秘。前面提到的"气",张载认为它会形成人的形体。而这种气充塞于天地之间,浩大广博。人具有了这种气,那种精神性的生命力才会浩大广博。由此,才会拥有"民胞物与"的生命体认,还要强调的是"民胞"与"物与"是不可分的。前述,"气"的一本论思想,宇宙万物在起源上是一体的,又是相互转化的。因此,他人是我的兄弟姐妹,万物是我的同类就是很自然的了。张载似乎在回答这样一个问题:"人是什么?人是在天地万物之中,因朗朗浩然之气而成形,并将他人与万物都纳入自我中的存在。"也就是说"我"如果没有"他人"和"万物","我"是不完整的。"他人""万物"与"我"共荣共生。正如二程所说:"仁者浑然与物同体",或者"仁者以天地万物为一体"(《二程遗书》)。

张载将父母概念扩大为"乾坤"。那么"孝"的概念势必也要扩大。《西铭》里说:"于时保之,子之翼也;乐且不忧,纯乎孝者也。违曰悖德,害仁曰贼,济恶者不才,其践形,惟肖者也。"及时地保育他们,是子女对乾坤父母应有的协助。如此地乐于保育而不为己忧,是对乾坤父母最纯粹的孝顺。若是违背了乾坤父母这样的意旨,就叫作"悖德",如此伤害仁德就叫作"贼"。助长凶恶的人是乾坤父母不成材之子,而那些能够将天性表现于行色之身的人就是肖似乾坤父母的孝子。《西铭》还讲道:"知化则善述其事,穷神则善继其志。不愧屋漏为无忝,存心养性为匪懈。"能了知造物者善化万物功业,才算是善于记述乾坤父母的事迹;能彻底地洞透造化不可知、不可测的奥秘,才算是善于继承乾坤父母的志愿。即使在屋漏僻独处也能对得起天地神明、无愧无怍,才算无辱于乾坤父母;时时存仁心、养天性,才算是事天奉天无所懈怠。从生态学意义上看,扩大了的"孝"的概念有几个内涵。一是讲到了人对自然的责任——"保",即人对自然万物要有保育的责任,并且要乐此不疲。如果没有尽到这样的责任,甚至与自然之道相违背,便有损于仁德。更有甚者,若是助长"恶",那更是不孝之子了。这里讲的保,是人的一种天性的表现,就像孩子对父母会有天然的孝一样。二是表明人要对乾坤父母有敬畏心。这里用了"知""穷"等字,表明乾坤自有其知识和道理,人只能尽力去"知"、去"穷",但不可能超越。因此,需要存谦卑的心向其学习。三是表明人需要时时存心养性。人对乾坤父母的孝是一种天性,但如果不存心养性,则会懈怠。从生态意义上看,人对自然的责任心还需要时时存养,否则,这种责任心也会消失的。就像孟子的牛山的比喻。这种心"操则存,舍则亡"(《孟子》),把持、操练就存在,放弃就失去,就好像他原本就不存在一样。

总之,张载"民胞物与"的生态思想深刻反映了一种宇宙整体观。正如杜维明先生所说"张载作为单独的个人,用把自己与整个宇宙联系在一起的那种亲密感,反映了他对伦理生态的深刻意识。人类是从宇宙中诞生的恭敬儿女。"

(三)"大其心"所蕴含的生态思想

张载《正蒙·大心》篇里讲道:"大其心则能体天下之物,物有未体,则心为有外。世人之心,止于闻见之狭。圣人尽性,不以见闻梏其心,其视天下,无一物非我,孟子谓尽心则知性知天以此。天大无外,故有外之心不足以合天。见闻之知,乃物交而知,非德性所知;德性所知,不萌于见闻。"人将本心放大就能体察天下万物,如果还有没被体察到的事物,说明人的心还有褊狭。比如存在私心的时候,看到的事物范围就会缩小,这是因为心量太小了。圣人能够穷尽事物的本性,不会让听到、见到的表面现象束缚了自己的内心,看天下的万物都是"我"的存在状态。就像孟子所说,穷尽自己的内心世界就能通达了解本性和天命的道理。一切的事物都离不开天的本性,都是平等的。因此用舍弃小我的心看万物时,感觉它们就是自己,没有差别。但如果人有了自私心,就不能与天的大心合在一起。见到、听到事物的表面现象,就是通过事物在一起发生相互感应的关系而了解到的,这并不是依靠天所赋予的德能来感知到的,德能所感知到万物的范围,已经远远超过了耳所听和目所看到的东西。《大心》篇还讲道:"耳目虽为性累,然合内外之德,知其为启之之要也。"耳朵和眼睛即使因为本性的能见能听而使它们成为承载用具,但是只要看到和听到外在的东西能够和自己本来具备德性的内在之心相统一,就是开启自己内在智慧的首要途径。这也是外在天赋的德能与内在所存在的天性相统一。内外一如,也就没有眼耳的小见与心的起伏不定了。

这里讲到了人之所以会视自然万物为客体,是因为心不大。眼目所见的万物与德能感知的万物有巨大的差别。眼目所见的万物只是与我无关的存在,人不会把其纳入"自我"的范围。因此,自然只不过是满足我需要的客体。而德能感知的万物是"自我"的一部分,这时的人已经克服了私心,有大心,因此能体会到万物与我是合一的状态。就像《红楼梦》里的黛玉葬花。黛玉能感知到落花与她是同命相连,因此才会如此惜花怜花,最后有了葬花的行为。当德修炼到一定程度的时候,心所能容纳的不仅仅是有限肉身需要的我,更是容万物为一体的我。因此,对于人与自然的关系而言,"大其心"很重要。

二、朱熹的生态思想

(一)"理"的生态思想

"理"是朱熹哲学的根本。为了深刻挖掘朱熹的生态思想,必须要将"理"的思想做个梳理。

其一,朱熹认为"理"是天地万物生成的本源。"未有天地之先,毕竟是先有此理,有此理,便有天地;若无此理,便亦无天地、无人、无物,都无该载了。"(《朱子语类·卷一》)"天地之间,有理有气,理也者,形而上之道也,生物之本也。"又说:"万一山河大地都陷了,毕竟理却在这里。"这是朱熹的"理"本论思想。天、地、人、物都是由理生成而来,理是万物的根本、根源。为了说明这一观点,朱熹用了"太极"这一概念。他说:"太极只是一个理字。""盖太极是理,形而上者;阴阳是气,形而下者。"朱熹高度认可周敦颐《太极图说》,并为之注解。他说:"太极云者,合天地万物之理而一名之耳。"太极,就是合天地万物所有之理,是一种"一"。朱熹在《通书解》中这样说道:"二气五行,天之所以赋受万物而生之者也。自其末以缘本,则五行之异,本二气之实。二气之实又本一理之极,是合万物而言之,为一太极而一也。"所谓"合万物而言之,为一太极而一也"不是指宇宙万物的总和为"太极"。万物并不是"太极",万物之体才是太极。这句话就是说,如果从把天地万物作为一个总体的角度来看,这其中所包含的一个"太极"就是整个宇宙的本体。将上述"理"的观点用于生态思想,就表明:首先,人与万物具有同一本源,虽然其存在方式、表现形式各有不同,但正如朱熹所说:"理只是这一个,道理则同,其分不同。"其次,表明了人与万物具有共通性。朱熹认为万物之"性"都源于"理"。万物的差别是"性"的不同。朱熹讲:"天下无无性之物。盖有此物则有此性,无此物则无此性。"因而,凡人、物皆有此"性"。此"性",即是人性,又是物性。就人、物之性而言,朱熹解释说:"人物之生,莫不有是性,亦莫不有是气。然以气言之,则知觉运动,人与物若不异也。"由此可以看出,朱熹认为,人性与物性有相通的地方,一是同得天地生之"理"为"性",所谓同得就是同源的意思,天地之理是人性与物性的共同根源。在朱熹的思想里,"天"与"理"并不是对立的二物,而是统一的。他说:"性者,人所禀于天以生之理也","性者,人之所得于天之理也"。可见,"得天之理",禀"天"之"理","天"与"理"实为一。二是同具有知觉运动,是指人与物同具有生命运动与生理运动。"天之生物,有血气知觉者,人兽是也;有无血气知觉而但有生气者,草木是也;有生气已绝但有形质臭味者,枯槁是也。是虽其分之殊,而其理则未尝不同。"这里,人兽和草木都分别显现出了各自不同的性质,但就其根源之"理"来说其实是相同的,这就说明了人类与自然界的万物在总根源上的联系。

其二,"理"是万物的主宰。朱熹说:"然所谓主宰者,即是理也","帝是理为主"。就是说,主宰丰富而又统一的物质世界的最高力量就是理。天地、人与万物都是在"理"的主宰下运行。因此,从这个意义上看,人并不是凌驾于万物之上的主宰。相反,人与万物都有个共同的主宰——理。

其三,"理"是自然的最高法则,是人类应当遵循的固有规律。朱熹说:"自家知得物之理如此,则因其理之自然而应之。"在社会发展过程中人类应当遵从天之"理",顺应天之"理",遵循自然发展的固有规律。在《劝农文》中,朱熹说:"若夫农之为务,用力勤,趋事速者,所得多;不用力,不及时者,所得少。此亦自然之理也。"自然之"理"指的就是事物发展的内在规律,是世间万事万物运行发展的准则,万事万物必须遵循,包括人类自身在内。朱熹还说:"如阴阳五行,错综不失条绪,便是理。"阴阳是理的两个方面,阴阳代表着世间的万事万物,阴阳二者统一于宇宙之"理"中,也就是说万事万物以阴与阳的形态统一于宇宙之"理"中。朱熹还说:"天下无无性之物。盖有此物则有此性,无此物则无此性。"人和物是相通的,人性与物性源于天地之"理性"。"理"体现的既有人的本性,也有物的本性。人类违背了"理"所代表的规律,其实也违背了人的本性。

(二)格物致理的思想

朱熹非常看重《大学》篇中的格物致知思想,认为这是人通向至善的重要途径。

> 所谓致知在格物者,言欲致吾之知,在即物而穷其理也。盖人心之灵莫不有知,而天下之物莫不有理,惟于理有未穷,故其知有不尽也。是以《大学》始教,必使学者即凡天下之物,莫不因其已知之理而益穷之,以求至乎其极。至于用力之久,而一旦豁然贯通焉,则众物之表里精粗无不到,而吾心之全体大用无不明矣,此谓物格,也谓知之至也。

朱熹认为,理在一切事物中普遍存在,天下事物无论精粗大小高下贵贱莫不有理。他说:"盖天下之事皆谓之物,而物之所在莫不有理,且如草木禽兽,虽是至微至贱,亦皆有理。"这些思想表明,朱熹认为格物的对象是极其广泛的。天下事物莫不有理,理之所在皆当所格。从理论上说,不能说哪一事物中没有理,哪一事物不应是穷格的对象。天地间万事万物都有所格的道理和依据。《语类》载:"问:所谓一草一木皆有理,不知当如何格?曰:此推而言之,虽草木亦有理存焉。一草一木,岂不可以格。如麻麦稻粱,甚时种,甚时收,地之肥,地之硗,厚薄不同,此宜植某物,亦皆有理。"可以看出,朱熹所说的格物包括探索事物本质与自然规律,把握其探究的意义。此外,朱熹认为自我的实践活动也是属于格物的范畴,他说:"自一念之微,以至事事物物,若静若动,凡居处饮食言语,无不是事。"朱熹认为,当人检省内心的念虑时,被反省的某些思维念虑也是人思维的对象,也属于格物的范围。因此,朱熹的格物既包括对自然万物规律的把握,也包括对人类生产实践活动的自我反省。

格物的最终目的要"明善,明善在格物穷理","致知但止于至善"。"格物"要格到事物的内核而不是表层,要探究事物的"极致之理",其实就是指总天地万物之理的"太极","太极"又是一种"万物至好底表德""极好至善的道理"。这里的"极好至善"是生命所要达到的最高目的,也是人们行为处事所应遵循的最高原则。朱熹还指出人的行为要"爱物",这本身就是格物的重要体现,"古人爱物,而伐木亦有时,无一些子不到处,无一物不被其泽,盖缘是格物得尽,所以如此。"他认为爱惜万物其实也是"格物"所追求的一个重要方面,比如对于那些人类生活所必需的重要资源,如木材等,绝不能任意砍伐、破坏,要怀着一颗"仁爱万物"之心,伐之以时,有节有度,这才做到了"格物"到"极至""至极"之处。事物之理和心中知皆有"极处",这个"极处"就是在于明善。将"格物穷理"的范围推至用仁爱之心来对待世间万物,这就是朱熹"格物穷理"说的根本目的所在。

(三)生生之仁的思想

"生生"即"使生命得以'生'"。《周易·系辞》提出"天地之大德曰生""生生之谓易",乾卦的"元、亨、利、贞"及其《文言》的解释"元者,善之长也"。可以看到,天地最大的德即"生",这是"善之长"。欧阳修在《易童子问》中最早提出"天地以生物为心"的说法。他说:"天地之心,见乎动复也。一阳初动于下矣,天地所以生育万物者本于此,故曰,天地之心也。天地以生物为心者也。"欧阳修说的"天地以生物为心",从阴阳动静的观点说明天地自然界生育万物的可能。正因为"生物"是天地自然界的根本功能,因此以"天地之心"说明之。朱熹将"天地生物之心"与"仁"直接联系起来,说明"仁"不是别的,就是"天地生物之心"。朱熹在《仁说》中进行了全面的论述:

> 天地以生物为心者也,而人物之生,又各得夫天地之心以为心者也。故语心之德,虽其总摄贯通无所不备,然一言以蔽之,则曰仁而已矣。请试论之。盖天地之心,其德有四,曰元亨利贞而元无所不统,其运行焉,则为春夏秋冬之序而春生之气无所不通。故人之为心其德亦有四,曰仁义礼智无不包,其发运焉,则为爱恭易别之情而恻隐之心无所不贯。故论天地之心者,则曰乾元坤元,则四德之体用不待悉数而足。论人心之妙者,则曰仁人心也,则四德之体用亦不待遍举而该。盖仁之为道,乃天地生物之心,即物而在,情之未发而此体已具,情之既发而其用不穷,诚能体而存之,

则众善之源，百行之本，莫不在是……此心何心也？在天地则怏然
生物之心，在人则温然爱人利物之心，包四德而贯四端者也。（《朱
子文集》卷六十七）

朱熹"生生之仁"的思想可以概括为如下几个方面：

第一，"天地之心"与"人之心"具有一致性。天地之心，其德有四，元亨利
贞，其运行产生春夏秋冬四序。而元是善之长，元的运行即是春，春之特点在于
"生"。人的心也有四德，仁义礼智，其运行可以生发"爱恭易别"四种情感，而
"爱"即"恻隐之心"则是善之长，可以统摄其他的德行。故人心与天地之心有一
致性。根据前面"理"的本源性特点，可以看出"理"在天地之间就表现为生物之
心，而在人类社会就成为一颗仁德、仁爱之心，天地之间的生生之德启内化于
人，就是仁德。

第二，"人心"效法"天地之心"重要的表现就在于"生生"，也就是说"仁"的
重要表现即"生生"。朱熹在《语类》中说："天道流行，发育万物……有理而后有
气"，生命之所以能够产生首先源于天地之间存在的"生生之理"，而"生生之
理"又在生命的创造和流行过程中才能实现。"人受天地之气而生，故此心必
仁，仁则生矣。"受天地之气而生的人，最重要的表现就是"生生"，使自然万物
也可以生生不息，让生命不断地创造流行。因此"生生之仁"是人心最重要的表
现，也是天地生物之心在人心层面的自然流露。朱熹说："天地以生物为心，人
得天地生物之心以为心，故有不忍之心。"生的意思是仁，"生"不仅是宇宙间的
法则，也是道德上的至善，是"大德"。这其中就蕴涵着一个天地生物的目的。所
以朱熹说："仁者，生之理，唯其运转不息，故谓之心。""生"是宇宙间必然性和
普遍性的规律，人就不能够漠视这一规律并应主动迎合、融入这一规律，当然
更不应损害和阻断生生之流行。朱熹一再强调："天地以此心普及万物，人得之
遂为人之心，物得之遂为物之心，草木禽兽得之遂为草木禽兽之心，只是一个
天地之心尔。"这里，仁即生，生即仁，自然界的"生"与伦理上的"仁"在本质上
达到了有机统一。

第三，深层回答了"人是什么"的哲学命题。从上述"生生之仁"的解读中，
我们可以看到朱熹回答了两个问题：一是"仁"的概念，"仁是什么"；二是"人"

的概念,"人是什么"。这个命题是一个涉及"心"与"情感"的概念,即是人性层面的思考。"盖仁之为道,乃天地生物之心,即物而在,情之未发而此体已具,情之既发而其用不穷……此心何心也? 在天地则快然生物之心,在人则温然爱人利物之心"。在朱熹的人性观里,人是一种有情感有温度有爱心的存在,并将天地生物之心涵摄于自我内心中的存在。他是在回答这样一个问题,"人是什么?""人是拥有天地生物之心的存在,他对万物拥有天然的悲悯之情,能够让自己的行为使万物得以生生不息。"这个回答具有极强的超越性。人不仅仅是人与人关系中的存在,也不仅仅是人与社会、人与国家、人与民族关系中的存在,更是一种在天地自然万物中,要处理人与自然关系的存在。这个关系中的人已经具备了天人合一的表现形态。

第四,深刻探讨了自然的"权利"问题。人与自然关系的核心是"生"的问题,自然界是有生命的,是一切生命及其价值之源。自然界不仅有"内在价值",它所创造的一切生命都各有各的价值,有其生存的权利,人对自然界负有神圣的使命,关爱万物,保护自然,由此实现人与自然的和谐统一,这才是人类最理想的生存方式,人的创造性不是征服自然,而是使自然能"生生"。人的"克己复礼"让自然拥有了自己的权利。人的欲望的退后,才让自然拥有了生长的可能性。

三、王阳明的生态思想

(一)"天地万物一体"的生态思想

之所以王阳明会将天地万物视为一体,是因为三个重要的思想基础:其一是"心外无物"论,其二是"同此一气"论,其三是"仁心"结构论。

心物关系是阳明心学的重要范畴,它的提出说明了人与万物一体的心灵基础。

> 先生游南镇,一友指岩中花树问曰:"天下无心外之物,如此花树,在深山中自开自落,于我心亦何相关?"先生曰:"你未看此花时,此花与汝心同归于寂;你来看此花时,则此花颜色一时明白起来,便知此花不在你的心外。"(《传习录·下》)

　　王阳明指明了山中之花存在的两种状态以及与相应的人心之间的关系。人未来看花时,花处于一种"寂"的状态,此时,花"自开自落","花与汝心同归于寂"。当人们来看花时,花则处于一种"显"的状态,"花颜色一时明白起来",此时,花与心便建立了一种关系情景,花便不在人的心外,而在人的心中。可见,王阳明的"心外无物"说,主要就花对人所形成的意义世界而言。当人未看花时,花只是处于自在、自然的客观状态,而没有成为主体的认识对象,这时花对于人而言便没有形成一种关系情景,此时花是一种"寂"的状态,人心亦是一种"寂"的状态。但这种"寂"并不意味着绝对静止不动,同时也包含着随时从"寂"到"显"的无限可能性。对于花而言,它的这种"寂"可以随时因着主体的介入而变化为"显";与此同时,人心的"寂"因着客体的进入而变化为"动",此时,花便成为人的认知对象,人便成为花的认知主体,于是花与人便建立起一种关系情景。花不再是独立于人心的外物,而体现了人心对外物的一种相感关系。由于心的参与,花所拥有的颜色等审美物质便良然显现出来,同时由于花的进入,人心也随之呈现出审的自然情趣。这就是《礼记·乐记》所言的"感物而动"。这里所表现出来的是一种物我交融、天人合一的审美体验和生命境界,同时也体现出乐山乐水的仁者情怀和道德情操。在这里,花对人形成的意义世界和审美意境,离不开心的意向活动。换言之,只有在人心的观照下,花本身所蕴含的审美价值才得以呈现出来。这个过程既是花向人心内化的过程,同时亦是人心向着花外化的过程,在这一过程中,花透过人心拥有了道德、人文、审美等精神内涵,从本然的存在转化为意义的存在,也就是"人化物"的过程。王阳明提出的这种心物关系是"万物一体"的思想来源之一。

　　此外,王阳明在继承张载的"气本论"基础上提出:"万物一体"的物质基础就是"气",正因为"同此一气",天地万物才相互联系、相互交织。气是天地万物和人共同生存的基础质料,二者因为气才能流贯畅通。"盖天地万物与人原是一体……风、雨、露、雷、日、月、星、辰、禽、兽、草、木、山、川、土、石,与人原只一体。故五谷禽兽之类,皆可以养人;药石之类,皆可以疗疾。只为同此一气,故能相通耳。"①因此,王阳明万物一体观是从"气"引出的。"这种万物一体的根据,

---

① 王阳明:《王阳明全集》,上海古籍出版社,2006 ,第 107 页。

就在于人和自然之物,全部是由同一气所组成,像这样把气作为万物的根源,不只意味着气具有物质性,而且被认为是生生流转的世界的生命力。"[1] 天地—万物—人之间的关系是一种生生不息的互存关系。天地的创生之能和万物与人的生命流转关系,是由"气"的同源性本质而引发的。

> 天地气机,元无一息之停;然有个主宰,故不先不后,不急不缓,虽千万变化,而主宰常定;人得此而生。若主宰定时,与天运一般不息,虽酬酢万变,常是从容自在,所谓"天君泰然,百体从令"。若无主宰,便只是这个气奔放,如何不忙?

这里的主宰,并非是人,而是天地之间的生气(气机),正是由于这个气或生气,才有了万物和人的出现以及天地万物之间的有序万变,天地—万物—人才构成了一个持续不断的、有机的生态共同体。

王阳明在《大学问》开篇即说:

> 大人者,以天地万物为一体者也。其视天下犹一家,中国犹一人焉……大人之能以天地万物为一体也,非意之也,其心之仁本若是。其与天地万物而为一也,岂惟大人,虽小人之心,亦莫不然。彼顾自小之耳。是故见孺子之入井,而必有怵惕恻隐之心焉,是其仁之与孺子而为一体也。孺子犹同类者也,见鸟兽之哀鸣觳觫,而必有不忍之心,是其仁之与鸟兽而为一体也。鸟兽犹有知觉者也,见草木之摧折,而必有悯恤之心焉,是其仁之与草木而为一体也。草木犹有生意者也,见瓦石之毁坏,而必有顾惜之心焉,是其仁之与瓦石而为一体也。是其一体之仁也,虽小人之心,亦必有之,是乃根于天命之性,而自然灵昭不昧者也。是故谓之明德。

---

[1] 小野泽精一、福永光司、山井涌:《气的思想:中国自然观和人的观念的发展》,李庆译,上海人民出版社,2014,第 420—421 页。

大人有一颗悲悯天下万物的仁心，正是这个仁心能将天地万物与自己合而为一。这个仁心一方面指看到小孩子掉井里那颗悲悯人类的心。这仁心让自己与小孩子合而为一。另一方面仁心是指对鸟兽草木的悲悯心，听见鸟兽的哀鸣有不忍之心，看见草木的摧折有悯恤之心。这时的仁心让自己与鸟兽草木合而为一。更需要指出的是，王阳明还提到了无机物。鸟兽草木尚且有生命，而瓦石之类的无机物没有生命，但大人看见瓦石被毁坏仍然有顾惜之心，这时的仁心让自己与瓦石合而为一。在王阳明的思想中，仁心是一个从人类—动物—植物—无机物逐步扩大的过程。仁心可以不断地把他人—动物—植物—无机物纳入自我，逐步成为自我的一部分并加以爱护。以此，人所具有的仁爱之心，由"爱人"得以扩展到"爱物"，从而把人与天地万物有机结合起来。

在王阳明看来，能够体查到天地万物为一体就是明明德。"君臣也，夫妇也，朋友也，以至于山川鬼神鸟兽草木也，莫不实有以亲之，以达吾一体之仁，然后吾之明德始无不明，而真能以天地万物为一体矣。"为仁之本，首先，要爱父母、兄弟和姐妹；其次，我们必须爱亲戚、侍从、朋友以及所有其他人；再次，我们必须爱护并且不能肆意杀戮鸟兽虫鱼；最后，我们必须爱护并且不能任意摧折草木。这就是同情众生的秩序。①这样才能实现天地万物一体，人的明德才能最终彰显。

(二)"良知"说体现的生态思想

王阳明提出了良知说，并非常强调良知的"真诚恻怛""灵明妙用"。王阳明说："良知只是个是非之心，是非只是个好恶，只好恶就尽了是非，只是非就尽了万事万变。"(《传习录·下》)在他看来，良知主要是就道德意义而言，它在根本精神上只是一个"仁"心。"是非之心，不虑而知，不学而能，所谓良知也"(《传习录·中》)，良知是不假外求、自然而然的，既具有先天性，又具有普遍性和自足性，是人性之善的当下显现。良知需要不断地扩充、涵养，人们才能逐渐达成仁民爱物的境界。王阳明认为，天地万物原是浑然一体的，只是因为人心的一灵明，才使二者区别开来。

---

① 玛丽·塔克尔：《日本新儒学的道德修养和精神修养：贝原益轩(1630—1714)的生活和思想》，纽约州立大学出版社，1989，第186页。

> 人的良知就是草木瓦石的良知。若草木瓦石无人的良知，不
> 可以为草木瓦石矣。岂惟草木瓦石为然，天地无人的良知，亦不可
> 为天地矣。盖天地万物与人原是一体，其发窍之最精处，是人心一
> 点灵明。

王阳明认为，即使是天地，如果没有人的良知，也不可以成为天地。这里所言的草木瓦石以及天地，如果没有人的良知，仅仅是一种自在的客体，不具有对人的价值意义。草木瓦石和天地是需要通过人的意向性向人呈现出意义世界，也就是由心本体创造出来的主观世界，这与王阳明"心外无物"的思想是一脉相承的。王阳明在此所要表达的，绝非是草木瓦石或者天地离开了人的良知就不存在，而是说，草木瓦石之为草木瓦石，天地之为天地，其价值和意义只有向人敞开。人的良知，代表着人的道德和精神，是天地万物得以呈现的关键，草木瓦石或者天地唯有在良知的观照下才能向人展现出其价值和意义。此外，王阳明强调道德修养的关键在于立足本心良知去丰富自我生命，进而通过扩充良知去建构一个属于自我的意义世界。因此，当弟子问："天地鬼神万物，千古见在，为何没了我的灵明，便俱无了"时，王阳明回答："我的灵明，便是天地鬼神的主宰。天没有我的灵明，谁去仰他高？地没有我的灵明，谁去俯他深？鬼神没有我的灵明，谁去辨他吉凶灾祥？天地鬼神万物离却我的灵明，便没有天地鬼神万物了。"（《传习录·下》）这里，王阳明同样强调的是人的灵明在宇宙自然中的主动性作用，一切事物都在人的灵明的观照之下才获得其存在的价值和意义。也就是说，意义世界的建构离不开人的意识和精神，只有在人的灵明的介入下，天地鬼神才从一种自然自在的存在变成一种有意义的存在。可以看到，王阳明的"良知"说具有"天人合一"的特点，人的良知与自然界有一种息息相关的有机联系。

值得一提的是，"良知"说并不仅仅强调"知"这个认知层面，也非常强调"情感"层面，是"知"与"情"的有机统一。王阳明说"良知只是个是非之心，是非只是个好恶。只好恶就尽了是非，只是非就尽了万事万变。"（《传习录·下》）这里的"是非"是指价值判断、道德判断上的是非。这样的是非，往往是由好恶之情决定的。但好恶又有分别，一种是"好好色，恶恶臭"那样的感性情感；一种是

"好善而恶恶"那样的道德情感。后者具有理性特征,也是王阳明所重视和提倡的。他认为人人有这种情感,因此便能辨别是非善恶。所以王阳明说"良知只是一个真诚恻怛"(《传习录·中》),这更是讲道德情感,"真诚"是讲诚,亦是讲真;"恻怛"是讲仁,亦是讲善,真和善本来是统一的,即王阳明所说的这种"良知"是一种可以导向真与善的人心。这个前提还取决于人对自然的"感应"。这种感应是相互感通的关系。物我相通,内外相通,天人相通,我的灵明就是天地万物的灵明,是一体相通的。"真诚恻怛"其实也讲到了人对自然的这种感应关系。有了对自然万物的感应,才会有真实的情感。当人们对自然万物有了这种道德情感,才可能与万物合为一体。

　　王阳明还提到了"致良知",也就是"道德实践"过程。在王阳明看来,良知虽然是人所具有的,但有时人并不能行出良知所要行出的善行,所以在实践上还必须有一个"致"的功夫。首先,人之所以不能行出善行,是因为人的私欲蒙蔽了良知,使其不能够真实显现。王阳明指出,良知作为"天下之人心","其始亦非有异于圣人也,特其间有我之私,隔于物欲之蔽,大者以小,通者以塞,人各有心,至有视其父子兄弟如仇雠者。圣人有忧之,是以推其天地万物一体之仁以教天下,使之皆有以克其私、去其蔽,以复其心体之同然。"王阳明在论到心是天渊时也指出:"只为私欲障碍,则天之本体失了……只为私欲窒塞,则渊之本体失了","但著了私累,把此根戕贼蔽塞,不得耳发生"。在王阳明看来正是人的私欲,使人的良知不能显现,因而人不能行出善行。致良知,也就是修炼去除私欲,让良知显现的方法。王阳明用"明镜"为喻做说明:"圣人之心,纤翳自无所容,自不消磨刮。若常人之心,如斑垢驳杂之镜,须痛加刮磨一番,尽去其驳蚀,然后纤尘即见,才拂便去,亦自不消费力。"致良知就好像刮磨镜上的斑垢驳杂,这样良知才可以朗现。人心才可以真正拥有体查万物的一体之仁。王阳明非常强调"事上磨","人须在事上磨,方能立得住"。因此,要达到与天地万物一体, 致良知的功夫还需在处理人与自然的关系中人能够"克己复礼",随时事上练,方能使这部分良知朗现。

　　此外,"致良知"是一个不断增加、不断趋近于"至圣"的认识行为过程。坚持不懈地保有良知是终极的目标,被称为"圣"。"心之良知是谓圣。圣人之学,惟是致此良知而已。自然而致之者,圣人也;勉然而致之者,贤人也;自蔽自昧而不肯致之者,愚人不肖者也。愚不肖者,虽其蔽昧之极,良知又未尝不存也。苟能致之,即与圣人无异矣。此良知所以为圣愚之同具,而人皆可以为尧舜者,以此也。"可以看到,从愚人到圣人,致良知的功夫是逐渐递进的过程,到了圣人的境界可以自然而致之。因此,致良知其实强调一种自我修炼的功夫,强调一种道德自觉,强调人的主动性与主体性。人通过这种主动致良知的过程,才可能对万物都保持深切的仁爱、关怀,把天地万物看作是与自己的生命密切相连的。这样,"致良知"的功夫就可以建立"范围天地之化而不过,曲成万物而不遗"的生命共同体,将宇宙生态系统真正视为人与万物之共生、共存的生命家园。

(三)"存天理去人欲"的节用思想

"存天理去人欲"是中国儒学提出的一个重要观点。朱熹提出"存天理灭人欲"。王阳明接受朱熹的思想并有新的发展,但他从心学的视角来阐释存天理去人欲。"学是学去人欲,存天理;从事于去人欲,存天理,则自正。诸先觉考诸古训,自下许多问辨思索存省克治功夫;然不过欲去此心之人欲,存吾心之天理耳。"人的基本生活需求与欲望儒家是不反对的,这是合理的,也是合天理的,这部分"人欲"是"天理"的一部分,其价值是值得肯定的。正当合理的人欲就是天理。但是超出人类正常的生活需求的欲望就是"人欲",是需要灭掉的。也就是人的欲望在正常的生活需要及礼法的限度内就是天理,超出限度就是人欲。"存天理灭人欲"不是对人的自然欲求和生存权利的压抑。它的深层价值在于表现人的意志力,在同人的感性的自然欲望对峙中显示人的本质与人性的庄严。"存天理,灭人欲"是对人性提出的高标准严要求。人之所以为人,其中一个表现就是"节制",人会使用自己的意志进行自我约束,而不会使其欲望无限制地扩展。人的主体道德意志和道德行为并不建筑在人的自然欲求之上——尽管认同人的一定限度内自然欲求的合理性、正当性,而是建立在理性主宰并支配感性的能力与力量之上,理学正是要体现这样一种人类的普遍精神。[①]此外,"存天理,灭人欲"也是对"同为一体的万物"的尊重,确立了人与自然的合理界限。当人欲可以自我约束,人可以做到"克己复礼"时,就达到了孔

---

① 黄昊:《阳明文化中蕴含的生态思想研究》,《贵州社会科学》2019 年第 2 期,第 37—42 页。

子说的"天下归仁"。人类对于自然的仁心就显现出来。王阳明正是在心的层面来论述"存天理去人欲"的。在他看来，当人的欲望无节制扩展的时候往往是仁心被遮蔽的表现。而当人做到了"存天理去人欲"，人对自然的仁心彰显，这种仁心显现的必然结果是保障了自然的权利，促进了自然的生发成长，生生不息。这样，人与自然才会和谐共生。因此，"存天理去人欲"的节用思想并不是让人去做苦行僧，而是用这种方式去显现仁心，从而真正可以实现"天地万物一体"，和谐共生。

第三节　儒家生态思想对构建生态社会的启示

儒家生态思想具有儒学所独有的正德、利用、厚生的特点：以一种道德的态度来对待自然，通过人心的高度修养功夫去"成己成物"，参赞化育；以一种实践性的角度，在亲亲仁民爱物的秩序中去适度、合理地取用于自然；以一种情感的共鸣，在人与自然的关系中构建起"生生之仁"这种高度的生命关怀意识。与此同时，新儒家生态思想将人性的理解扩展到与万物合一的方面，即万物一体是人性不可分割的组成部分。这些都为当代进行生态文明建设提供了重要的思想资源，为构建人与自然和谐共生的生态社会寻找到了深厚的儒学根基。

一、儒家生态思想有助于克服人类中心主义，提高公民理性认知水平

西方自启蒙运动以来，逐渐形成了人类中心主义的生态倾向。自然对于人类来讲仅仅是满足其物质需要的客体。人类对自然而言，处于主宰的地位，将自然视为征服、盘剥的对象。自然的价值理性被消解，工具理性极大突显。从而过度开发自然资源，生态环境遭到严重破坏。这种以人类为中心所确立的人与自然二元对立的关系显然不能够有效化解当前的生态危机，相反只能使其日益恶化。儒家生态思想以气本论作为人与自然共通性的哲理基础，非常强调整体与共生，同时将天人之间的相互感应、人类社群与自然之间互惠互利的互动，都容纳进来。它不以人为尺度，而是以人与自然的关系为尺度，去观察世界、解释世界和改变世界，从而不断加深对人类自身和自然界的理性认识，强

调人对自然的责任和义务，从而实现人的自由而全面的发展。此外，儒家生态思想将"自我"概念扩大化，无论是张载的"民胞物与"，还是王阳明的"万物一体"，都可以看到"自我"并不仅仅指有肉身的个体，还包括与自己有密切关联的天地万物，此时的"自我"概念不仅仅是一个物质性的存在，还是一种精神性的存在状态，人类处理好与自然的关系才能更好地安顿"自我"。另外，"孝"的概念也具有扩大化的特点。尊重自然、顺应自然也是对乾坤父母的"孝"，这种"孝"与对父母的"孝"在心态上有着一致性与共通性。总之，儒家生态思想为我们进行生态文明建设提供了一种思维方式，一种通过深度的理性思维才可以把握的生态哲学智慧，其基本的特点就是将人类还原到他在天地乾坤中该有位置和状态，人类并不是凌驾在万物之上的主宰，本质上仅是天地万物的一部分，与天地万物是一种共生共存的关系。可见，儒家生态思想是对人类中心主义的超越。我国当前进行生态文明建设，就需要继承和秉持新儒家生态思想这种理性认知，只有认知达到一定的程度，在心态和行为上才会有所改进。当代的生态危机本质上是生态观念与生态意识的危机。党和政府多次强调要坚持绿色发展、可持续发展，这是对当今世界和当代中国发展大势的自觉认识和深刻把握，其前提就是要在不断培育和深化公民生态意识和观念的基础上进行。对儒家生态思想的理性认知有助于增强公民生态意识和观念，培养人与自然和谐发展的价值共识，从而为建设当代生态文明奠定认识论基础。

二、儒家生态思想有助于归正人心，提高公民道德情感水平

生态问题最终是人心的问题。心不加以约束，其仁心、良知便不可能显现。儒家生态思想回答了人心不正的原因，来自私欲的蒙蔽，当人的私欲超越了本身的需要，就会给自然带来破坏。这种私欲其实道出了人心的越位，超出了人与自然的合理界限。因此，无论是"存天理灭人欲"还是"格物致理"，或是王阳明提出的"致良知"，其本质上都在强调人类为自我立限，约束和规范人心，以有效地确立人与自然的界限。当然儒家生态思想所强调的人心归正并不完全是一种苦行僧似的修炼，某种意义上是情感的自然表达，即"生生之仁"，这种"生生"包含同情与怜悯，尊敬与看重，甚至包含敬畏与模仿，以至于达到人与自然"相参"的状态。值得一提的是，王阳明的"生生"还包括对无机物的情感。

有了人类情感的自然参与,仁心和良知更容易出现。人类可以因人心的约束确立与自然的合理界限,从而保证了自然的权利。因此,当代进行生态文明建设,还需要进行道德情感的熏陶,最重要的方式是诗教。诗是情感的凝练、深刻、真实的表达,中国古典诗歌本身又是天人合一的产物。用诗教熏陶的情感累积到一定程度,对自然的生生之仁就会更多地显现。朱熹曾说:"仁者,在天则怏然生物之心……包四德而贯四端出。"可以看到新儒家生态思想强调人心的重要作用,强调人类对自然的情感共鸣,为生态文明建设提供了一种归正人心的道路指引。

三、儒家生态思想有助于增强生态责任意识,践行"知行合一"

前述新儒家生态思想讲到了以气本论为基础的人与自然的共性,讲到"万物一体"。但这并不代表人与自然毫无差别。相反,儒家非常重视人的主体性,非常重视在人与自然互动过程中,人对自然的责任。人类并不是被动的、毫无意识地与自然合一,而是有那么一点"灵明",正是这一点"灵明"把人与自然区分出来,让人可以通过自我修养、自我节制,以实现人与自然和谐共生的动态平衡。正如蒙培元所说:"人以其文化创造而成为主体,能'为天地立心',但这些所谓主体,是以实现人与自然和谐统一为目的的德性主体,不是以控制、征服自然为目的的知性主体,也不是以"自我"为中心,以自然为'非我''他者'的价值主体。自然界为人类的生存和发展提供了一切资源和条件,但更重要的是,它赋予人以内在德性和神圣使命,要在实践中实现生命的最高价值——'与天地合其德',而不是满足不断膨胀的物质欲望。"在这个过程中"知行合一"的生态实践就非常重要。在王阳明看来,人类之所以行不出乃是不知,知是行的开始,行是知的完成。因此需要"致良知",并且在实践中去践行出来。王阳明非常重视"事上炼",通过具体的事件来培养起自己知行合一的功夫。这对当代生态文明建设也有重要的启示,即对于生态环境恶化,人类自身要高度重视,要采取具体有效的措施实施绿色发展、循环经济,要画定生态保护红线,健全自然资源资产产权制度和用途管理制度,改革生态环境保护管理体制,切切实实地为建设现代化的生态文明负起责任,体现人类作为主体的内在德性与神圣使命。

第四节   儒家生态社会的治理模式

基于儒学是实践哲学的特点，儒家对生态社会的关注并不仅仅停留在思想层面，而是有一系列的建设构想，这成为打上华夏民族深厚烙印的文化传统，从而为当今时代解决生态危机提供了中国样式。

一、礼乐制度

如果前文儒家生态思想是一种存于人头脑中的无形的价值理念，那么礼乐制度则是对上述价值理念可观、可感、可行的实践方式。

（一）礼乐制度的起源及相互关系

自人类社会产生，原始的礼乐可以说就已经出现，而且在人类的发展史上，原初礼乐的起源并没有明显的地域或种族的差别。但随着社会历史的发展和人类文明的不断进步，礼乐的内在结构、社会功能及其哲学和伦理的意涵也渐臻完善与丰富。我国在西周时期，礼乐已呈现为一种比较成熟的文化形态，受到了统治者和思想家们的高度重视。随后的几千年，礼乐文化一直都是构成中国思想文化的重要内容和本质特征。

1. 礼的起源

在近 100 年时间里，学术界关于礼（制）的起源问题较为典型的看法有：祭祀说、巫术说、"俗"说、"原始礼仪"说、人情与历史说、"分别"说、社会制度说、父权制说、阶级压迫说、生产和生活说、多元说[①]。学者们从不同的层面，不同的角度来考证礼的起源，说明了其复杂性。但总体来看，礼主要基于三个方面而形成。首先，礼起源于人类最基本的生存与发展的需要，例如"祭祀说""巫术说"。上古时期社会生产力极度落后，人类在面对大自然时常会感觉无力与无助，因此通过祭祀或巫术换取更好的生存发展机会，这个过程就是礼的原初表

---

① 曹建墩、郭江珍：《近代以来礼制起源研究的回顾与展望》，《平顶山学院学报》（社会科学版）2005 年第 6 期。

现。其次,礼起源于人类日常生产生活的需要,例如"俗""原始礼仪"等,是人们在日常生活中代代相传而累积的经验智慧的结晶, 以此维持人与人之间的相互关系。最后,礼起源于社会分工以及确立社会规则的需要,例如社会制度说、父权制说。人类内部各种层级结构慢慢分划,在有效处理各层级人员的关系以及进行分工合作的过程中形成了"礼"。因此,可以看到,礼涵盖了政治、经济、哲学、伦理、宗教等人类社会生活的层面,源于生活又高于生活,对社会成员的生活习惯、思维方式、心理结构以及社会规则的形成等方面都有重要的作用。同时,它也是人类文明的重要标志,是华夏民族所特有的存在模式。

2. 乐的起源

对于乐的起源,学界比较典型的说法有情感说、模仿说、性爱说、劳动说、巫术说、游戏说、多元说等。但如果根据《礼记·乐记》的论证,乐主要起源于"人心之感于物而动。"

> 凡音之起,由人心生也。人心之动,物使之然也。感于物而动,故形于声。声相应,故生变;变成方,谓之音。比音而乐之,及干戚羽旄,谓之乐。
> …………
> 乐者,音之所由生也,其本在人心之感于物也。
> …………
> 凡音者,生人心者也。情动于中,故形于声,声成文,谓之音。
> …………
> 声音之道,与政通矣。
> …………
> 凡音者,生于人心者也;乐者,通伦理者也。

《礼记·乐记》将乐分为三个层次:声—音—乐。最基础的层次是"声",源自人心对外界事物刺激的自然情感反应。而"声成文,谓之音",人类由情绪波动所发出的声音,在日常的生产与生活的交流中相互应和,随着表情达意内容的变化,逐步产生了节奏韵律,是为音,这是第二层。"乐者,音之所由生也",乐由音而来,是最高层。乐的基本结构是"比音而乐之,及干戚羽旄,谓之乐"。对此,《礼记·正义》释曰:"言以乐器次比音之歌曲,而乐器播之,并及干戚、羽旄,鼓而舞之,乃'谓之乐'也。"可见,以乐器配合歌曲演奏,加之堂下的舞蹈者手持干戚、羽旄之类的舞蹈器伴舞,来表达颂扬,施行教谕等,就是乐。从表现形式上看,它比音要复杂得多,有歌、曲与乐舞,而最重要的在于"乐者,通伦理者也"以及"声音之道,与政通矣"。乐表现出一种道德属性与政治功能,这是最高层次,其所代表的文化理想,超出了音乐本身。尽管如此,它却仍是"由人心生",情感表达乃其起源。

3. 礼乐的关系

礼乐同源,但礼与乐既区别又互补,最终两者走向融合。

上述关于礼、乐的起源,我们仅仅是为了行文的方便才将其分开论述。二者虽然有着各自较为独立的体系,但现代人类学和考古发现早已证实,原始人类从事宗教祭祀、巫术以及狩猎等活动时所举行的各类仪式中,乐舞常常是其主要内容。到了礼乐的成熟阶段,二者亦不可分,并具备了更加丰富而复杂的哲学与伦理学意义。从历史起源来看,乐主要产生于人的情感表达与交流的需要,但在求取更有效生存与发展的本源性上与礼则是一致的。二者都可视为源于人类生存与发展的本能需要,是人类生存智慧的结晶,乃自然进化规律的产物。礼乐同源,是这二者自始至终融为一体的基础。

然而,礼与乐在表现形式与社会功能上是相区别的。《礼记·乐记》上说"乐由中出,礼自外作","中"指的是人的内心情感,"外"则是指创建良好生存环境和秩序的社会需要。由此,二者在社会功能上也就有了一定的差异。如荀子说:"乐行而志清,礼修而行成"(《荀子·乐论》),乐着重于心志的疏导与调和,礼强调行为的规范和引导。此外,荀子还指出"乐也者,和之不可变者也;礼也者,理之不可易者也。乐合同,礼别异。"乐主要是对民众心理与情感起调和抚慰的作用,从而达到政通人和。礼的任务在于制定和明确社会的各种层级结构,并确保这一结构内部的公平与公正,以维持社会的基本稳定。

荀子说:"礼乐之统,管乎人心矣。穷本极变,乐之情也,著诚去伪,礼之经也。"(《荀子·乐论》)可见礼乐之统,本是基于一种人文关怀而提出的关照"人心"之举,在人心层面是相统一的关系。此外,礼乐已经超越了人文关怀,成了社会与政治的根本需要,体现出了人文理性的高度自觉,在实践领域是相统一的关系。

(二)礼乐制度在生态社会中的作用

生态社会是一种人与自然、人与人、人与社会和谐共生、良性循环、全面发展、持续繁荣的社会。它不仅重视人与自然的关系,也重视人际互动的关系。礼乐制度就是一种可以调和天、地、人,从而将各种事物纳入有序规则的制度,是儒家生态思想在实践领域中的集中展示。礼乐制度本身体现了一种整体观、系统观,具有生态社会的核心理念。

《左传·昭公二十五年》记载:

> 子大叔见赵简子,简子曰:"敢问何谓礼?"对曰:"……夫礼,天之经也,地之义也,民之行也。天地之经,而民实则之。则天之明,因地之性,生其六气,用其五行。气为五味,发为五色,章为五声,淫则昏乱,民失其性。是故为礼以奉之:为六畜、五牲、三牺,以奉五味;为九文、六采、五章,以奉五色;为九歌、八风、七章、六律,以奉五声;为君臣上下,以则地义;为夫妇外内,以经二物;为父子、兄弟、姑姊、甥舅、昏媾、姻娅,以象天明,为政事、庸力、行务,以从四时;为刑罚、威狱,使民畏忌,以类其震曜杀戮;为温慈惠和,以效天之生殖长育。民有好、恶、喜、怒、哀、乐,生于六气。是故审则宜类,以制六志。哀有哭泣,乐有歌舞,喜有施舍,怒有战斗;喜生于好,怒生于恶。是故审行信令,祸福赏罚,以制死生。生,好物也;死,恶物也;好物,乐也;恶物,哀也。哀乐不失,乃能协于天地之性,是以长久。"简子曰:"甚哉,礼之大也!"对曰:"礼,上下之纪,天地之经纬也,民之所以生也,是以先王尚之。故人之能自曲直以赴礼者,谓之成人。大,不亦宜乎?"简子曰:"鞅也请终身守此言也。"

这里,将乐作为礼的一部分,合并加以论述。

1.礼为天经地义

"夫礼,天之经也,地之义也,民之行也。"杜预注曰:"经者,道之常。义者,利之宜。"即"礼,是天之常道,地之宜利,为民众所实行。"这里的深层内涵是礼是天地人即自然、社会和人自身共同的秩序和法则。"天之经也,地之义也",所强调的就是礼是宇宙万物都必须遵循的恒常法则。《左传·昭公五年》也说"礼,所以守其国,行其政令,无失其民者也。"即礼是治国保民修身的根本之道。礼之所以能够代表天道,原因有二。其一,礼是人对天地自然规律的认识,即礼是对自然事物性质的把握,换言之,符合礼也就符合自然事物的规律。如子大叔所言:"则天之明,因地之性,生其六气,用其五行。气为五味,发为五色,章为五声,淫则昏乱,民失其性。是故为礼以奉之。"制礼的目的就是遵奉天地自然之性,不使民众不适度而错乱。《左传正义》曰:"言礼本法天地也,自生其六气。至民失其性,言天用气味、声色以养人,不得过其度也。是故礼以下,言圣王制礼以奉天性,不使过其度也。经,常也。义,宜也。夫礼者,天之常道。地之宜利,民之所行也。天地之有常道。人民实法则之。法则天之明道,因循地之恒性,圣人所以制作此礼也。"①这里多次说到了"度",自然之性很重要的特点是"有度",这里的"度"即是规律的意思。例如至冷的冬天到了一定时节不会再冷下去,一定会暖和起来;至热的夏天也不会持续高温,到了一定时节就会凉爽起来。人的性情与行为也要遵行这种有度,"不过其度",因此,需要以礼节之,《老子》第十二章说"五色令人目盲,五音令人耳聋,五味令人口爽,驰骋畋猎令人心发狂,难得之货令人行妨",所以才制礼作乐。礼就是使人不逾越自然法度而保全自身。其二,礼是道德的准则。《左传·僖公二十七年》说:"礼乐,德之则也。"礼之所以能够代表天道,是因为礼体现了天所彰显的德。孔子曰:"礼之所兴,与天地并。"《左传正义》曰:"人禀天地之性而生,动作皆像天地,其践履谓之为行。但人有贤与不肖,行有过与不及,圣人制为中法,名之曰礼。故礼是民之行也,行者人之所履也。……人之本性自然,法象天地,圣人还复法象天地而制礼教之,是礼由天地而来。"礼,就是对天的道德性内涵的承续和效法,周公制礼作乐的目的就是礼以成德。此外,晁福林认为:"'德'在西周初年实际上并不完全是道德之德,而从一个方面看,可谓是'制度之德'。当时,人们所理解的

---

① 李学勤主编《十三经注疏·春秋左传正义(上、中、下)》,北京大学出版社,1999,第1448页。

'德'在很大程度上源自制度,源自礼的规范",①所以礼乐制度还蕴含着一种制度之德。换言之,礼乐本身就代表了明德,代表了天道。这种观念在春秋时期不断得到明晰和强化。礼既然是天地之经纬恒常不变,那么礼就必然是国家的纲纪。"礼可以为国也久矣,与天地并"(《左传·昭公二十六年》);"夫礼,国之纪也……国无纪不可以终(《国语·晋语四》)"。可见,制礼作乐不仅有利于个人的德性修养,还是国家德性制度的重要组成部分。

2. 礼协于天地之性

子大叔曰:"礼,协于天地之性,是以长久。"礼,其作用在于与天地之性相和谐,这样才可以长久。"协于天地之性"主要体现在两方面:一是人与自然和谐,二是人类社会的和谐。这两方面都在于人对礼的遵循。其一,人与自然的和谐须循礼。例如中国传统的畋猎之礼,就很好地体现了人与自然的和谐。畋猎建立在对野生动物的血腥杀戮之上,是对鲜活个体生命的折损。而农业劳动者不避风雨霜露寒暑,辛勤耕耘,在对"他者"生命的呵护与培育中付出最真挚的情谊。所以农夫心中总是充满对土地与田禾的温情,最能深切感知"天地之大德曰生"的真理。畋猎之礼也必然会凝聚这种丰富的道德情感。《礼记·王制》曰:"无事而不田,曰不敬;田不以礼,曰暴天物。"孔颖达疏:"若畋猎不以其礼,杀伤过多,是暴害天之所生之物。"礼在确认狩猎的合理性与必要性之同时强调对禽兽的猎取必须有节制:"天子不合围,诸侯不掩群",禁止对禽兽赶尽杀绝。《礼记·王制》曰:"昆虫未蛰,不以火田。""以火田"指用火焚烧草木驱赶捕杀猎物。在昆虫蛰伏时实施"火田"会焚灭各种生物,故禁之。先民视禽兽为"天物",认为天地生成之,人可猎取之,但要取之有度,不可狂捕滥杀,即使对猎获对象以外的各类"天物"亦不得任意伤害。这正是孟子"仁民爱物"以及张载"民胞物与"思想在畋猎中的自然表现。田猎之礼能约束人的欲望,限制对自然的过度索取与破坏,还能通过道德层面的潜移默化使人以仁心珍惜、保护自然,具有天人合一的重要特点。其二,人类社会和谐须循礼。子大叔说:"民有好、恶、喜、怒、哀、乐,生于六气。是故审则宜类,以制六志。哀有哭泣,乐有歌舞,喜

---

① 晁福林:《先秦时期"德"观念的起源及其发展》,《中国社会科学》2005年第4期,第192—205页。

有施舍,怒有战斗;喜生于好,怒生于恶。是故审行信令,祸福赏罚,以制死生。生,好物也;死,恶物也;好物,乐也;恶物,哀也。哀乐不失,乃能协于天地之性,是以长久。"人是具有复杂性情的,其所形成的社会也是相当复杂的群居组织,如何协调社会使之和谐发展?《礼记·礼运》认为:

> 何谓人情?喜、怒、哀、惧、爱、恶、欲,七者弗学而能。何谓人义?父慈、子孝、兄良、弟弟、夫义、妇听、长惠、幼顺、君仁、臣忠,十者谓之人义。讲信修睦,谓之人利。争夺相杀,谓之人患。故圣人所以治人七情,修十义,讲信修睦,尚辞让,去争夺,舍礼何以治之?饮食男女,人之大欲存焉。死亡贫苦,人之大恶存焉。故欲恶者,心之大端也。人藏其心,不可测度也。美恶皆在其心,不见其色也。欲一以穷之,舍礼何以哉?

喜怒哀惧爱恶欲,或说好恶喜怒哀乐,是人天生本有的,"生于六气""弗学而能"。但这可能导致"争夺相杀",造成社会混乱,所以必须以礼治人情、尚辞让、去争夺。孔子曰:"夫礼,先王以承天之道,以治人之情……列于鬼神,达于丧、祭、射、御、冠、婚、朝聘。故圣人以礼示之,故天下国家可得而正也。"(《礼记·礼运》)。礼制定的初衷就是效法天道治理社会,即孔子所谓:"夫礼,先王以承天之道,以治人之情。"因此,礼就是人类社会的行为准则。对社会成员而言,礼不仅仅是一种外在的强制性规范,更是一种内在的德性修养。因为礼体现了天道,而天道唯德,所以礼成为德之则。通过礼,去培养人的道德自觉,从而遵循社会规范。礼在外在规范与内在自觉两个方面使人的行为合乎天道,从而使整个社会处于和谐之中。

综上,礼作为天地之经纬,维系着人与自然、人与社会的和谐长久,持续发展。

二、《周礼·地官司徒》中的生态职官制度

儒家所说的"礼"是一种实践性很强的操作规则。《周礼》作为儒家礼学制度的经典,对周代立国后的政治、经济、军事、文化、社会等拥有较为系统而完

整的记载。其中所叙述的天地春夏秋冬六官,分掌宫廷朝政、民政教育、宗室礼乐、军事交通、刑罚司法、营造工程,深刻影响了后世职官制度的建立和发展,并对生态社会的建设产生了深远的影响。下面就与生态社会建设密切相关的职官制度做介绍,并论述其重要意义。

(一)大司徒

《周礼·地官司徒》中介绍了大司徒的职能。

> 大司徒之职,掌建邦之土地之图与其人民之数,以佐王安扰邦国。以天下土地之图,周知九州之地域广轮之数,辨其山林、川泽、丘陵、坟衍、原隰之名物。而辨其邦国、都鄙之数,制其畿疆而沟封之,设其社稷之壝,而树之田主,各以其野之所宜木,遂以名其社与曰医。以土会之法,辨五地之物生:一曰山林,其动物宜毛物,其植物宜皂鳞。其民毛而方。二曰川泽,其动物宜鳞物,其植物宜膏物,其民黑而津。三曰丘陵,其动物宜羽物,其植物宜核物,其民专而长。四曰坟衍,其动物宜介物,其植物宜荚物,其民皙而瘠。五曰原隰,其动物宜嬴物,其植物宜丛物,其民丰肉而庳。因此五物者民之常。
>
> …………
>
> 以土宜之法辨十有二土之名物,以相民宅而知其利害,以阜人民,以蕃鸟兽,以毓草木,以任土事。辨十有二壤之物而知其种,以教稼穑树艺,以土均之法辨五物九等,制天下之地征,以作民职,以令地贡,以敛财赋,以均齐天下之政。

大司徒的职责有几个方面。其一,分辨土地的不同。土地共分为十种:"山林、川泽、丘陵、坟衍、原隰"。每一种土地的样貌皆不同,因而其对人民的功用也不相同。使人民能分辨此十种土地形态,是为大司徒的职责所在。其二,明确每种土地上产出什么样的动物和植物。这是从事何种农业生产,如何从事农业生产的前提。特定的生态环境产出不同的植被和动物,而当人类进行农业生产时,应当充分认识到十种土地的不同。其三,要清楚一方水土养一方人。《周礼》

中一共分辨了五种不同的人群。在古典农本时代,每一方独特的农业区域所诞生的人群是不同的。也许人种相同,然而由于自然环境原因,人民自然会本能地适应当地生态气候条件,人群自然会有区别。其四,所达到的目的是用此"土宜之法"分辨,然后"教稼穑树艺",从事生态农业生产,从而使人民富足,这样既使得人民得以司其职,得以满足衣食,政府得到赋税,同样使鸟兽繁衍,草木茂盛,一片盎然生机。

负责生态环境的官员并不止大司徒一人。大司徒是地官之首,起提纲挈领作用,掌握大政方针,而具体的实践工作则由不同分工的百官来完成,其中就有很多专门负责生态环境保护的官员以及能直接或间接涉及环保的官员。这些官员大多所在地官之列,不过也散见于其他诸官之中。

(二)地官

1. 草人

草人掌土化之法以物地,相其宜而为之种。郑玄注曰:"土化之法,化之使美,氾胜之术也。以物地,占其形色。为之种,黄白宜以种禾之属。"凡粪种:骍刚用牛,赤缇用羊,坟壤用麋,渴泽用鹿,咸潟用貆,勃壤用狐,埴垆用豕,强㯺用蕡,轻㯺用犬。郑玄注曰:"凡所以粪种者,皆谓煮取汁也。"(《周礼注疏·地官司徒》)草人可以被认为是最早的推广有机肥料的工作者,同样也是对土壤进行分类施用的人。所用的肥料大多为粪便,煮而取汁以"化土"。如贾公彦所言:"化骍刚之地。"骍刚之地为赤色坚土。我们注意到草人所施用的肥料,也同样是分类施用。对不同类型的土地施用不同的肥料,而且不同的肥料制作的工艺也不同,但是所用的肥料全部都是由粪便一类的废料提取的有机肥料,非常环保。

2. 稻人

稻人是掌管种植如稻米等水生植物的。中国人食用稻米有很悠久的历史,早在河姆渡时期就已经开始了。稻人掌稼下地。以潴畜水,以防止水,以沟荡水,以遂均水,以列舍水,以浍写水,以涉扬其芟,作田。凡稼泽,夏以水殄草而芟夷之。泽草所生,种之芒种。旱暵,共其零敛。丧纪,共其茅事。(《周礼注疏·地官司徒》)稻人在管理种植的同时,也要注意用水。对于水的把握,是种植水生植物的关键,同时从稻人治理用水方面,也可看到生态思维。有方法蓄水、止水,也有方法荡水、均水。在治理水患方面,当水多时用堤坝防洪,而后用沟渠引洪,若水过猛,则会泄洪。我们现在仍然在使用这些方法。

3. 土训

土训的职责是掌握土地的分类。土训掌地道图,以诏地事。道地慝,以辨地物而原其生,以诏地求。(《周礼注疏·地官司徒》)土训是大司徒的辅助,其职责在于分辨土地的不同,使人们根据土地的不同形态进行使用。

4. 山虞

山虞,掌山林之政令,物为之厉,而为之守禁。仲冬斩阳木,仲夏斩阴木。凡服、耜,斩季材,以时入之。令万民时斩材,有期日。凡邦工入山林而抡材不禁。春秋之斩木不入禁。凡窃木者有刑罚。若祭山林,则为主,而修除,且跸。若大畋猎,则莱山田之野,及弊田。植虞旗于中,致禽而珥焉。(《周礼注疏·地官司徒》)山虞是掌管山林的官员,对于山林的管理,非常完备。冬天要伐阳木,夏天要伐阴木。山南之木一般要比山北更为茂盛,因此要留到冬天才会使用。此外,要斩材以时,有规律,合乎季节进行伐木,使山林有自然生长周期。对盗窃木材者会有相应的刑罚。

5. 林衡

林衡,掌巡林麓之禁令,而平其守。以时计林麓而赏罚之。若斩木材,则受法于山虞,而掌其政令。林衡与山虞是比较类似的管理林木的官员,主要是负责禁令、赏罚,并且执掌的区域有所不同。林衡主要管理的是山脚的林木。贾公彦疏曰:"《尔雅》'山足曰麓',虽连于山,山虞不掌,以麓上有林,故属林衡也。"值得注意是"以时"这个词,强调按照季节的规律管理山林。

6. 川衡

川衡,掌巡川泽之禁令,而平其守,以时舍其守,犯禁者执而诛罚之。川衡是掌管漂流的官员,主要负责禁令与责罚。

7. 泽虞

泽虞,掌国泽之政令,为之厉禁。使其地之人守其财物,以时入之于玉府,颁其余于万民。泽虞是掌管湖泊沼泽的官员,川与泽不同属,各有分工。贾公彦疏曰:"水钟曰泽,泽与川不同官。"

8. 迹人

迹人,掌邦田之地政,为之厉禁而守之。凡畋猎者受令焉。禁麛卵者与其毒矢射者。迹人的职责为掌地政,主要与野生动物有关。故贾公彦疏曰:"迹人主迹,知禽兽之处,故知'掌邦田之地政'。"迹人的职责同样包括爱护动物。麛为幼兽。迹人严防人类在畋或猎时杀死幼兽,破坏卵蛋,并禁止使用毒箭。

9. 卝人

卝人,掌金玉锡石之地,而为之厉禁以守之。若以时取之,则物其地图而授之,巡其禁令。卝人是掌管矿藏的官员。开采矿物,同样要"以时取之"。《周礼》中,不仅地官作为管理生态文明的官员,而且其他官员有类似职责。

(三)夏官

1. 掌畜

掌畜,掌养鸟而阜蕃教扰之。

2. 土方氏

土方氏,掌土圭之法,以致日景。以土地相宅,而建邦国都鄙。以辨土宜,土化之法,而授任地者。土方氏主要掌握的就是土化之法,进行基本测量,以辅助建立都鄙。土方并非属于地官,而是属于大司马管辖的夏官。

(四)秋官

秋官掌刑罚,主杀。故而秋官中有很多官员,诸如庶氏、穴氏、翨氏、柞氏、蝈氏、蝈氏、壶涿氏、庭氏等,掌猛攻与杀除。在人类社会形成之初,自然界有很多毒虫猛兽对人类的生存有不同程度的危害,其中有一些诸如夭鸟、毒蛊、龟鼍、水虫等需要去除,以保证人类能够生存。而这些官员的职能就是对这些毒虫猛兽进行攻杀。一些人能对付的毒虫等,可以在人类的聚落中被消灭,是为除。而对于自然界中的猛兽,则由这些官员组织人民,对其进行驱逐,是为攻。

1. 雍氏

雍氏,掌沟渎浍池之禁,凡害于国稼者。春令为阱攫沟渎之利于民者,秋令塞阱杜攫。郑注曰:"沟渎浍,田间通水者也。池,谓陂障之水道也。害于国稼,谓水潦及禽兽也。阱,穿地为堑,所以御禽兽,其或超踰则陷焉,世谓之陷阱。"禁山之为苑,泽之沈者。郑注曰:"为其就禽兽鱼鳖自然之居而害之。郑司农云:不得擅为苑囿于山也。泽之沈者,谓毒鱼及水虫之属。"

雍氏掌管水渠引水灌溉等事,同时也兼防水患。并且设陷阱避免野兽破坏农田。此外,禁止人类将山泽变为苑囿,诸如今天设立自然保护区,禁止人类居住并破坏。这两点相辅相成,先为人类抵御自然的侵害,后为禁止人类进一步破坏自然。

2. 萍氏

萍氏,掌国之水禁。郑注曰:"水禁,谓水中害人之处,及入水捕鱼鳖不时。"萍氏掌管水禁,特别强调了捕捞鱼鳖要以时。

3. 柞氏

柞氏,掌攻草木及林麓。……凡攻木者,掌其政令。郑注曰:"除木有时。"柞氏执掌为除木。人类有时需要开垦出自己居住的新聚落,有时林木的生长速度过快,妨碍到了人类的正常生活,则由柞氏进行除木。在最后还注明,也要依照时令来除。

4. 薙氏

薙氏,掌杀草,春始生而萌之,夏日至而夷之,秋绳而芟之,冬日至而耜之。(《周礼注疏·秋官司寇》)郑玄注,贾公彦疏:薙氏则掌管除草。古人已经掌握了草在一年中的生长规律,并依照时令和方法进行去除。

三、《周礼·地官司徒》的生态职官制度的特点

从《周礼·地官司徒》中,我们可以看到,中国古代生态职官制度的特点。

1. 分工细致

从上述内容中,可以看到周代生态官职至少有 16 种。对于山川大地等各种自然形态都有专门的职官进行管理。对于生态社会的细致分工至少在如下方面有着重要的价值:其一,体现了统治者对生态环境的重视程度。基于儒家天人合一的生态思想,统治者对合规律地使用自然资源具有认知层面的充分理解,具有情感层面的充分认同,才会以如此细致的分工来进行治理。其二,保证了工作效率。专司其职有助于充分发挥不同职官的才能,对于不同的自然资源进行有效而合理的利用,保证了工作效率的提高。其三,体现了"正义"的特点。柏拉图在《理想国》中说"正确的分工即是正义,正义的本质是城帮生活的和谐有序。"柏拉图从社会分工视角探析社会正义,认为分工是完善社会制度和结构的一种途径。各种职位各司其职,国家满足正义原则才算真正实现了社

会正义。《周礼·地官司徒》中的细致分工体现了生态社会治理中保证自然权利的实现,从这个角度体现了正义。同时,构建了人与自然和谐生活的制度规则。

2. 强调以时

以时,就是符合时令去做事情。曾子曰:"树木以时伐焉,禽兽以时杀焉。"夫子曰:"断一树,杀一兽不以其时,非孝也。"(《礼记·祭义》)孔子将对自然界的索取类比于人类社会的孝道,这是一种扩大了的孝行实践。儒家生态思想将天地看作父母,人类需要对这个父母做出孝行,其中一个表现就是在对自然进行索取时要遵守"以时"的原则。《周礼》中与生态环保有关的官职,大部分都有"以时"的职守。这种"以时"体现了一种对自然规律的尊重。人不能凌驾于自然,只能顺应自然,这样人类才能够与自然和谐共生,如前一章荀子的思想。

3. 强调不杀

不杀,并非都不杀,而是不枉杀,不滥杀,也就是朴素的节制思想。《周礼》中的很多官职都提到了"平其守",也就是守护自然的职责。不杀,主要是不杀幼鸟幼兽。《礼记·曲礼》曰:"国君春田不围泽,大夫不掩群,士不取麛卵。"这与迹人的职责"禁麛卵者与其毒矢射者"是一样的。对水生动植物,则反对竭泽而渔。这与荀子的"鼋鼍、鱼鳖、鳅鳝孕别之时,罔罟毒药不入泽,不夭其生,不绝其长也。"(《荀子·王制》)"不夭其生,不绝其长",是儒家不杀思想的精髓,也是周礼所规定必须遵守的法令。凡是要杀,也要等长成熟之后方可。周礼所规定的"不杀",在《礼记·王制》中进行了总结:天子不合围,诸侯不掩群。天子杀则下大绥,诸侯杀则下小绥,大夫杀则止佐车,佐车止则百姓畋猎,獭祭鱼然后渔人入泽梁,豺祭兽然后畋猎,鸠化为鹰然后设罻罗,草木零落然后入山林,昆虫未蛰,不以火田,不麛不卵,不杀胎,不夭夭,不覆巢。(《礼记·王制》)可以看到,"不杀"即是儒家"生生之仁"思想的现实体现。如果统治者不以周礼恪守本分,不依照上述"以时"和"不杀"的规矩去做,对大自然索取过多,且不序人伦,不守天时,自然会受到自然界的反抗和报复。

　　　　故帝王好坏巢破卵,则凤凰不翔焉;好竭水捕鱼,则蛟龙不出
　　焉;好刳胎杀夭,则麒麟不来焉;好填溪塞谷,则神龟不出焉。故王
　　者动必以道,静必以理;动不以道,静不以理,则自夭而不寿,妖孽

数起,神灵不见,风雨不时,暴风水旱并兴,人民夭死,五谷不滋,
六畜不蕃息。(《大戴礼记易本命》)

4.强调自然万物与人享有同样的权利

儒家的生态哲学思想在《周礼·地官司徒》中落实成现实的生态职官司制度。儒家是在承认人本高于禽兽而又能支配禽兽的基础上去谈生态保护的。人本是儒家生态思想的重要内容,一切以人之个体为出发点,由"亲亲"而推,从个体到整个家庭,再推及人类世界,最后推广到自然界的"民胞物与"。然而,一旦将自然纳入个体的生命存在,自然就绝不仅仅是独立于人类世界的客体,而是与人拥有同样权利的存在。损害自然即是损害了人类自身。因此,生态职官制度的确立对于保障自然与人享有同样的权利提供了一种制度规约,这样才能有效地规避人类中心主义,有助于建构人与自然和谐共生的生态社会。

四、《礼记·月令》中的生态社会治理模式

《礼记·月令》依据春夏秋冬四时变化、日月星辰运行和生物活动,安排国家的政治秩序和百姓的生活秩序,构筑了社会与自然和谐共处的理想模式。《礼记·月令》可以看作是天人合一的生态社会的治理模式。我们总结如表5-1。

表 5-1　《礼记·月令》主要内容汇编

月份	物候、生物的生长状态、无机物(水、地等)状态、用乐、人的活动安排、禁忌	
孟春	物候	东风解冻,草木萌动。以立春,先立春三日
	生物	蛰虫始振,鱼上冰,獭祭鱼,鸿雁来
	土地	善相丘陵、阪险、原隰土地所宜
	用乐	是月也,命乐正入学习舞,乃修祭典
	天子与诸侯的活动	天子居青阳左个,乘鸾路,驾苍龙,天子乃以元日,祈谷于上帝,乃择元辰,天子亲载耒耜,措之于参保介之御间,率三公、九卿、诸侯、大夫,躬耕帝籍,天子三推,三公五推,卿诸侯九推,反执爵于大寝,三公、九卿、诸侯、大夫,皆御,命曰劳酒。王命布农事,命田舍东郊,皆修封疆,审端经术

续表一

月份		物候、生物的生长状态、无机物(水、地等)状态、用乐、人的活动安排、禁忌
孟春	百姓的活动	禁止伐木,毋覆巢,毋杀孩虫,胎夭飞鸟,毋麛毋卵,毋聚大众,毋置城郭,掩骼埋胔,是月也,不可以称兵,称兵必天殃,兵戎不起,不可从我始,毋变天之道,毋绝地之理,毋乱人之纪
	禁忌	孟春行夏令,则雨水不时,草木蚤落,国时有恐。行秋令,则其民大疫,猋风暴雨总至,藜莠蓬蒿并兴。行冬令,则水潦为败,雪霜大挚,首种不入
仲春	物候	始雨水,日夜分,雷乃发声,始电,蛰虫咸动,启户始出
	生物	桃始华,仓庚鸣,鹰化为鸠,安萌牙,养幼少
	水	毋竭川泽,毋漉陂池
	用乐	上丁,命乐正习舞,仲丁,又命乐正入学习舞
	天子与诸侯的活动	天子居青阳大庙,乘鸾路,驾苍龙,以大牢祠于高禖,天子亲往,后妃帅九嫔御,乃礼天子所御,带以弓韣,授以弓矢,于高禖之前
	百姓的活动	耕者少舍,乃修阖扇,寝庙毕备,毋作大事,以妨农之事,是月也,毋竭川泽,毋漉陂池,毋焚山林
	禁忌	仲春行秋令,则其国大水,寒气揔至,寇戎来征。行冬令,则阳气不胜,麦乃不熟,民多相掠。行夏令,则国乃大旱,暖气早来,虫螟为害
季春	物候	生气方盛,阳气发泄,句者毕出,萌者尽达,虹始见
	生物	桐始华,田鼠化为鴽,萍始生
	水	时雨将降,下水上腾
	用乐	是月之末,择吉日大合乐,天子乃率三公、九卿、诸侯、大夫、亲往视之
	天子与诸侯的活动	天子居青阳石个,乘鸾路,驾苍龙,天子乃荐鞠衣于先帝,命舟牧覆舟,五覆五反,乃告舟备具于天子焉,天子始乘舟,荐鲔于寝庙,乃为麦祈实,命野虞无伐桑柘,命司空曰:循行国邑,周视原野,修利堤防,道达沟渎,开通道路,毋有障塞,畋猎罝罘,罗罔、毕翳、喂兽之药,毋出九门
	百姓的活动	省妇使,以劝蚕事,蚕事既登,分茧称丝效功,以共郊庙之服,无有敢惰,是月也,命工师,令百工,审五库之量:金、铁、皮、革、筋、角、齿、羽、箭、干、脂、胶、丹、漆、毋或不良
	禁忌	季春行冬令,则寒气时发,草木皆肃,国有大恐。行夏令,则民多疾疫,时雨不降,山林不收。行秋令,则天多沈阴,淫雨蚤降,兵革并起
孟夏	物候	以立夏,先立夏三日
	生物	蝼蝈鸣,蚯蚓出,王瓜生,苦菜秀
	土地	毋起土功
	用乐	乃命乐师,习合礼乐

月份		物候、生物的生长状态、无机物(水、地等)状态、用乐、人的活动安排、禁忌
孟夏	天子与诸侯的活动	天子亲率三公、九卿、大夫,以迎夏于南郊,还反,行赏,封诸侯,庆赐遂行,无不欣说。是月也,天子始絺,命野虞,出行田原,为天子劳农劝民,毋或失时,天子饮酎,用礼乐
	百姓的活动	继长增高,毋有坏堕,毋起土功,毋发大众,毋伐大树,命司徒巡行县鄙,命农勉作,毋休于都,是月也,驱兽毋害五谷,毋大田猎,农乃登麦
	禁忌	孟夏行秋令,则苦雨数来,五谷不滋,四鄙入保。行冬令,则草木蚤枯,后乃大水,败其城郭。行春令,则蝗虫为灾,暴风来格,秀草不实
仲夏	物候	日在东井,昏亢中,小暑至,日长至,阴阳争
	生物	螳螂生,鵙始鸣,反舌无声,鹿角解,蝉始鸣,半夏生,木堇荣
	水	命有司为民祈祀山川百源,大雩
	用乐	用盛乐,命乐师修鞀鞞鼓,均琴瑟管箫,执干戚戈羽,调竽笙(上竹下也)簧,饬钟磬柷敔
	天子与诸侯的活动	天子居明堂太庙,乘朱路,驾赤马,是月也,天子乃以雏尝黍,羞以含桃,先荐寝庙
	百姓的活动	毋躁,止声色,毋或进,薄滋味,毋致和,节耆欲,定心气
	禁忌	仲夏行冬令,则雹冻伤谷,道路不通,暴兵来至,行春令,则五谷晚熟,百螣时起,其国乃饥,行秋令,则草木零落,果实早成,民殃于疫
季夏	物候	温风始至
	生物	蟋蟀居壁,鹰乃学习,腐草为萤,树木方盛
	土与水	土润溽暑,大雨时行
	用乐	其音宫,律中黄钟之宫
	天子与诸侯的活动	天子居明堂右个,乘朱路,驾赤马,载赤旗,命四监,大合百县之秩刍,以养牺牲
	百姓的活动	命渔师伐蛟,取鼍,登龟,取鼋,命泽人,纳材苇,乃命虞人,入山行木,毋有斩伐不可以兴土功,不可以合诸侯,不可以起兵动众,毋举大事,以摇养气,毋发令而待
	禁忌	季夏行春令,则谷实鲜落,国多风欬。民乃迁徙行秋令,则丘隰水潦,禾稼不熟,乃多女灾,行冬令,则风寒不时,鹰隼蚤鸷,四鄙入保
孟秋	物候	凉风至,白露降。以立秋,先立秋三日
	生物	寒蝉鸣,鹰乃祭鸟,用始行戮
	水	命百官始收敛,完堤防,谨壅塞,以备水潦
	用乐	其音商,律中夷则

续表三

月份		物候、生物的生长状态、无机物(水、地等)状态、用乐、人的活动安排、禁忌
孟秋	天子与诸侯的活动	天子居总章左个,乘戎路,驾白骆,载白旗,天子乃齐,立秋之日,天子亲率三公、九卿、诸侯、大夫,以迎秋于西郊,还反,赏军帅武人于朝,天子乃命将帅,选士厉兵,简练桀俊
	百姓的活动	修宫室,坏墙垣,补城郭
	禁忌	孟秋行冬令,则阴气大胜,介虫败谷,戎兵乃来。行春令,则其国乃旱,阳气复还,五谷无实,行夏令,则国多火灾,寒热不节,民多疟疾
仲秋	物候	盲风至,养衰老,授几杖,日夜分,雷始收声,蛰虫坏户,杀气浸盛,阳气日衰
	生物	鸿雁来,玄鸟归,群鸟养羞
	水	水始涸
	用乐	其音商,律中南吕
	天子与诸侯的活动	天子居总章大庙,乘戎路,驾白骆,载白旗
	百姓的活动	可以筑城郭,建都邑,穿窦窖,修囷仓,趣民收敛,务畜菜,多积聚,乃劝种麦,毋或失时,其有失时,行罪无疑
	禁忌	仲秋行春令,则秋雨不降,草木生荣,国乃有恐。行夏令,则其国乃旱,蛰虫不藏,五谷复生。行冬令,则风灾数起,收雷先行,草木蚤死
季秋	物候	寒气总至,霜始降
	生物	鸿雁来宾,爵入大水为蛤,鞠有黄华,豺乃祭兽戮禽,草木黄落,乃伐薪为炭
	用乐	上丁,命乐正,入学习吹,其音商,律中无射
	天子与诸侯的活动	天子居总章右个,乘戎路,驾白骆,载白旗,天子乃教于畋猎,以习五戎,班马政,命仆及七驺咸驾,载旌旐,授车以级,整设于屏外,司徒搢扑,北面誓之,天子乃厉饰,执弓挟矢以猎,命主祠祭禽于四方
	百姓的活动	乃命冢宰,农事备收,举五谷之要,藏帝借之收于神仓,只敬必饬
	禁忌	季秋行夏令,则其国大水,冬藏殃败,民多鼽嚏。行冬令,则国多盗贼,边境不宁,土地分裂。行春令,则暖风来至,民气解惰,师兴不居
孟冬	物候	水始冰,地始冻,以立冬,先立冬三日,天气上腾,地气下降,天地不通,闭塞而成冬
	生物	雉入大水为蜃,虹藏不见
	水	乃命水虞渔师,收水泉池泽之赋
	用乐	其音羽,律中应钟

月份		物候、生物的生长状态、无机物(水、地等)状态、用乐、人的活动安排、禁忌
孟冬	天子与诸侯的活动	天子居玄堂左个,乘玄路,驾铁骊,载玄旗,天子乃祈来年于天宗,大割祠于公社,及门闾,腊先祖五祀,劳农以休息之,天子乃命将帅讲武,习射御,角力,盛德在水,天子乃齐,立冬之日,天子亲率三公九卿大夫,以迎冬于北郊,还反,赏死事,恤孤寡
	百姓的活动	腊先祖五祀,劳农以休息之
	禁忌	孟冬行春令,则冻闭不密,地气上泄,民多流亡。行夏令,则国多暴风,方冬不寒,蛰虫复出。行秋令,则雪霜不时,小兵时起,土地侵削
仲冬	物候	日在斗,日短至,冰益壮
	生物	鹖旦不鸣,虎始交,芸始生,荔挺出,蚯蚓结,麋角解
	地与水	地始坼,土事毋作,慎毋发盖,毋发室屋,水泉动
	用乐	其音羽,律中黄钟
	天子与诸侯的活动	天子居玄堂大庙,乘玄路,驾铁骊,载玄旗,天子命有司,祈祀四海、大川、名源、渊泽、井泉
	百姓的活动	伐木取竹箭,可以罢官之无事,去器之无用者,涂阙廷门闾,筑囹圄,此以助天地之闭藏也,农有不收藏积聚者
	禁忌	仲冬行夏令,则其国乃旱,氛雾冥冥,雷乃发声。行秋令,则天时雨汁,瓜瓠不成,国有大兵。行春令,则蝗虫为败,水泉咸竭,民多疥疠
季冬	物候	日在婺女,冰方盛
	生物	雁北乡,鹊始巢,雉雊,鸡乳,命渔师始渔
	水	水泽腹坚
	用乐	其音羽,律中大吕,命乐师大合吹而罢
	天子与诸侯的活动	天子居玄堂右个,乘玄路,驾铁骊,载玄旗,天子乃与公卿大夫,共饬国典,论时令,以待来岁之宜
	百姓的活动	命农计耦耕事,修耒耜,具田器
	禁忌	季冬行秋令,则白露蚤降,介虫为妖,四鄙入保。行春令,则胎夭多伤,国多痼疾,命之曰逆。行夏令,则水潦败国,时雪不降,冰冻消释

资料来源:孙希旦,《礼记集解·月令》点校本,中华书局,1989 年;陈业新《儒家生态意识与中国古代环境保护研究》,上海交通大学出版社,2012 年。

我们从表 5-1 中可以看到中国古代生态社会治理模式的几个重要内容:

其一,中国古代生态社会治理非常强调天人合一,即儒家天人合一生态理念在国家治理模式中的具体运用。每个月份,人的活动都需要根据当月的物候情况、生物生长情况、无机物的状态来安排,这样才能"合时""以时"。例如孟春之月,草木和幼小的动物正在生长,这时人要"禁止伐木","毋覆巢,毋杀孩虫、胎、夭、飞鸟,毋麝,毋卵",保证幼小生物的成长,从而可以在季夏之月,"树木方盛",得以砍伐,动物生长成熟,可以命渔师伐蛟、取鼍、登龟、取鼋。"合时""以时"才能使万物顺利生长,生生不息,人才可以合理地向自然索取。

此外,国家大事,如祭祀活动、政治社会活动也要依据当月的季节以及生物复苏等情况来举行。例如,孟春之月,是月也,以立春。先立春三日,大史谒之天子曰:"某日立春,盛德在木。"天子乃齐。立春之日,天子亲率三公、九卿、诸侯、大夫以迎春于东郊。还反,赏公卿诸侯大夫于朝。命相布德和令,行庆施惠,下及兆民。庆赐遂行,毋有不当。乃命大史守典奉法,司天日月星辰之行,宿离不贷,毋失经纪,以初为常。人类的重大活动也是与自然相配合的。孟春月是春天的开始,立春之日非常重要,所以大史在立春前三日就要禀告天子"某日立春,盛德在木",天子斋戒;立春之日,天子亲率百官于东郊迎春,返回后按功赏赐百官,颁布政令施惠于民,敕命大史"守典奉法",了解"日月星辰"运行,不要乖离失度。春夏秋冬四季的更迭是人类感受最真切的自然,是对四季的尊重,也就意味着对自然的尊重。立春之日,天子亲率百官去迎春,这正是表明了人类对自然的最高尊重。这种尊重体现了在生态社会治理实践中的天人合一思想。

其二,中国古代生态社会治理重视天子的示范作用。例如,孟春月,草木萌动,天子"亲载耒耜""躬耕帝籍""命布农事",教导民众"善相丘陵、阪险、原隰土地所宜,五谷所殖。"对于祭祀、习乐舞等活动,也是"天子亲往","亲往视之"。在汉代,天子往往亲自参与启耕礼。这一方面表明国家对生态活动的高度重视,期望通过上行下效的方式引导百姓的行为合乎季节时令。另一方面天子的示范作用也调动了百姓的积极性,使百姓可以积极参与。这样,上下一心,所形成的社会影响力是巨大的。

其三,中国古代生态社会治理强调礼乐的重要性。如果前文礼乐文化仅仅是一种理想的生态社会构想,那么在《礼记·月令》中则可以看到,礼乐文化是与物候、自然万物生长、人的活动相配合的社会实践。例如,在孟春,万物开始生长,此时命乐正入学习舞,乃修祭典,命祀山林川泽。仲春,桃始华,仓庚鸣,鹰化为鸠。上丁,命乐正习舞,释菜。天子乃率三公、九卿、诸侯、大夫亲往视之。仲丁,又命乐正入学习舞。季春,生气方盛,阳气发泄,句者毕出,萌者尽达。是月之末,择吉日大合乐。孟夏,以立夏。乃命乐师,习合礼乐。天子饮酎,用礼乐。仲夏,万物繁荣,乃用盛乐。乃命百县雩祀百辟卿士有益于民者,以祈谷实。可以看到从开始练习乐舞到盛乐、礼乐的使用都与当季季节特征、万物生长情况、人的活动密切配合。这是天道与人道在生态社会中的呈现,人通过自身的行为来展现人道,同时也展现了一种天道。只有人真正做到不折不扣地守礼,才是真正地遵循天道,才能持续生息繁衍,不断创造新的物质文明和精神文明。这就是子大叔所谓:"协于天地之性,是以长久。"协,和也。与天地之性相和谐,才可以长久。

其四,中国古代生态社会治理不能违反规律。在《礼记·月令》中可以看到,每个月份都有禁忌,如果违反了禁忌,会给自然、人类,甚至国家带来严重的消极后果。例如,孟春行夏令,则雨水不时,草木蚤落,国时有恐。行秋令,则其民大疫,猋风暴雨总至,藜莠蓬蒿并兴。行冬令,则水潦为败,雪霜大挚,首种不入。如果在孟春月,行夏令,则雨水不适时,草木凋落,邦国恐慌;行秋令,就会民众生疫病,狂风暴雨聚至,杂草乱生;行冬令,就会积水为患,雪霜大降,谷种不得入土生根发芽。违反自然规律,会破坏自然,也会导致政不通人不和,会危及国家的存续。

当然《礼记·月令》成书于农耕时代,非常适合于以农业为主的农业社会,可以看到天子及庶民都非常重视。它对当今时代生态社会治理在思想理念方面仍然具有启发与借鉴意义。

五、宋明时期儒家关于乡村生态社会的治理实践

儒家具有积极的入世精神,在生态社会治理过程中,儒家也积极参与,将儒学生态思想贯穿于社会治理的过程中。特别是宋明时期,儒学更是走出了"书斋",走向了一个以"实践性""民间化"为特征的全新时期。特别是以张载、王阳明、泰州学派的学者为代表,儒者在乡村进行了大量的生态社会治理实践。我们分别介绍。

(一)张载关于乡村生态社会的治理实践

社会学者曹锦清提出，张载是北宋历史上第一个提出乡村组织重建的思想家。[①]他非常强调重礼仪与实践的特色，具有强烈的社会参与意识，一生关注乡村宗族颇多。张载不仅提出了"民胞物与"的生态哲学理念，也提出了"民胞物与"的乡村建设纲领，并在此基础上对重建宗族、推行井田制进行了初步计划。

1. 张载对乡村社会生态现状的认识

张载认为，北宋社会面临的是"贫困"，"贫富不均，教养无法，虽欲言治，皆苟而已。"[②]而这种"贫困"的背后，有两个层面的原因：

第一，农民生态权利的失衡。唐代中叶以前，土地兼并均不被政府承认，这种"均田制"下乡村农民的稳定生活得到了一定程度的保障。而进入宋代，政府"不抑兼并"，实施"废井田，开阡陌"的社会政策，均田制开始彻底崩溃，逐渐造成"富者有弥望之田，贫者无立锥之地，有力者无田可耕，有田者无力可耕"[③]的农民生态权利失衡境地。关于这一点，张载在《送苏修撰赴阙》中有着较为隐晦的表达："秦弊于今未息肩，高萧从此法相沿。生无定业田疆坏，赤子存亡任自然。"[④]

第二，乡村社会共同体的瓦解。唐中叶以前，乡村社会内部普遍存在着一种相互帮扶、相互救济、共同聚居的共同体——宗族。这种特殊且紧密的共同体在北宋以后同样面临着瓦解，正如张载所说的"无百年之家，骨肉无统，虽至亲，恩亦薄"[⑤]。原本凭借血缘纽带相互依存的宗族群体和宗族意识在"以我视物则我大"[⑥]的自私自利蚕食下几近消亡。

---

① 曹锦清：《历史视角下的新农村建设——重温北宋以来的乡村组织建设》，《探索与争鸣》2006年第10期，第6—9页。

② 张载：《张载集》，中华书局，1978，第12页。

③ 李焘：《续资治通鉴长编》，上海古籍出版社，1986，第45页。

④ 张载：《张载集》，中华书局，1978，第25页。

⑤ 同上书，第45页。

⑥ 陈渊、李涛：《从张载"民胞物与"思想发现"深层生态学"》，《宝鸡文理学院学报》(社会学科版)2017年第6期，第48—53页。

2."民胞物与"的乡治实践

具体到对社会关系的认知与实践精神的表达，奈斯曾以甘地为例进行论述："甘地认为印度种姓制度中，阶级间的流动应该是被鼓励的，而不应该被禁止。不同阶级间尊严、尊重以及物质生活水平应该是平等的，这种平等恰恰是社会中不同群体间共生的说明。"而张载基于"民胞物与"思想，以平等的社会关系为核心进行乡村社会关系重构的设想，与甘地及奈斯的表达同样有着高度的契合性。

第一，他倡导恢复井田，平均土地，这实际上是从经济权利和生态资源权利上维护了每个个体的平等。为了实践这一构想，张载还在家乡买了一块地，试图与学生共同展开重构井田的实验，将田地"画为数井，上不失公家之赋役，退以其私正经界"。在他看来，"治天下不由井地，终无由得平，周道止是均平。"其中"周道"实际上指的就是周朝的社会经济政策。

第二，他提倡农民社会地位也要实现平等，并且士人应该率先肩负起这一责任，即"大人者，有容物，无去物；有爱物，无徇物，天之道然"，在他看来，这种包容纳物、平等待人的理念才是社会公理。

第三，提倡"爱必兼爱，成不独成"的兼爱精神。并且，这种兼爱"无物我之私"，也并非出于经济性或工具性的目的进行追求，这一点可以参考明代余本的理解："爱，保护其性不忍伤也。成，全其性也。性本万物之所同有，但蔽于欲而失之耳。唯大人为能尽其性。"而后来朱熹在《西铭》注解中，则进一步说明张载的"兼爱"由家庭伦理延伸至社会伦理的重要价值："一统而万殊，则虽天下一家，中国一人……而不牿于为我之私，此《西铭》之大指也。"这正证明了这种兼爱精神对缓和当时人心疏离、宗族崩裂状况的重要意义。

第四，提倡变革礼俗、创制乡约宗法，从而以礼导欲、以礼成性。在乡村治理实践中，如何疏导民欲，引导农民合理表达欲望诉求、追求欲望满足，是一个十分重要的问题，而同时，理欲观也是儒家思考的重要维度。"一箪食，一瓢饮，人不堪其忧，回也不改其乐。"孔子的这句论述代表了儒家学者理欲观的主要态度：以学为乐，而不困于物欲。这种理欲观在宋明理学中有了更为细致的发散和思辨。张载认为："古人耕且学则能之，后人耕且学则为奔迫，反动其心。何者？古人安分，至一箪食，一豆羹，易衣而出，只如此其分也；后人则多欲，故难能。"在这里,张载以古人与后人的对比,表达了"寡欲"和"多欲"对人的安分求知所造成的不同影响,其背后表达的实质与孟子所说的"养心莫若寡欲"异曲同工。可以看出,对待物欲,张载持非常轻蔑的态度,认为欲望不过是"气之攻取",这种"气之攻取"到了腹中变成了对美食的口腹之欲,到了鼻子和舌头便成了对香味、滋味的欲望。因此,"穷人欲如专顾影间,区区于一物中尔。"基于对物欲的认知及评价,张载将"礼"作为规范言行、克制欲望的重要手段,提出:"礼即天地之德也,如颜子者,方勉勉于非礼勿言,非礼勿动。勉勉者,勉勉以成性也。"在乡村中实现礼的方式有以下几个步骤:一是通过重建宗族,"立宗子法",这一方式要点在于明确以德为先的财产及地位继承权,并设立共同财产权和集体经济,从而强化宗族作为一个集体的管理权力;二是建立家法,并定期召开族会,建立常态化的管理机制,以此"引领族人道德向上,要求族内'患难相恤,守望相助',通过内部的调解机制来解决族内的纷争";三是将管理机制进一步固化,从而形成乡约。其中,最后一点虽然没有由张载完成,但是他们学生吕大钧最终继承了其遗志,结合其"民胞物与"的思想,创立了我国历史上的第一份乡约——《吕氏乡约》,其"德业相劝、过失相规、礼俗相交、患难相恤"的乡村生态精神,成了后世乡约精神的基础。

(二)王阳明关于乡村生态社会治理的实践

王阳明乡村生态社会治理思想的形成是明朝中叶以来社会政治危机的直接产物。自明朝中叶始,受贵族、官僚、地主大规模的土地兼并影响,农民的田地大幅减少,但税赋却并未降低,从而导致农民生活困苦,"举家惊惶,民心伤痛入骨",而大规模的农民起义也在这一时期不断发生。王阳明在南赣地区镇压了漳南、横水、桶冈等数次农民起义后,深刻认识到"破山中贼易,破心中贼难"的道理:利用军事手段不可能从根本上遏制动乱、起义的发生,只有将道德观念内化至人心,才能实现最长效的社会控制。因此,他将乡里体制和保甲制度与乡约的规化作用进行结合,建立了一个集政治、军事、教育于一体的乡村社区共同体,形成了一套较前人更为完备的农村基层控制体系。

从实践举措上看,王阳明的乡治方案主要包含订立乡约、建设乡政、兴办乡学、安抚乡民等四个方面,欲了解其乡治思想,必须先了解四个方面的建设内容。

1. 订立乡约

订立乡约主要指的是明正德十五年(1520)，王阳明在江西南部地区推行《南赣乡约》，以规范农村地区农民的行为，维持社会的安定，使"同约之民，皆宜孝尔父母，敬尔兄长，教训尔子孙，和顺尔乡里。死丧相助，患难相恤，善相劝勉，恶相告诫，息讼罢争，讲信修睦。务为良善之民，成仁厚之俗。"

2. 建立乡政

在《南赣乡约》中，王阳明具体规定了约长一人、约副二人、约正四人、约史四人、知约四人以及约赞二人构成的乡村管理机构。而为了进一步强化乡政控制、维持乡里秩序，王阳明还设立了"十家牌法"，与乡约组织一同构成更完整的乡政控制体系。"十家牌法"要求，每十家为一牌，牌上需明确记录牌中十户人家的姓名、籍贯、职业，牌中各户轮流值守、审查，将牌中其他各户人家的行为、去向定期向乡官汇报，若因隐瞒而导致事故，则十家同罪。

3. 兴办乡学

基于"破山中贼易，破心中贼难"的政治认识，王阳明意识到乡村社会安定的前提是破除乡民们的"心中贼"，使其走出"物欲遮蔽""私欲窒塞"的困境，而这就需要兴办乡学，通过教育手段从而达到目的。王阳明大力提倡并亲身参与各地社学的兴办，聘请专门的教师进行讲学，"相与讲肄游息，或兴起孝弟，或畅行乡约"。王阳明还经常亲自到各地讲学，先后在贵阳书院、白鹿洞书院讲学，并亲自创办了稽山书院、阳明书院、敷文书院，同时号召其门徒也深入乡村地区办学讲学。

4. 安抚乡民

王阳明非常注重在乡民贫弱之时给予及时的同情、帮扶和安抚，通过恩威并举来归化民心。在《征收秋粮稽迟待罪疏》中，王阳明竭力向中央反映民间疾苦："民之疾已极矣，实无可输之物矣……有耳者不忍闻，有目者不忍睹也。"

此外，王阳明还对民欲加以引导与制约。王阳明与张载一样，注重对民欲进行约束。《南赣乡约》在对丧葬的规定中要求子妇办丧事要量力而行，不需要通过大肆铺张浪费来显示孝心，要力求节俭。同时，他还反对亲友之间交往的奢靡，认为"徒师虚文，为送节等名目，奢靡相尚"。对于贪污之人所造成的不当之风，他批判道："贪污者，乘肥衣轻，扬扬自以为得志，而愚民竞相歆羡，清谨之士,至无以为生。"儒家"约"的思想在王阳明的乡治实践中得以较好地执行。

（三）以梁汝元为代表的泰州儒者关于乡村生态社会治理的实践

泰州学派的代表梁汝元承袭宋明时期儒家学说的精髓,将其运用于乡村生态社会治理实践,做出了许多有开创性的贡献。梁汝元主要通过建立聚和堂来处理复杂的个人之间、家庭之间、宗族之间、乡邻之间的关系。梁汝元创办的乡村宗族组织取"合族始聚以和""有教有养"之义而取名为"聚和堂",其基础职能在于经济（率养）及教育（率教）,而形式则是利用跨宗族的组织和当时盛行的乡约、族规来加强宗族和睦与社会稳定,因而也带有部分政治职能。

1. 政治职能

从组织形式上看,聚和堂设立了"率养与率教"两大组织管理体系,分别管理村内的经济和教育事务。从组织形态上看,聚和堂组织的政治功能一方面在于失去内部关系的正常动作与和谐,另一方面在于推动内外部关系的和谐,即协调、缓和乡村共同体与国家政治权利的矛盾。例如在乡约管理制度的设定上体现积极配合官方的特点,但在乡村组织与地方政府发生矛盾时,聚和堂也会挺身而出。

2. 经济职能

首先,规范税赋制度,实行集体征粮。聚和堂"率养"制度相当于设立了一个架构完善的"征粮理事会",通过层层节制和把控,实现由上及下的垂直管控,实行集体征粮。其次,设立公共财产,实行公共福利。为了创办聚和堂,梁汝元尽散家财,捐出"千金",以此来"创义田、储公廪",作为"冠婚丧祭、鳏寡孤独之用",从而尽到自己作为组织者和领袖的责任。当然,梁汝元还进一步从机制上确保公共财产得以持续维护和补充,例如"计亩收租,会计度日",以此建立公共财物收支账目,接济鳏寡,促进各项工作稳定开展。

3. 教育职能

首先,以公共乡学代替私学,梁汝元主张建立乡村共同体内部的公共教育机构,使乡里各族子弟"总聚于祠"一同接受教育,"以除子弟之私念"。其次,严格集体教育制度。梁汝元建立了一套较为严格的集体教育管理制度。在用餐、生活和学习场所做出统一的限制和规划。即使家庭内发生婚丧嫁娶等重大之事,子弟也不得擅归,更不许纵容子弟盛装打扮或者奢享厚味,确保学生安心学习。

　　梁汝元的这一系列乡治实践源于他的万物一体的"大我"传承。泰州学派另一位代表何心隐认为人类是"天地心",仁义是"人心",而"心"就是"太极"。太极是万物的本源,他把人心或仁跟太极等同起来。梁汝元也继承了心学,以心作为天地万物创生的支点,在个人与世界万物之间建立起普遍的关照和联系,继而将符合这种联系的思想、实践称之为"仁"。由此成为乡村治理模型的理论渊源。梁汝元"天地人心,心同太极"的思想,实际上蕴含着内在的共同体思想与平等思想。从深层生态学的"自我实现原则"出发进行考察,可以发现心学传承的世界观正是鼓励了一种追求普遍联系和普遍同情的"生态自我"观。如纳什所承认的那样,深层生态学的"自我"不同于西方传统的狭隘的"自我",后者使人们更多地以孤立的眼光看待个人与社会,相反,深层生态学的"自我"更多地源于东方文化中的"自我","这种'自我'是与人类共同体及整个生态系统紧密相连的,是一种无须道德规劝而表达的对其他存在的关心。"①

第五节　道家生态社会的思想渊源及其治理模式

一、道家关于生态社会的思想渊源

(一)"道法自然、顺之天理"——尊重自然发展的客观规律

1. 道法自然、无为而尊

　　老子认为,一切事物的发展都有其内在的客观规律,"道"就是整个宇宙最本质、最普遍的规律。万物既都产生于道,又都遵循于道。"人法地,地法天,天法道,道法自然。"(《道德经》第二十五章)人们应该如何在大自然中生存又应当如何对待自然,道家提出了"道法自然"的思想,解释了整个宇宙的特性以及

---

① 贾学军:《深层生态学的理论梳理及评析》,《兰州文理学院学报》(社会科学版)2007年第 3 期,第 5—9 页。

生生不息的演变规律。"自然"是指自己如此、势当如此、本来如此,"法"是指学习、效法、遵循,人们必须按照自然本来的规律去生存,而不是为了自己的生存去过多地改变自然,或是把自己的欲望强加给自然。所以在制定策略时必须从全局的角度出发,不仅要考虑人的因素,还要兼顾地理、环境、文化等因素,即考虑事情的天时、地利、人和。决策实施前要先看清形势,是否符合有利于自我发展的规律,是否符合社会发展的进程。关于如何正确认识自然和对待自然,以及论述天地本属自然的观点时,老子曾经说过:"天地不仁,以万物为刍狗。圣人不仁,以百姓为刍狗""多言数穷,不如守中"(《道德经》第五章)。对待万物要像对待刍狗一样,任凭万物自生自灭,圣人也同样向对待刍狗那样对待百姓,任凭人们自作自息,统治者政令苛烦,只会加速败亡,社会要顺乎自然、保持虚静、进退自如。不过"道常无为而无不为"(《道德经》第三十七章),虽然道家强调要道法自然,但并不是说要让人们无所作为,而是要永远顺应自然不妄为、不胡作非为,一切事物包括自然和社会都是顺应自然发展的,都有其自身发展的规律,如果强行作为,破坏事物的发展,就会适得其反。告诫人们生活在大自然中,为了追求美好的生活不应征服自然、改造自然,而是要顺应自然。圣人希望生活在社会上的人们道法自然,最终走向无为而尊。

老子提出"为者败之,执者失之。是以圣人无为故无败,无执故无失。"(《道德经》第六十四章)庄子也提出"至人无己,神人无功,圣人无名"(《庄子·逍遥游》)。谁用强行治理天下,就一定会失败;谁用强力把持天下,谁就一定会失去天下。圣贤的人不妄为,所以不会失败;不用强行,所以不会失去。修养最高的人能任顺自然、忘掉自己、不求功利、不求成名,因为我们一味地满足自己的欲念,不过是徒增烦恼,会让自己活得更加辛苦。圣人应当"处无为之事,行不言之教"(《道德经》第二章),老子论"无为"之治,是对"有为"之政提出的警告,"有为"就是以自己的主观意志去做违背客观规律的事,或者把天下据为己有,老子的"无为"不是在客观事实面前无能为力,世间无论人或自然都有各自的秉性,其间的差异性和特殊性是客观存在的,不要以人的意志强加于自然,或采取某些强制性措施,理想的统治者往往能够顺应自然、不强制、不苛求,因势利导,遵循客观规律。为了证明"无为之益,天下希及之"(《道德经》第四十三章),老子给出了这样的比喻"天下之至柔,驰骋天下之至坚。无有入无间"(《道德经》第四十三章)。天下最柔弱的东西,能够驾驭天下最刚强的东西,例如水和空气,都是天下最柔弱的东西,可是他们却可以无所不在、无孔不入,水滴石穿,具有最强大的穿透力和消解力,摧毁表面上天下最强大、最坚固的事物。"柔弱无为"是万物具有生命力的表现,人们如果以过度强硬的态度对待自然,反而会使事情越来越糟。"上善若水,水善利万物而不争。"(《道德经》第八章)对待身边的环境,人们应该追求向水那样最崇高的善,滋润万物却不与万物相争。"夫唯不争,故天下莫能与之争!"(《道德经》第二十二章)这也是老子以退为进的处世原则的体现,在《道德经》的第二十二章的开头,老子用了六句古代成语,"曲则全,枉则直,洼则盈,敝则新,少则得,多则惑",讲述了事物有正反两个方面的变化所包含的辩证法思想,从某种意义上说,人们对于自然的拥有反而是失去;牺牲局部,往往可以赢得全局的利益。例如,当今人们大兴围海造田,在我们得到更多土地的同时也失去了更多的海洋;某些人喜欢品山珍海味、揽真皮箱包,若我们牺牲这些人的追求,可能就会避免许多稀有动物濒临灭亡。每个物种都处于生物链的一个环节,我们只有保得住每一个小节,才能保得住这一个大环,以"不争"和"无为"去尊重自然,这样才能换得万物尊重。

2.顺之天理、鸟养养鸟

"故道大天大,地大人亦大。域中有四大,而人居其一焉。"(《道德经》第二十五章)老子清楚地交代了世界系统有四个基本构成部分,而人只是整体系统中的一个子系统,因此人与自然也就不是主宰与被主宰的关系,人只是占据了其中之一。"天下万物生于有,有生于无。"(《道德经》第四十章)世间的万物都是从有形质产生,而有形质是从无形质即"道"中产生的,老子在其宇宙观里进一步强调了道是万物产生的总根源,道家的这种天人合一的生存境界,以及道法自然所强调的自然天性,还有自然无为对自然规律的适应与遵从,有利于改变当代人以自我为中心的人类中心主义倾向,形成顺应、保护大自然,维护生态平衡,人与自然和谐相处的科学发展观和社会观。人存于道,那就要顺应道去实践。

"道生之,德畜之,物形之,势成之。是以万物莫不尊道而贵德。"(《道德经》第五十一章)因此人类对待万物应当"生而不有,为而不恃,长而不宰"(《道德经》第十章）、"衣养万物而不为主"（《道德经》第三十四章），老子反复指出，天道自然无为，人道应该遵循天道，顺应自然，养育万物却不占为己有，造就万物却不自恃己能，生养万物却不自作主宰，万物的自然境界就是最完美的境界。在这种境界中，万物不受任何东西的主宰和干涉，他们回归于道，而真正的道是不干预他们，任其顺应自然规律生长和发展的。庄子进一步补充"无以人灭天，无以故灭命"（《庄子·秋水》），在道家这里，道法自然主要是指自然无为，不要用人为去毁灭天然，不要用有意的作为去毁灭自然的禀性，做到恢复天真的本性。像弹奏高贵美妙的音乐那样，"夫至乐者，先应之以人事，顺之以天理，行之以五德，应之以自然。然后调理四时，太和万物。四时迭起，万物循生"（《庄子·天运》）。最完美最高贵的乐曲，总是要先与人事相应合，还要顺乎天理，按照五德来运行，与天道自然相应，然后方才调理于四季的序列，跟天地万物和谐统一。道家提倡"以鸟养养鸟"，反对"以己养养鸟"（《庄子·至乐》），一种事物有一种事物存在的特性，每种东西都有自己特殊的存在环境，如果想要保持一种事物，就不能脱离它的特性，不改变它的生存环境，更不能用其他事物的特殊性去要求它，否则的话就会事与愿违。"先王之法，不涸泽而渔，不焚林而猎"（《文子·七仁》），顺其自然、顺应天理就是主张做事不违反事物的本性，不违反自然的活动规律。

（二）"万物平等、物无贵贱"——人与自然和谐共生

1. 万物平等

"道生一，一生二，二生三，三生万物，万物负阴而抱阳，冲气以为和"（《道德经》第四十二章）。道是独一无二的，道本身包含阴阳二气，是阴阳二气相交而形成一种适当的状态，万物在这种状态中产生。万物背阴而向阳，并且在阴阳二气的互相激荡下形成新的和谐体。"道"是天地万物之始祖，万物归根结底都是由"道"产生的，"故道大天大，地大人亦大。域中有四大，而人居其一焉"（《道德经》第二十五章）。老子认为，人源于自然并且统一于自然，宇宙有四大，人非独大者，人和万物是平等的，是没有优劣和高低贵贱之分的。有物混成，先天地生，寂兮廖兮，独立而不改，周行而不殆，可以为天下母。吾不知其名，强字之曰道"（《道德经》第二十五章），在天地形成以前就有一个浑然而成的东西，寂静空虚并且不依赖人的恶好而独立存在，循环运行永不衰竭，可以

作为万物的根源，我不知道它的名字，所以勉强把它叫作"道"，道家思想虽然没有明确地指出宇宙万物之源的"道"到底是什么，但是道家的宇宙万物同源于"道"的思想体现出一种万物平等，特别是人与万物之间平等的思想，故庄子曰："天地与我并生，而万物与我为一也"（《庄子·齐物论》）。天地和我们是共生的，万物与我们是一体的，即与万物一样，人本来就是一种物，所以能够齐物。道家天人一源、万物平等的整体生态观念，形成了其物无贵贱的生态思想的基础。

2. 物无贵贱

"昔之得一者。天得一以清。地得一以宁。神得一以灵。谷得一以盈。万物得一以生。侯王得一以为天下正""故贵以贱为本，高以下为基"（《道德经》第三十九章）。这里的"一"即"道"，天得了"道"就清明，地得了"道"就安宁，神得了"道"方显灵性，河谷得了"道"才会充盈，万物得了"道"就会滋生发展，侯王得了"道"才能成为天下的首领。老子始终坚持人与自然的统一，把人看作是自然有机体的一部分，突出把个人置于与自然万物平等的地位的前提下来规范发展。世间之所以有贵，是因为有贱为之衬托；之所以有高，是因为有下与之对应，守贱则贵，筑基则高，反而言之，如果没有"贱"与"基"，那"高"与"贵"也就无从而谈了。"善者，吾善之；不善者，吾亦善之"（《道德经》第四十九章），由此可知，道家是贵生爱物、慈善为怀的。"以道观之，物无贵贱。以物观之，自贵而相贱"（《庄子·秋水》），用自然的常理来看，万物都是平等的没有贵贱的区别，但是从事物本身，世俗观念，事物的差异、功用和认识主题的主观取舍等不同的角度来看，就会认为事物有贵贱之分，认为自己是高贵的，自然是低贱的，才会看到万物有大小之别、有用与无用之异。

庄子认为："道者，万物之所由也"（《庄子·渔父》），既然从宇宙观的角度来看，任何生物包括人在内的进化都是从"道"而来，那么物与物之间是没有贵贱之分的，达成的是万物之间平等的关系，故而我们不能以科技化的美名掠夺自然。科学惯用的词是"支配万物""征服自然"，让大自然像一场生死搏斗中的战败者那样，要么选择屈从，不然就会被消灭。支配自然就需要给大自然建立一种新的秩序，而征服则是彻底废除大自然原有的、已建立的秩序。但通过上面的论述我们发现，人与自然不是支配与被支配、征服与被征服的关系，而是平等的、没有贵贱之分的。人们应当把自己置于大自然之中，以大自然这个大家庭的一员的身份自居，去友爱、善待、慈孝其他的"兄弟姐妹"，以和为贵，以平等兴家之万事。

（三）"见素抱朴、知足知止"——适度的生态消费思想

1. 见素抱朴、少私寡欲

道家对生态消费思想的理想状态是内心质朴、清心寡欲。"含德之厚，比于赤子"（《道德经》第五十五章），道家认为人本来是如同婴儿一样纯真自然的，是少私寡欲的。随着文明的发展，淳朴的天性受到损害，使人们变得争名夺利，欲壑难填，慢慢丧失了无欲无求的自然本性，老子认为私欲的膨胀是导致自然破坏、引起社会动荡的最大祸害，庄子也认为虚静、恬淡、寂寞、无为是万物之本、天地之德。在物欲横流的今天，人类作为"域中四大"的"一大"，不可以为了满足自身的生存和发展的需要就对其他"三大"采取一种毫无节制的掠夺式的利用。为抵制各种外在的诱惑，实现人与自然的和谐共生。针对当时人们追求名利财货、过分放纵欲望的现实状况，老子提出："见素抱朴，少私寡欲，绝学无忧"（《道德经》第十九章），即保持外表真纯、内心质朴、清净淡泊、减少私心和私欲。主张恢复自然常态，提倡过简朴的生活。"保此道者，不欲盈。夫唯不盈，故能蔽不新成"（《道德经》第十五章）。自满、自私是一个人致命的弱点，当人们不再一味地追求满足一己之欲，才能常保活力，生生不息。此外老子还提倡重实质而轻形势的朴实的辩证思想"是以大丈夫处其厚，不居其薄。处其实，不居其华"（《道德经》第三十八章），为人要立身敦厚而不居于浅薄，追求内容的朴实而摒弃形式上的虚华。道家承认人的欲望是客观存在的，也肯定人的合理性欲望。这一点也证明了道家的"寡欲"不是"禁欲"，更不是"纵欲"，而是"纵欲"与"禁欲"之间的一种平衡状态。道家认为我们应该抛弃自己的好恶和贪恋，要收敛、克制自己的私欲，人们要养成一种见素抱朴、少私寡欲的习惯，以崇尚节俭为荣，因此老子提出要"去甚、去奢、去泰"（《道德经》第二十九章），劝解人们要戒除那些极端的、过分的、奢侈的行为。后来，老子又进一步补充："我有三宝持而保之：一曰慈，二曰检，三曰不敢为天下先"（《道德经》第六十七章）。节俭是中华民族的传统美德，这种"去奢从俭"的生态伦理也正是当今反对自然资源浪费的理论依据。

2. 知足不辱、知止不殆

在道家看来，不过分追求、适可而止，是维持循环往复的自然系统所应遵循的另一条法则。"知止""知足"是先秦道家生态智慧利用自然资源的态度。"知足者富"（《道德经》第三十三章）说明能够满足的人才能够富有。道家的生态思想要求人类对自然的利用要适可而止，老子曾说："持而盈之，不如其已；揣而锐之，不可长保；金玉满堂，莫之能守；富贵而骄，自遗其咎。功遂身退，天之道也"（《道德经》第九章）。拥有的东西达到满盈时，不若就此罢手。捶锻的越尖利，就越难以维持长久，天道的规律是在此时"身退"。这里老子所说的"身退"并不是要求人们都归隐山林，而是要人不自我膨胀，因为金玉财富满堂，无人能够保守得住，富贵而骄横就会给自己招致灾祸。老子鼓励人们适欲知足，是因为极度的欲望会给自然带来巨大伤害，如"五色令人目盲，五音令人耳聋，五味令人口爽，驰骋畋猎令人心发狂，难得之货令人行妨"（《道德经》第十二章）。道家十分痛恨贪欲奢侈，纵情声色的生活，认为人们为了满足自己对物质诱惑的无尽欲望，贪图享乐，过分对大自然索取，最终会给大自然带来灾祸。老子希望"圣人为腹不为目"并不是把精神文明建设与物质文明建设对立起来，并不是否定发展文化，而是希望人们能够丰衣足食，形成内在宁静恬淡的生活方式。"甚爱必大费，多藏必厚亡。"（《道德经》第四十四章）圣人认为，过分的贪求名利和物质享受就必定要付出更昂贵的代价，过多的拥有、大量的积敛财富必然会招致更惨重的损失。"祸莫大于不知足，咎莫大于欲得。故知足之足，常足矣。"（《道德经》第四十六章）没有比不知满足更大的灾祸，也没有比贪得无厌更大的罪过，人类太多的物质享受会导致大自然发展失衡，造成"云气不待族而雨，草木不待黄而落，日月之光盖以荒"（《庄子·在宥》）的反常现象，要知道"知止可以不殆"（《道德经》第三十二章），"故知足不辱。知止不殆，可以长久"（《道德经》第四十四章），所以说要知足常乐，知道适可而止就可以避免危险。只有懂得满足，才不会受到屈辱，才不会后悔，只有知道适可而止，才不会身处险境，才能得到真正永远的满足。明白生命真实状况的人，不会去追求生命所不需要的东西，而明白命运真实状态的人，不会去追求命运所达不到的领域，即所谓"达生之情者，不务生之所以无为；达命之情者，不务命之所无奈何"（《庄子·达生》），谙熟自然的运转规律，就不会去做知其不可而为之的错事，达到所谓的"朴素而天下莫能与之争美"(《庄子·天道》)的境地。"吾生也有涯,而知也无涯。以有涯随无涯,殆矣。已而为知者,殆而已矣!"《庄子·养生主》)我们的生命是有限的,而人的欲望是无限的,以有限的生命去追逐无限的欲望,必然会有危险,如果不加制止继续追逐欲念,只会把自己也推上绝路。人类利用世间万物,尤其是自然资源去提高或改善自己的生活,本是可以的,但是物极必反,自然界的运动发展客观规律必须遵循,只有"适度""知止""知足",才不会出现因为某种物种濒临灭绝而后悔的现象,也就不会导致因为过度砍伐森林而引发的泥石流、发洪水等危险,为了生存"量腹为食,度形而衣"(《淮南子·俶真训》)、"食足以接气,衣足以盖形"(《淮南子·精神训》)就好。

二、道家关于生态社会的治理模式

(一)推选能"后其身""外其身"的执政者

老子的思想均由自然而推及人事:"天长地久。天地所以能长且久者,以其不自生,故能长生。是以圣人后其身而身先,外其身而身存。"(《道德经》第七章)圣人把自己摆在众人的后面反而赢得了众人的拥护,被推为领导,清静无为不求益生,反而能长久,老子用质朴的辩证法观点,说明通过"退其身"和"外其身"去利他与"身先""身存"的利己是统一的,利他往往能转化为"利己",不过这个"利己"不是有利于只有私利的"小我",而是有利于融合于天地万物的"大我"。老子希望执政者能够效法天道,谦恭、无私、鞠躬尽瘁、死而后已。在推进生态文明建设、解决生态环境问题的过程中,选择会科学决策的执政者是建设生态社会的关键。道家所倡导的执政者具有天人合一的重要特点,这样才可以做到"后其身"与"外其身"。

(二)"无为而治""尊道贵德"的治理方针

道家"无为而治"并不是说为了保护我们生态环境,我们就一刀切地抵制所有社会进步措施,不思进取,过着一种小国寡民的封闭式生活。实际上先秦道家是不反对社会进步的,也就是说先秦道家也赞成良性增长,人类文明必须发展、必须前进。然而,先秦道家强调的"无为而治"即在尊重自然界客观规律的前提下发展社会,在发展社会的同时注重人类生存环境的保护。先秦道家这里的"无为"并不是说人们在大自然面前无能为力,更不是要求人们无所作为。

相反的,老子说:"万物并作,吾以观复。"恰恰就是在万物蓬勃生长的时候,我们要观察它们循环往复的生活规律。"道之尊,德之贵,夫莫之命而常自然。"(《道德经》第五十一章)万物之所以都是以道为尊、以德为贵,是因为"道"对于万物的生长是不加干涉的、顺其自然的哲理,然后,就可以在"道"的指引下"有为"了,即可以按照"道"的规律办事了。依照自然的客观规律,对万物"长之育之,亭之毒之,养之覆之。"达到"处无为之事,行不言之教。万物作焉而不辞。生而不有,为而不恃,功成而弗居。"(《道德经》第二章)的最高境界。养育万物却不占为己有,造就万物却不自恃己能,生养万物却不自做主宰,先秦道家生态思想认为贤明的执政者最显著的品格,就是能够对自然万物和人类社会基本规律的掌握与运用。将自己的行为与天地万物的变化规律融为一体。能够明白这个永恒的客观法则,对事物就会淳厚宽容;对事物淳厚宽容,方能坦然大公;坦然大公,方能全面周到;能全面周到,方能符合自然法则;能符合自然法则,才能避免重蹈资本主义国家的覆辙。

第六章　生态社会的实现路径

第一节　网格化社会治理及现代化生态模式建构

生态社会对于人的生产和行为具有明确的生态指向。生态社会是以生态的可持续发展为依托,对群体的社会生活方式和生产方式进行生态性的引导。由于行为的机制和行为的动机与传统的社会形态有本质的不同,生态社会所依赖的社会形态无法从旧的社会形式中产生,必须在一个与生态理念紧密结合的社会形态下才能得到真正的发展。能够实现这个作用的是与生态学相结合的社会主义。在这样的社会形态下,一方面,是生态理念对社会行为和社会生产的引导,即将社会的发展和行为的目标引导至人与自然和谐相处的生态关系的构建上;另一方面,就是通过社会主义的制度形式对公平参与、自由发展和生态友好的社会秩序进行维护,通过社会环境的建设来推动形成现代性的新型生态社会。生态社会的建设需要现代化的社会生态理念发挥社会治理的作用,在现代化的发展和生态模式下实现生态发展与社会发展的共同进步。

网格化的社会治理是现代社会管理的重要模式,是基于精细管理的管理科学。在人类社会的社会化活动中,由于社会风险的存在,社会制度需要在一定程度上实现对不确定性因素的预估、判定和预防,以实现对社会个体的了解和管理,对社会群体的整体性的认识和管理。网格化的社会治理是基于横向的管理权力的分配和社会组织体系的细化,因此是一种将管理赋予社会群体本身来运行的管理方式。现代社会的生态运行是在社会制度的引导下以生态理念推广的形式聚集众多的社会个体在发挥作用,个体的认知程度和管理的效果是衡量生态发展进程的重要内容,网格化的社会管理以服务链的形式将社会个体进行网格化的连接,在人类命运共同体理念的支持下主动参与到社会生态建设和生态维护的过程当中。网格化的社会组织能够以一种新的形式集合社会个体的生态意识,并在群体的参与与横向传播下强化生态观念的影响,将社会管理与生态建设统一在一起,实现社会生态行为的全员性参与。

现代化的生态模式是在特定的历史条件下社会生产与生态环境保护相结合的情况下产生的。全球性的生态问题对人类社会的可持续发展提出了严峻的考验,人与自然和谐相处的议题需要在现代化的发展过程中得到有效的推进。现代化的生态模式一方面与科学技术的结合,通过降低物质资源的消耗、生产过程的改进和生产效率的提高的方式转变人类社会生产生活的方式,在技术的作用下走生态友好型的发展道路,推动生产活动重新融入自然的交换和循环的过程当中,通过技术的提升作用实现一个新的物质交换和生态平衡。另一方面与现代化的发展理念相结合,在生产和发展的过程中融入生态价值的理念。生态环境问题的解决不仅仅需要生态性的治理和对环境的保护,还需要将生态观念融入社会生产和社会发展的过程当中,为社会群体的行为进行生态赋权,通过生态生产和消费行为将人类社会的活动纳入生态环境建设的过程当中,在现代化的发展理念当中维护生态社会发展的可持续性。生态化的发展是现代化社会治理的重要组成部分,现代化的社会治理有助于推动人类社会形成一个全方位的发展环境,现代化的社会发展与生态化的社会建设相结合是人与自然和谐相处的关键。

一、网格化监管与生态和谐

社会生态化的建设既是社会进一步发展的需要,也是生态社会建设的要求。人与自然之间的关系在资本主义社会高速发展阶段被社会生产是对利益的追求取代,因此所带来的环境问题在生产的高度发展中逐渐成为影响人类生存发展的重要问题。社会发展的现代化不仅仅是指的生产力与科学技术结合的生产关系的现代化调整,更是指人与自然相处的关系上的升级。"马克思、恩格斯认为,人与自然的相互作用表现为人与自然之间的连续性的、永恒的物质交换。"[1]人类群体的社会活动是自然活动的重要组成部分,与多样的生物

---

[1] 陈金清:《生态文明理论与实践研究》,人民出版社,2016。

活动共同推动着自然界的运行和物质的循环。人类社会的可持续发展既是人类文明的进步,也是推动自然环境实现良性循环形成长久发展的重要力量。

面对环境危机的恐慌,资本主义国家在现代化的社会运行下,努力实现着自我调节。在 20 世纪 80 年代,欧洲资本主义国家就提出了生态现代化的理论,将经济的发展与环境的保护相结合,使生态建设融入资本主义国家的生产发展当中,通过科学技术的连接作用将生态社会的建设与经济手段、社会治理相结合,以发展环境产业和环境科学的形式将资本主义社会制度与生产力所形成的生态问题转移到生产发展关系的问题上。社会生产对环境的调节在一定程度上实现了社会性的生态治理,生态性产业的发展转变了传统产业的发展模式,生产发展对生态环境的影响和对生态价值的评估成为生产准入和判断发展效果的重要标准,在一定程度上对改善生态环境起到了很大的推动作用。但是由于资本主义国家自由主义理念对私有制的认可和保护在本质上承认了对私有的利益、价值的追求,生态产业的发展只是在制度的作用下缓解制度矛盾的一种方式,其根本的目的并不是基于生态社会的建设,当社会群体之间利益发生冲突或现代化的发展基础出现问题的时候,生态性的发展过程就被打破,因此,资本主义制度下的生态化建设并不具备长期性和持续性。全球化的经济发展致使局部的生态问题在经济发展的过程中在全球范围内扩展,生态问题也成了全球性的问题。为了掩盖在全球经济发展中所造成的环境问题,资本主义国家首先在全球范围内开展以生态环境保护为目的的国际合作与交流,将环境恢复和生态维护的责任转嫁到全球性生态保护的合作上。资本主义国家内部在权力和利益上存在冲突和矛盾,国际上的生态交流与合作只是在共同利益的基础之上,并不是针对生态环境建设的本身,一旦出现利益冲突的问题,合作的基础就不复存在,生态环境保护的可靠性和有效性就得不到保障。

生态社会的建设致力于推动形成人与自然和谐相处,推动人类社会的可持续发展,是关系到全人类命运的大事。生态社会的现代化建设要融入社会发展的整体过程当中,以生态质量和生态环境的状况为基础加强社会治理和社会管理,实现社会制度与社会生活的结合。生态社会的现代化建设一方面是以人类生存发展为基础,推动形成可持续的发展机制;另一方面是实现人的发展与环境建设相结合,推动形成共生与和谐的整体环境。

(一)社会与生态的共生

社会的发展是人类文明进步的根本，人类的群体化活动推动着社会逐渐以不同的形态和方式引导着人类社会的活动和行为方式，实现人类社会与自然环境的物质交换和生产力的提高。在传统的社会发展中,生产力的提高和人类社会对物质条件的满足是推动社会发展的根本，但正是这种认识论上的偏差,导致了人类社会的发展一直无序地对自然环境进行开拓和侵略。社会与生态的共生对社会发展的程度和方向都提出了更高的要求,是社会发展的一个新阶段,是社会发展与生态保护的和谐共生,是生态建设与经济建设的协调进行,是人类社会与自然环境的共生共建。

首先，社会与生态的共生是在社会功能的实现上将生态理念与社会个体的实现相结合,实现在发展上的共生与和谐。生态建设和生态环境的保护关系到人类命运的发展,是社会现代化发展中必须面对和适应的一个问题。这是人类在长期的单向性的发展下所产生的环境后果转换到社会发展中对社会的进一步发展所提出的要求。以经济为指向的人类中心论过度强调了人的重要性,忽视了发展的平衡性与协调性,导致生态失衡的结果。生态社会与人类的共生需要将生态发展的理念与社会发展实现过程性的结合,形成网格化的系统,在社会系统中形成建立以生态为中心的关系，在社会行为的发生和社会个体之间的关系构建中强化生态观念的价值性引导，推动社会动机和社会行为的环境指向,将社会行为的资源属性和生态属性进行网格化价值归因。在社会行为的过程中，强化在行为联系和环节作用中对生态理念的融入和对生态行为的践行,调节社会个体发展与生态保护之间的矛盾。在同一发展空间内,将社会个体的发展与生态环境的空间建设协调在一个共同的价值属性上,将生态性的概念进行延伸,赋予个体生态行为的个体价值。生态社会与人类的共生需要在社会行为层面建立基于生态目标的社会系统，在社会发展运动的过程中形成动态的社会治理机制,以群体之间的相互作用和相互传播形成生态行为的统一认识和行为引导机制,在群体的监督和自我管理中规范社会成员的行为和观念。社会系统性的管理对于个体行为在人际交往上的延伸实现了对整体社会的辐射和影响,并在社会群体的交流和往来中稳固着这种关系。生态社会与人类的共生关系的建设要注重将社会符号应用到观念的传播和生态意义的建构当中,人类社会创造并生产了符号,并通过符号的形式跨越着时间与空间的限制,建立以符号为介质的交往和关系网格。符号是一系列意义的集合,在信息传递和关系连接中还发挥着观念传递的作用,社会个体通过编码的形式为符号赋予意义,并以解码的行为将信息的意义和价值进行解读,符号传承的不仅是对现实客观的反映,更是基于人的意识对现实的认识和理解。生态理念的传播和生态行为的倡导需要在整个社会层面形成一种行为驱动,推动社会生态行为在社会空间中发挥作用和对生态价值的认同。生态网格化符号体系的建设和传播是生态观念建构和生态空间建构的重要方式,生态性的符号行为能够影响社会个体的价值判断和认知结构,在符号形式的呈现中以网格化的方式推动个体在符号交换中形成对生态环境建设的认识和生态价值观念。

其次,社会与生态的共生是在社会制度的建构上协调社会发展与生态发展,实现同步化。在社会发展中,发展的地位是高于制度的约束的,因此社会形态的变更一直在不断打破旧有的规则和制度对生产力和生产关系的束缚,在制度的变更中逐渐探索适应社会生产发展的制度形式。正是人类社会对发展的追求和对社会管理的无限制让步,使得人类的生产发展超过了自然的承载力,逐渐显示出了由于社会协调能力缺失所带来的生态问题。生态社会的构建要充分发挥社会管理在生态化建设中的作用,在社会的管理和制度建设中融入生态的理念,强化社会的生态属性,推动社会发展与生态建设的同步进行。社会制度体系的建设对于维护社会的稳定和发展具有重要的作用,社会制度维护着社会的基本运行,并在社会群体的规范中建立了社会行为的要求、准则和标准,推动着群体按照共同的行为规范进行着社会活动。生态行为从某种意义上来说,是对人类发展行为的"度"的界定,在一定的范围内社会对自然环境的改造能够与自然的恢复和循环结合在一起,能够发挥推动自然环境动态运行的作用。生产技术水平的提高赋予了人类较强的社会改造能力,对自然资源的大量获取给自然环境造成了很大的负担,随之而来的就是环境超载将生态恶化的后果转移至人类社会。制度是推动社会发展的重要力量,也是引导社会行为的重要方式,将社会的制度性规约融入生态理念,以制度性形式对行为的生态性进行规范,在制度的惩处、奖励和规范中推动社会行为的生态化。生态社会的构建需要在社会发展的基础上形成生态发展的制度支持,社会制度在本质上是一种人为的协调机制,出于对社会群体的引导而进行的行为限定。生态社会的稳定除了个体的社会行为对生态的维护,还需要借助生态产业在发展的过程中形成的生态环境的常规性的维护,以共生和发展的理念推动生态与社会发展同步进行。

(二)生态与发展的网格化监管

经济价值对社会发展的引导在人类社会发展的很长一段时期发挥着很大的作用,当今世界经济全球化的发展趋势也加剧了国家发展对经济的指向。生态社会的建设不是一蹴而就的,需要在社会发展的过程中逐渐形成和实现对社会发展的生态性的转化。生态社会的建设一方面是在社会个体的主动行为下对生态行为的践行和实践,这个过程是生态观念发挥作用的情况下的主动行为,是社会引导后的正面反应;另一方面是社会对于生态失范行为的监管和防控,在社会群体的作用下,通过社会的赋权将群体的作用施加到失范个体上,形成对个体的监管和惩罚,在社会群体对个体的作用下实现对个体失范行为的处罚,进而形成生态社会建设的共识,推动建设生态文明。在现代化的社会发展中,首先,由于社会空间延伸出多个层次,社会行为也具有多种维度,对于社会生态的监管和个体生态行为的掌握并不能从社会整体的把控上实现;其次,在监管的过程中,由于社会网络的多样性和复杂性,生态监管行为存在着监管主体多重,信息网络不通畅的问题,在实现监管对生态发展的作用时明显出现了管控力度不够的情况。因此,基于生态监管的复杂群体和社会行为的多样性,生态行为的监管要与社会发展相结合,利用现代化的社会管理手段,发挥社会群体在监管过程中的重要作用,实现现代化的社会治理和生态化引导。

网格化的社会治理最早起源于19世纪后半叶的芝加哥学派,后逐渐发展成为一种公民自治的典型形态,网格化的实施将社会管理的权力赋予了社会个体,社会成员在社会生产和社会交往中进行社会的自我管理和自我监督。进入21世纪后,随着中国的现代化发展,网格化的管理模式进入中国的现代化社会治理体系当中,通过与网络化和大数据的结合,将传统的定性、分散的管理转化成为精确的定量、系统的治理,实现了社会管理的动态化和现代化。社会的治理和社会分工的协调是规范社会发展方式、推动社会发展进程的重要方式,在生态化社会发展中,要利用网格化的社会管理,将生态网格与社会治理的网格相结合,在推动社会发展中实现社会发展的生态化进程。

生态化管理对于社会发展的网格化融合。生态化的建设是当前社会发展的重要内容,实现社会发展的生态化引导,要将生态化的管理、防控、监督权力融入社会发展的政策、制度、管理的过程当中,在网格化的融合和渗透中实现对生态化发展理念的认知、了解和实施。社会治理的网格化主要是依靠社会群体的力量来发挥作用,根据社会管理的要求,对于群体进行分类别的划分,形成不同类型的网格单元,在每个单元中设立网格管理人,与社会整体的管理链条相结合,实施对社会单位的具体管理。社会生态的建设和管理要与社会管理实现过程性的融合,在社会治理的过程中实现对社会生产标准、资源占有和环境保护方面的监管。首先,在社会的过程性治理中,发挥社会参与个体对生态发展的引导和监管,在网格化的连接下,采取对不同的分类实施与具体情况相结合的管理办法,在社会治理的过程中对生态的管理和生态发展的要求进行传递,实现以网格单元为基础的社会生态管理单位,并且随着动态的生产和社会发展,实现将网格化的管理框架与社会发展状况相结合,实现网格化治理实现路径的与时俱进。其次,在社会的发展性治理中,通过网格化的管理连接将社会管理的网格化个体进行联系,发挥网格单元之间的沟通、互联和协调的作用,实现不同类型的网格单元之间在环境保护、资源协调和生态监督上的联系,通过网格管理的方式协调社会网络之间的合作与交流,在针对生态的建设中实现专业性的结合和网格作用效果的延伸。另外,在网格化管理中,赋予网格监管的权力,实现对生态失范的惩处和规范,实现网格化监管对于生态保护作用的发挥,依靠着网格化权力给予监管个体对失范者的约束和惩罚。在网格化监管中,网格权力一方面来自国家机器、社会制度、惩处规约对于管理权力的赋权,在社会生态管理的过程中,针对社会行为进行强制性的管理和约束;另一方面来自社会群体本身在群体之间产生的价值引导与行为约束,群体在社会行为的作用下融合国家机器对社会意识的引导,形成了社会观念的共同体,群体在社会交往和社会行为中不断巩固社会观念的成果,并在群体生态行为的一致性中产生对非生态行为的排斥和限制，由此推动社会成员在共同的社会追求下形成生态化的行为规范。

生态化管理对社会生态发展的引导。国家的生态化战略和社会的生态化建设是当前从社会治理层面进行的生态构建的重要内容，强化生态化管理对于社会生态建设和发展的引导是实现社会环境生态化、产业发展生态化、社会行为生态化的重要方式。生态化管理要将生态建构的思维与社会生态的发展理念进行结合，在社会治理中将生态主体与社会可持续发展的思想结合在一起，推动构建生态化的社会服务管理单元。生态化社会服务体系的构建需要在生态理念下实现社会网格化管理的社会功能，网格化的社会管理在管理的方式下将社会功能进行了划分，网格化的单元在承担着社会管理、社会监督功能的同时也承担起了网格化的社会服务功能。在网格化的划分中，网格单元在社会系统的维护下实现了个体分工的精细化和专门化，并在网格的社会规约和引导下不断提高单元格的社会功能和服务水平，成为能够发挥社会作用的单元。生态化的管理将人类社会的可持续生存发展的理念与社会单元的功能性提高相结合，作用于网格单元的生态功能，增强社会服务的生态性。生态化的管理在结合国家权力的作用下构建了以生态环境保护为基础的生态产业，在网格化的不同领域，生态产业与社会发展相结合。在网格化的框架下，生态产业的建设和发展实现了对社会不同领域的生产和发展；在产业单元的带动下，社会群体从对物质资源的追求主动参与到生态经济建设的过程当中，承担着改善生态环境的职责。

(三)全球性生态治理与生态合作

当前，全球性的生态治理和生态合作，在很大的范围里推动了人类社会对生态环境问题和可持续发展的重要性的认识，针对全人类面对的共同问题，国家之间的合作、国际组织之间的交流逐步地构建着生态现代化的路径。全球化的生态建设一方面是全球发展的生态现代化，另一方面是全球生态治理的现代化。人类社会活动对于自然而言是整体性的活动，因此，生态社会的构建和人与自然和谐相处的环境建设需要全人类的共同参与，推动构建人类命运共同体。

"'生态主义'强调人类应当把道德关怀的重点和伦理价值的范畴从生命

的个体扩展到自然界的整个生态系统,认为一切存在的物(包括人在内)对生态系统来说都是重要的、有价值的,从整个的生态系统的稳定和发展来看,一切存在物都有其目的性,他们在生态系统中具有平等地位。自然界中的某一事物或行为的正确善意与否,只能以它对整个生态系统的贡献为标准,生命共同体成员(包括人)的价值都要在生态整体的关系上进行评价,个体的价值是相对的,只有整个生态共同体的价值才具有最高意义。"①生态环境问题的产生是在长期的自然演变中逐渐形成的,是在人类的社会实践活动和自然生态的长期演变中形成的资源单向流动和自然生存空间的变化。生态环境的问题一方面是人类的生存活动和社会活动对自然过度掠取的结果,另一方面是在长期的自然演变中出现的自然性的后果。全球性的生态治理和生态合作在针对人类生产行为的改造和生态环境保护的同时,还有自然性环境的生态恢复和生态建设。

全球性的生态治理是基于人类的社会运行和社会活动所带来的生态失衡的状况的改善和恢复。全球性的经济贸易与国际交流合作使得世界成为一个整体,生态环境治理的问题也成为世界各国需要共同参与和共同治理的全球性的问题。自然循环是环境的整体性循环,生态环境的改善和维护需要生态环境系统整体性的维护和发展,生态环境的状况是由自然生态的整体结构决定的,其发展的基础也是人类发展的基础。全球性的生态合作一方面是通过国家的形式在政治上形成对生态环境保护的统一认识,通过国家之间的生态合作形成在生态产业建设、生态环境保护、生态问题恢复上的行动,利用全球的力量推动国家之间生态行为的平衡发展,推动全球性生态社会系统的建设;另一方面是国际组织以生态环境保护为主的国际行动,针对在生态环境出现严重问题的几个领域,国际上形成了跨越国家限制的针对共同的生态环境问题的国际组织和国际合作,传播生态社会价值、践行生态保护行为、推动群体性的生态环境保护和生态活动的推广;再一方面就是在国际生态产业的建设和交流中,以价值性的指向推动建设以生态环境保护和生态可持续发展为目的的环境产业和生态项目,将人类社会发展中所产生的环境问题和生态问题进行

---

① 李宏煊:《生态社会学概论》,冶金工业出版社,2009。

产业化的调整,通过全球化的合力形成全球范围内的生态转换和生态行动。

全球性生态合作是基于人类共同的生存空间的维护和打造。自然环境对生存的适应性不仅受人类的社会性活动的影响,还有基于自然环境本身的问题。在自然的演化和发展当中,人类社会的活动是存在于自然环境之内的内部性影响因素,由此而产生的生态失衡可以通过人类行为方式的转变来调整,引导人类的行为与自然的发展结合在一起,但是自然环境的变化还受到来自非自然力量的影响,这种影响一旦出现即可对自然环境产生致命性的影响和灾难性的后果。自然环境是跨越了不同的国家和民族的人类的生存家园,与人类的命运是休戚相关的,因此,要建立全球性的生态合作,以全球的力量来应对威胁人类生存发展的生态问题、环境问题。

生态化的建设是社会可持续发展的基础,也是构建人类命运共同体的关键。人类中心主义的论断将社会发展的成果过度地转移到了人类社会,自然环境的自主运作反而被"边缘化"了。人类的社会活动本就是自然循环中的一个部分,适度的社会生产和发展是属于自然发展规律内部的运动。生态补偿性行为则是在生态危机面前的自救行为,是迫于人类可持续发展的压力和生存环境维护的需要而进行的具有人类意识性的活动。人类社会的发展要遵循自然的规律,在社会化的发展与自然化的规律之间形成一个动态平衡的关系,对于人类社会与生态自然的关系进行一个网格化的管理和连接,实现人与自然的和谐、社会发展与生态发展的共生。

二、共建共治共享的网格化路径与参与机制

现代化社会的发展和治理是社会治理能力和治理体系的升级,现代化的社会治理更加强调社会个体对社会运行和管理的重要作用,发挥社会个体在社会运行和社会参与中对社会的管理和运行的作用。生态社会的建设是融入现代化的社会发展过程当中的,推动着社会运行中社会行为的生态性和社会发展的可持续性。生态社会的建设是现代化社会发展的要求,现代化的社会是生态建设的基础。

"共建共治共享"既是社会现代化建设的路径,也是社会成员参与社会治理实现社会权力的有效途径。生态社会的建设和发展需要的不仅是基于生态

问题的解决和生态环境的保护,更是在良好生态环境创建的基础上实现人类社会的可持续发展。当前的生态环境问题是人类社会发展的结果,也是人类物质文明不断提高对自然环境产生的后果,因此生态问题的解决需要人类社会的整体性参与。现代化社会系统的完善、现代化社会治理的生态化导向是现代社会治理完善的重要内容。在传统的社会形式中,社会权力一般是由国家权力机制和暴力机制在把持,社会个体只能在社会权力的严格把控下从事与社会意识相符合的社会行为和社会活动,个体无权参与社会的运行和管理。现代化的社会管理理念推崇社会个体对社会管理和社会治理的参与,推动形成群体共同参与的多层次的网格化社会管理体系,社会治理对社会权力的下沉实现了社会个体对社会治理的参与和社会个体的意识对社会发展的影响。生态环境的状况是关系到生存在这个空间中的每一个个体,群体性的网格化参与有助于提高社会个体对生态环境状况的认识,在个体的参与、交流与合作中传播生态理念、形成生态思维。社会发展的成果是在社会整体参与下获得的,为社会成员所共同拥有,社会生产力的提高不断提升和创造着人类生存发展的物质资源,推进着人类文明的发展,社会生态的维护和生态环境的建设为人类社会的进一步发展创造着安全稳定的空间环境,维护着人类社会的可持续发展。

(一)科学技术与生态发展的生态网格

科学技术是人类社会对自然环境作用的结果,在人类改造自然的活动中,为提高人类社会对自然环境物质资源的开发效率,在社会群体的合谋下不断优化社会改造的方法和途径。科学技术是人类社会化发展的结果,也是生产关系不断调整的动力,正是由于科学技术的不断进步和发展,社会形态才会随着生产力的变化实现不断更替和演变。由于科学技术是掌握社会生产力的重要因素,一经出现就会与社会权力机制进行合谋,在社会权力的作用下成为社会意识在社会群体中发挥作用的工具,影响着社会个体对生产发展的认识和对物质观念的理解。因此,社会生态发展要与科学技术在社会发展的过程中形成关系网格,实现意识的融合、理念的融合和价值观的融合,通过科学技术的网格化渗透,实现社会生态的建设和生态观念对社会行为的引导。

发展与治理相结合,强化科学技术的应用与价值。由于科学技术具有生产力属性,能够最大限度地调动社会群体的力量,引导社会群体的社会行为和行为方式,将科学技术与社会的生态化理念相结合,在社会生产技术的提高、生产关系的调节中推行生态观念和生态思维,带动全社会形成生态化的生产方式与发展观念。科学技术的发展是社会发展的基本力量,影响着社会的发展程度和发展方式,是推动人类社会形态不断转变的重要因素,但是其作用的发挥依靠社会群体对其运作的结果,是技术的思维作用于社会生产后的反应。基于技术与人的关系,社会的发展成为在技术的影响下的人的行为和对自然环境做出的改变。从这个角度上来说,生态社会的建设是对人与技术关系的改善和协调,生态发展的观念转换了生产的结构和发展的类型,技术在社会发展质量的要求下承担着可持续性发展的责任,生态性成为技术发展和生产力提高的导向性因素。另外,科学技术的发展是在社会需要的情况下产生并不断调整的,现代社会对于生态发展的需求也推动了社会群体对生态发展和可持续性发展的技术性的需求,科学技术在满足人的社会发展需要的同时实现自身内部的调整,在社会群体的生态意识下,推动社会生产技术和资源开发的可持续性,并在与社会生产的结合下推动生态友好型社会的发展和稳固。

　　构建生态文化,推动绿色发展。生态文化是在人与自然和谐相处的生态理念下,社会成员在构建生态友好、资源节约的社会实践中逐渐形成的寓于社会群体的思想认识上的价值取向和基本观念。生态文化是推动构建生态社会的思想基础,是推动社会群体生态行为和环境保护的根本指导。在生态社会的建构中,社会群体出于对生态实践的总结和对生态社会建设的积累,逐步在社会个体的行为实践上构建出集体的价值观念和行为引导,构建生态文化,形成生态意识,推动建设生态文明,形成绿色发展、可持续发展。一方面,生态文化通过文化的社会认同发挥作用,人类社会对生态文化的认识是来自人类社会的生态实践和人类活动产生的生态危机,在发展的可持续性和对生存空间保护的过程中形成的对社会群体和个体在行为上的约束。生态文化依靠在群体间的传播对社会成员的影响,而其作用的实现则在于人们对生态观念的践行和推广,生态文化能够在一定的空间内聚集社会群体的生态行为,并在社会意识领域衍生、传承生态行为和价值观念。另一方面,生态文化通过社会行为的"习惯性"的发生和延续,引导着社会群体行为的生态性,社会空间中的个体行为一部分是出于个体的生存性、价值性的需要主动发生的,还有一部分是在群体行为的推动下,为适应社会的发展而发生的,这部分的行为具有明显的群体属性,行为的方式受到社会内部传承的影响。在很长的一个历史时期,人们之间的这种行为就是在社会变化的过程中不断延续的。生态文化是社会群体在生态危机和环境破坏的情况下经过一系列生态行为的探索,传承下来的有效的生态习惯和生态行为的经验总结。当前现代化的社会发展强调对生态性的重视,绿色发展是在科学技术的带动下形成的生态型发展的探索和实践,其发展模式成为社会经济结构调整、转变发展理念、推动可持续发展的重要举措。绿色发展讲求效率、和谐、持续的社会发展方式和经济增长方式,是社会群体对资源节约型、环境友好型的社会建构在经济发展上的探索和实践,通过产业化的作用实现对既有生态问题的把控,通过经济性的引导优化社会群体的生态理念和生态行为。生态文化是在意识上对社会行为的引导,绿色发展是在生态文化的作用下对社会的生产方式进行的改革,生态文化作用的发挥有赖于绿色产业对生态观念的践行。

（二）共建智慧城市,强化网格可视化

所谓的智慧城市是与科技紧密结合的社会城市化运行,智慧城市利用科学技术和通信的方法将现实性的社会行为和行为结果转换成为以数据、符号为指代的抽象的编码,脱离现实空间的社会数据能够在数据的组合和排列中清晰显示出城市发展的状况、生态建设的情况和城市发展的趋势,在互联网空间的作用下将城市空间的管理进行网格化、可视化的呈现。智慧城市的建设承担了社会功能、社会服务和社会运行的责任,并在数据的呈现和对社会发展的即时反馈中调整着城市行为,解决城市问题。生态化的建设是城市可持续发展的重要部分,在智慧城市的作用下,城市的生态状况、生态产业的发展趋势、社会成员的生态意识都能够在与信息技术结合的形式下清晰、动态地展现出来,因此强化智慧城市的网格生态化建设,推动生态可视化对推进城市生态文明建设具有重要作用。

以信息技术为主线,凸显城市问题网格,计算生态状况。智慧城市以城市空间的信息化构建构成一个与现实的城市相抽离的网络城市空间,在信息技术的作用下,社会群体的社会行为和生产方式以数据的形式呈现到网络城市空间当中，并在人为的数据分类和规划中将现实社会的生态问题分板块地进行网格化的呈现。智慧城市的建设是依托信息技术的，因此在社会的现实呈现上，一方面，具有精准性，能够在数据的作用下清晰勾勒出生态建设的情况、生态状况的转变，并在数据的整合和分类中，对优化城市生态提出可行的建议和方法，推动了城市生态建设的精准性、有效性和全面性。在技术的作用下，人类社会对生态的认识实现了从感知上的到视觉上的转变，传统社会中只有当生态恶化的不良后果影响到人类的生存和发展时，生态的问题才会暴露出来。社会群体的生态行为集中于对生态的补偿，信息技术的监控将环境的变化精准展现出来，在人类社会活动的过程中实现对行为的引导和可持续的维护。另一方面，在城市生态可视化中，信息技术能够实时地反映城市生态的变化和发展的状况，在信息数据的横向和纵向比对中展现城市空间在一段时间内的环境状况、生态产业的作用效果、社会行为的生态结果。智慧城市的建设增强了社会群体对生存空间状况的动态感知能力，增强了社会行为的科学性和合理性，数据化的展现和生态可视化的变化实现了社会行为的动态调整，人类社会的生态行为从生态补偿转换到生态保护。

以技术现实为蓝本，优化生态发展，推进智慧运行。信息技术对城市生态状况的可视化展现能够勾勒一个城市的生态运行和生态发展的状况，多个城市间的生态环境状况又在整体上展现出了人类社会整体性的城市生态发展。在数据的作用下，城市网络空间能够形成对人类社会现代化建设的动态监控，分析在生态化建设中生态环境在各个部分和各个方面的状况，针对现存的生态性问题结合社会的现实状况，形成现代化生态社会建设的蓝本，优化生态发展，推进生态运行。信息化的城市监控能够在整体上将生态发展不平衡的问题进行凸显和提出，展现在生态建设和发展中存在的问题和缺陷，推动实现生态社会的全面发展。生态化的行为在数据的作用下能够实现不同地区生态环境发展状况之间的对比，在生态环境质量和生态行为的实践中了解生态环境保护在地域间的差距，分析生态发展不平衡的原因，强化地域之间的关系，在城市的互联互通中以发展的形式推动城市生态的良性发展和全面发展。智慧城市的推动也在一定程度上调和了各个地区之间的生态发展水平，将各个地区在生态环境保护上的技术进行普及，并在城市的交融和生态保护的过程中实现生态环境保护在地域之间平衡发展。受到技术条件、环境状况、生态情况影响的不同,城市区域之间的社会生态发展状况是不一样的,社会生态行为的践行方式也不一致,以技术的融合推动生态行为的融合,在智慧型、算法型的现代化社会管理的作用下实现对社会空间环境问题的监控和介入,实现城市区域环境的整体化、网格化推进。

生态环境的状况关系到人类的命运,需要人类整体性和持续性的行动来推动社会生态的建设,现代化的生态环境建设既需要人类在生态保护上发挥合力,共同参与到生态社会建设的过程当中,也需要在科学技术的帮助下实现生态保护的方式转化、效率提高和路径实现。共建共治共享的社会治理格局是实现转变社会治理结构,调动社会参与,打造全民社会治理格局的重要路径。习近平总书记在党的十九大报告中明确要求:"打造共建共治共享的社会治理格局。"就为全民参与社会管理的实现指明了方向,也为生态化在社会活动中的实现奠定了基础。社会发展的成果是由全民共享的,因此生态保护的行为也应该调动全体社会成员全面参与。

三、政社网格共同体的构建

在社会的发展过程中,人类社会的集体行为在生产力提高的作用下,不断转换着生产关系,实现着生产力的提高,推动着社会形态的转换。生产力提高的同时带动着一个新阶级和新群体的崛起,掌握生产力的群体是社会形态转换的主要力量,因此在这个过程中谁掌握了社会权力,谁就会成为社会发展的主要受益者。社会形态形成之后,为充分释放生产力,提高社会生产的效率和水平,实现对社会群体的管理和对社会权力的把握,权力阶级以政治的形式建立了国家机制,实现了对社会群体的行为引导和意识管理。正是由于国家机制对社会在管理、监控、惩罚等方面作用的实现,社会群体才能够组织在一起,形成社会生产行为,推动社会的进步和文明的发展。因此,政治和社会的发展是相辅相成的,生态环境的保护、现代化生态社会的构建等社会群体行为是离不开政治在这个过程中发挥的凝聚、指引和监管作用的。生态环境的建设要结合政治力量和社会力量,建设政社治理的共同体,实现生态环境建设的有效性和持续性。

政治力量是通过国家力量的实现在发挥作用，国家承担了社会制度的维护、社会运行的推动和社会发展治理的重要责任，由于国家权力的运行是在社会群体赋权的基础上实现的，对于社会空间中存在的阻碍社会进一步发展的生态问题是国家政治需要必须面对的问题。基于生态环境的保护，近年来很多国家开始在这方面下功夫，制定了很多以环境保护为基础的生产标准、排出标准和生态恢复措施，国际社会也形成了很多基于生态环境保护的国际组织与合作，为生态环境保护共同努力。在我国，2007 年党的十七大报告将建设生态文明作为全面建设小康社会奋斗目标的新要求，2012 年党的十八大报告中重点阐述了"大力推进生态文明建设"，指出："建设生态文明，是关系人民福祉、关乎民族未来的长远大计"。国家政治网格对于生态环境的重视和推动，带动了生态环境保护的社会网格的构建，在政治权力和国家的统一调度下，现代化生态社会的建设有了重要的政策保证。

社会治理是基于社会本身的在社会事务、社会组织和社会生活方面的引导和规范，是在社会组成部分公共参与的情况下实现的，其目的是为了实现社会公共利益的最大化，推动社会有序和谐发展。社会治理的理论起源于 20 世纪 80 年代的詹姆斯·科尔曼的理性选择理论。该理论强调了社会系统内部的运行对于社会发展的重要作用，实现了社会学的研究领域由宏观到微观的转变。但是从某种意义上来说，科尔曼的理性选择理论是以理性经济人为基础的社会自我治理，其对于社会的协调作用主要是服务于经济社会的发展。在我国，社会治理是在执政党的领导下，由社会组织主导的，不断吸收社会各方组织，对于社会的共同参与、共同协商和共同治理，以多元主体为核心实现和维护社会群体普遍的权益，是群体利益自我实现和自我维护的重要途径。生态社会的建设是当前社会治理的重要组成部分，而且是关系到人类社会长远发展的关键。因此要发挥社会治理在生态环境保护和生态文明建设中的重要作用，要充分发挥社会治理在生态维护、环境保护和资源节约的网格化推动和促进作用，推动建立人与自然和谐相处的现代化生态社会。

（一）强化政社融合构建网格型治理结构

现代化生态社会的建设既是当前社会治理的重点，也是国家生态战略发展的重要组成部分，发挥政社共同体在社会生态治理和生态发展中制度维护、行为引导、项目建设中的作用,有助于在政治管理和社会治理中建设发展生态型、服务生态型和管理生态型的环境友好型社会,带动社会成员共同参与到社会生态网格的发展过程当中。

以政社共治为基础,推进生态管理和监控的网格化交叉。"生态文明涉及生产方式和生活方式根本性的变革,其实质就是要建设以资源环境承载力为基础、以自然规律为准则、以可持续发展为目标的资源节约型、环境友好型社会。这样一种社会的建设包括了价值、组织、制度和技术等各个领域、各个层面的变革,是一项整体性的有规划的社会重建过程。"① 当前,生态社会的建设是考虑人类命运可持续发展的行为,是国家政策、社会管理在宏观上的整体协调和转型,因此要基于政社融合,在政治和社会的配合下,形成基于社会生态建设的复合型治理结构。

发挥国家政策在宏观的生态把握和生态行为方面的主动性,形成推动社会生态建设和发展的结构性力量。社会生态的建设是国家权力发挥作用的重要领域,也是社会群体实现群体权利的重要方式。政社融合既能在国家在生态产业发展、生态政策调整、生态监管方面发挥作用,又能以国家意识的形式配合广泛的社会行为,全面推进生态社会的发展和生态意识的构建。国家意识形态对社会集体行为的把控和引导在一定程度上成了社会行为的基础,一个国家对生态理念的认同和对生态观念的态度就直接影响到了社会管理的方式和结构,生态型社会对于社会化的治理和社会行为的引导就出现了新的调整和变化。在政治与社会的合谋中,人类社会行为的目的和行为的价值进而被影响,社会整体的生态行为成为主动性行为和个人化行为。

社会治理配合国家权力的运行,全方位地增强社会生态意识。国家对社会群体管理的有效性有权力机制的维护,因此其管理目的的实现有着效果的反馈。社会治理一定程度上是靠大多数的群体观念和群体力量在维护,其效果的实现和目的的达成是在集体社会意识的作用下实现的,效果的反馈并不明显。政社共同体的形式就能够实现国家权力与社会意识的结合,在生态观念的传播和生态社会的建构中为社会生态给予权力的保障,为生态行为发生给予社

---

① 洪大用、马国栋:《生态现代化与文明转型》,中国人民大学出版社,2014。

会意识的支持。

（二）以政社融合推进多元共治

现代化生态社会的维护和延续是需要在社会发展的过程中推动生态意识和生态价值对社会意识的融入和与社会行为的结合，为人类的社会行为赋予生态的意义和价值。由于在人类社会的发展中，社会群体和社会个体都存在对权力和价值的追求，为稳固已获得的利益，在群体共同的意愿下，形成了以权力稳固和利益保护为目的的制度和规则，国家机制和社会形式就是在这样的群体意识下逐渐形成的。因此，生态社会的价值和生态文明的建设需要在既有的政社形式下融合社会管理和社会参与的各种形式，形成生态社会多元共治的局面。

融合政社治理理念，重构生态社会的价值和认识。现代化生态社会在社会发展、社会管理、社会建构中实现人与自然、人与社会、人与人之间的和谐共生，是社会良性发展和持续发展的社会形态。生态社会的构建不仅仅是社会运行模式和发展方式的转变，更是基于人的意识形态领域的全面的生态化。因此，生态社会的建构和发展在融合政社治理理念的基础上，重构生态社会的价值认识，实现人类社会行为、意识形态和价值观念上对生态发展的认同。凝聚以生态保护为中心的价值共同体。当前在生态社会发展的过程中首先面对的一个问题就是工业社会的环境遗留问题，这部分的问题既是阻碍生态社会现代化建设的重要问题，又是威胁人类生存发展的关键问题。生态意识是寓于生态行为当中，却指导着行为的发生和行为的结果，因此，当前威胁人类生存和发展的环境问题、气候问题和资源问题等是生态价值凝聚的重点，要在社会行为中融合生态发展对人类生存的价值、文明发展的价值和个人实现的价值，赋予社会行为生态保护的价值和生态发展的意义。汇聚以生态发展为目的的价值实现。生态化的发展在社会发展层面的反应就是生态产业的发展和社会发展结构的转换。传统的经济价值的引导将人类社会的活动归因至以经济价值为指引的行动上，自然资源的过度开发致使生态环境的发展出现了不平衡的状况，因此生态环境的保护需要在人的价值意识上实现对生态的价值归因，汇聚以实现生态价值为目的的行为价值，并在政社治理的配合下将其扩展成为整体的社会行为和社会活动。

推动政社治理的精准化,推进社会管理的网格化。政治形式和社会形式作为社会组织和社会行为的组织行为方式,在社会的发展生产和群体行为的集聚中都发挥了重要的作用。现代化生态社会的建构是需要在政社共同体的组织形式下推动的,但是由于两者在社会行为的引导中侧重的内容不同,针对生态环境保护和生态社会的建设,要在政社共同体治理的基础上,强化生态精准化管理,进行生态网格化的建设和推进。一方面,针对生态建设的重点领域,以生态建设和环境保护对生产发展的要求,对生产的生态化、行为的生态化和结果的生态化等在流程的监控中实现网格化的管理和监控,并在这个过程中融合政社权力,推动生态建设的全过程把控。另一方面,以政社治理的交叉管理为治理的单元,在生态的监管和产业的发展中融入类型化的网格和精准化的管理,基于社会活动的个体进行社会生态的治理和生态社会的发展,形成高效、透明的政社管理体制。

人与自然和谐相处的社会建构关系到人类社会的长远发展,现代化的社会发展承担了更大的生产发展责任,也扮演了社会可持续发展的角色,生态环境的状况不仅仅与人类的生存状况休戚相关,也成为影响人类社会生产发展方式的重要内容。因此,生态环境的建设与现代文明的建设是同步进行、相互影响和网格重合的。当前面对的生态环境问题一部分是长久的人类社会活动遗留下来的,另一部分是存在于现在的生产和生活当中的,因此现代化生态社会的建设是在生态问题解决的情况下形成生态适宜型的发展、人与自然和谐相处的发展和人类命运共同体。

第二节　建构生态社会的新型人格: 儒家经济人的内涵及当代价值

建构合理的生态社会必然要涉及"人"这一主题,如果一个社会绝大多数人的人格形态都只停留于物质需要满足,即"仓廪实,衣食足"的层次,而不能走向"知礼节,知荣辱"的更高需要,那么这样的人在处理人与自然的关系时会有失偏颇,最终还会有损于"仓廪实,衣食足"。合理的人格形态是生态社会健康有序发展的必要前提。在本章,我们就儒家思想所孕育的人格形态——儒家经济人进行合理建构，期望通过这种人格形态的科学养成来推动生态社会的健康发展。

人性是生态社会发展的基石。基于不同的人性理论，生态社会的研究呈现不同的研究主题和范式。在西方，最具有代表性的人性理论是"西方经济人假设"，亚当·斯密在此基础上提出了自己的自由主义市场经济理论，西方以此建立了适合于西方经济人假设的社会发展模式。然而时至今日，这种人性理论所建构的社会呈现出各种问题，其中人与自然的关系岌岌可危。结合前述儒家生态思想及生态社会的建构理论，本章试图提出儒家经济人假设的内涵，深层发掘儒家经济人的特点与当代价值，以有效应对当今时代的现实挑战。

一、西方经济人理论的局限与儒家经济人假设的提出

(一)西方经济人理论的提出及局限

西方经济人最初由亚当·斯密在《国民财富的性质和原因的研究》一书中提出。他认为市场制度下，个人所盘算的只是自己的利益。他有一段著名的论述："我们每天所需的食料和饮料，不是出自屠户、酿酒师和烙面师的恩惠，而是出自他们自利的打算。"然而市场经济就是在这样一种自利目的上建立起来的，"在这场合，像在其他许多场合一样，他受着一只看不见的手的指导，去尽力达到一个并非他本意想要达到的目的。也不因为是出于本意，就对社会有害。他追求自己的利益，往往使他能比在真正出于本意的情况下更有效地促进社会的利益。"诚然，亚当·斯密的经济学理论对于倡导自由竞争，减少社会干预，确保"自然秩序"，促进"公民生活"目标的实现等方面有重要的意义和作用。然而只要细心研究就会发现其理论基石：西方经济人假设是存在一定问题的。西方经济人就是以完全追求物质利益为目的而进行经济活动的主体，人都希望以尽可能少的付出，获得最大限度的收获，并且可以不择手段。这样的经济人有五个特点：第一，以"利己"为目的，实现自我利益最大化；第二，完全信息，即人能够完全了解并掌握外部的经济环境与未来，具有完全的认知能力；第三，仅追求物质层面的需要满足，对于精神层面的需要较少考虑，较少涉及艺术审美、道德情感、思想能力的提升；第四，人是完全理性的，即人能够从多种方案中确定每一个方案后果并进行评价，选出最优方案；第五，"西方经济人

假设"命题还没有考虑人与自然的关系,仅仅考虑了人与人、人与社会的关系,或者说没有将自然纳入整体思考的范畴,自然仅仅是独立于人的客体存在。

亚当·斯密似乎也看到了其中的问题,因此,他在其另一本书《道德情操论》中提出人具有"同情心"的一面,在同情心的驱动下,人存在利他行为。"经济人"和"道德人"出现矛盾,被西方经济学家称为"斯密悖论"。可见西方经济人假设在其提出之初, 就存在置疑, 以至于后来学界从各个角度审视人的本性,提出不同的论点,以弥补经济人假设的缺陷。首先,来自经济学的挑战。威廉姆森、西蒙等人提出"新经济人假设",即人们追求经济利益和非经济利益两者最大化。非经济利益包括利他主义、意识形态和自愿负担约束等。其次,来自心理学的挑战。马斯洛提出"需要层次理论",该理论把人类的利他行为视为最终利己的手段,以获得一种无形资产或满足自己的一种更高层次的需要,即自我实现的需要。最后,来自伦理学的挑战。马克斯·韦伯在《新教伦理与资本主义精神》里提出,人们对财富的追求并非完全利己,而是"天职观"使然。他说"上帝所接受的唯一生活方式,不是用修道禁欲主义超越尘世道德,而是完成每个人在尘世上的地位所赋予他的义务",这种"天职观"就是在现世中尽自己最大努力去追逐财富的"责任观",是一种符合道德的社会责任,代表上帝意志在尘世中的体现,因而是一种独特的伦理。"违背了这个伦理……被看作是渎职。"由此可见,西方自身也在不断反思"西方经济人假设"。

从西方的经济实践来看,这一假设也带来了诸多现实问题。一是自西方工业革命以来,人被异化,工具理性胜过价值理性,人成为两种工具:其一不断追求资本累积的工具,其二不断被资本奴役的工具。人自身的存在价值被忽视,人的本质被扭曲,人的自身存在方式被工具替代。二是在经济全球化过程中,物质主义、经济主义和消费主义渐进成为主流价值观,似乎人活着的目的就是追求财富最大化,从而看不到人存在的终极意义,活着的目的被物质化,人的境界被降低。三是在经济发展过程中,自然遭受严重破坏,生态环境日益恶化,自然成为人追逐财富过程中的客体,人与自然的关系严重恶化。四是人在追求财富的过程中没有终极自由,也就是康德所说的自律的自由,即人在实现财务自由的同时,没有更高的自由向人呈现。财富成为人的终极目标,"克己复礼,天下归仁"的终极自由难以看见。五是人除了生活在经济活动中外,生活在一个更广阔的社会活动中,经济增长只是其中一个方面,还包括人际和谐、为国效力,也就是日用常行、奉献精神等多方面。从西方经济人假设来看,这个抽象出来的经济人仅仅是不断追求财富增长的经济动物,而对于丰富多彩的现世生活以及更高的精神追求似乎都难以企及。可见,西方经济人假设似乎并没有有效回答上述问题。

(二)儒家经济人假设的提出

"儒家经济人"的概念源自"儒商",或者说"士商"的概念。它最早的轮廓出现在《史记·货殖列传》里。司马迁提出一个观点:"居之一岁,种之以谷;十岁,树之以木;百岁,来之以德。德者,人物之谓也。今有无秩禄之奉,爵邑之入,而乐与之比者,命曰'素封'。"意思是,在某个地方住一年,要种谷物,满足基本需要;住十年,要栽种树木,造福一方;住百岁,就应招来德行。这就是德,能招来远处的人或物来到身边。这样的人虽没有爵位俸禄,却可与有爵位俸禄的人相比,可以称之为"素封"。儒家经济人即以士的精神来定义从事经济活动的人。在明清时期,儒家经济人的思想有了更进一步的发展。代表学者有如下几位:沈垚(1798—1840),论述了"士"与"商"的合一,认为"其业则商贾也,其人则豪杰也……故能为人所不为,不忍人所忍。是故为士者转益纤啬,为商者转敦古谊。此又世道风俗之大较也。"商人拥有财富,许多有关社会公益的事业逐步从士大夫的手中转移到商人的手中。沈垚强调士必须在经济上首先获得独立自足的保证,然后才有可能维持个人的尊严和人格。陈确(1604—1677),他认为为圣为贤的前提是父母妻子皆有所养。士必须有独立的经济生活,才能有独立的人格,并认为"人欲正当处即天理"。他在重视士的个人价值的同时,也关注士对国家社会的责任。他认为爱吾之身,不影响齐家、治国、平天下。"君子欲以齐、治、平之道私诸其身,而必不能以不德之身而齐之、治之、平之也。"陈确肯定了人的个体之"私",肯定了"欲",也肯定了学者的"治生",这是明清之际儒家思想的新变化。王阳明(1472—1529)认为"古者四民异业而同道,其尽心焉,一也。……士农以其尽心于修治具养者,而利器通货,犹其士与农也。工商以其尽心于利器通货者,而修治具养,犹其工与商也。故曰:四民异业而同道。"所以王阳明认为商贾若"尽心"于其所"业"即同是为"圣人之学",绝不会比"士"低。王文显提出"商与士,异术而同心"的观点与王阳明相似,还提出"善商者,处财货之场而修高明之行,是故虽利而不污……故利以义制,名以清修,各守其业。"入清以后,儒家关于"私"的观点有了更进一步的理解。黄宗羲说:"有生之初,人各自私也,人各自利也。"顾炎武说:"天下之人各怀其家,各私其子,其常情也……圣人因而用之,用天下之私,以成一人之公,而天下治。"余英时认为,这句话中含有一个观点,即"天下之公"原建筑在"使人人皆能各遂其私"的基础之上,这事实上是以《礼运》篇的"小康"社会为常态,而尤为重要者,则在他先肯定个人之"私",然后再及于"公"。由此可见,儒家不再将"私""利"视为社会的"恶"的根源。相反,这也可以达到治天下的目的。儒学第三期学者余英时、杜维明集中讨论了传统儒家经济伦理如何实现现代转型并发挥传统文化优势作用等问题。当代学者黄海涛《明清实学经济伦理思想研究》着重探讨了明清时期经济伦理的实质以及它与"儒家资本主义"发展的关系。

以上可以看出,建立在真实人性基础上的儒学,具有很强的生命力,能根据不同时期、不同地区社会发展的现状,不断产生新的观点,这些新观点又补充和丰富着人性。同时,这些新观点并不损害儒家"修身、齐家、治国、平天下"的基本入世精神,也就是说将"私""利"的观点引入儒学,也不损害其圣人、贤人的精神理念,并且为国家和民族的发展开拓了新的领域,帮助其融入国际社会,也为提高人们的生活水平做出了贡献。

在经济实践过程中,明清时期,晋商和徽商,就是儒家经济人的典型代表,他们商而兼士,贾而好儒,对经济和社会的发展都起到了重要的推动作用。他们靠着勤奋和才智来经商,在没有任何法律和社会舆论监督下自觉实践,将商业道德体现在经商的每一个细节中,以自己的成就证明了"成大商者,必有大德"。同时,他们捐钱、运粮支持清王朝统一中国的事业,真正体现了"经商无忘爱国"的传统。他们赈灾、修路、修桥、办学、济贫,哪里有危难,哪里就有晋商、徽商。传统儒学所熏陶出的商人并不仅仅以挣钱为终极目的,更是胸怀家国天下的"士"。"士不可以不弘毅,任重而道远,仁以为己任,不亦重乎? 死而后已,不亦远乎?"在清代,张謇作为清末状元,却是中国近代实业家的代表,提出"实业救国"主张,是中国棉纺织领域的早期开拓者。张謇一生创办了20多个企业,370多所学校,为中国近代民族工业的兴起、教育事业的发展做出了宝贵贡献,被称为"状元实业家"。面对西方文化强势进入中国,张謇在继承晋商、徽商传统的基础上,开拓性地将儒家"士"的精神延伸到更广阔的社会层面,为近代中国社会的转型做出了巨大贡献。重庆合川实业家卢作孚创办的民生轮船公司,其基本精神是"运输救国",在抗日战争期间为转运沦陷区物资、人员做出了巨大贡献,特别是宜昌大转移,被称为中国版"敦刻尔克"。民国时期的实业家,其经济人格兼有儒家、孙中山"三民"主义与韦伯所说"新教伦理"的基本精神。儒学的开放精神再一次将西方文化中的基本理念和实践原则,例如"博爱""自由""契约"等纳入其中,就像当年儒学吸收佛教思想一样,成为影响民国知识分子的重要思想,从而影响到经济实践。

二、儒家经济人的内涵与特点

儒家经济人是在前述儒家生态思想以及儒商社会实践的基础上提出来的,也是区别于西方经济人的重要人性命题。本书的研究首先从儒家经济人与君子的区别、与儒商的区别、与儒家资本主义的区别入手,再界定儒家经济人的内涵, 最后对其特点进行论证。以此系统提出当代生态社会建构的人性理论,使之更具有中国特色。

（一）儒家经济人与相关概念的比较

1. 儒家经济人与君子的共性与区别

儒家经济人是对君子人格的继承。君子人格是儒家始终倡导的理想人格。首先,在确立天人关系方面,君子会有"生生之仁",与自然是"民胞物与"的关系。即儒家经济人也会用仁心对待自然,视自然与自我为一体,自然是自我存在的一部分,不会因为自己的行为折损了自然的"气",珍视自然就像珍视自己一样,拥有体会天地万物的大心。其次,在确立人我关系方面,儒家经济人继承君子风范,拥有"仁""信""义""敬""恭""谦""约""诚""不忧不惧"等优良品质。同时,儒家经济人也拥有君子一贯具有的道德情感,例如同情心、恻隐心、理解他人、使命感、责任感、价值感、意义感。再次,在确立人与社会关系方面,儒家经济人隆礼重乐,遵守规律和规则,他以"礼"来约束、规范自己的行为,以一种高度的审美态度来对待周围的人和事,最终实现"和"的社会理念。此外,儒家经济人也把"修身、齐家、治国、平天下"作为人生的系列价值理念。人存在的目的不只是满足物质需要, 更是要在广阔的社会里寻求自己的人生坐标。"修、齐、治、平"就是一个不断从小我走向大我的人生历程,这也是君子人格在实践中不断展开的现实表现。

　　然而,儒家经济人与传统儒家所倡导的君子也有区别。传统儒家所倡导的君子有几种存在形式。一是直接进入政权的中心,参政议政,也就是通常所说的士大夫。他们或直接参与国家大事,或给帝王提意见建议,或者当帝王的老师。这样的君子对于治国、平天下有直接的参与权或话语权,能影响国家政权的实行。二是前文所述参与经济活动。这样的君子不一定与政权发生联系,但可以通过经济活动实现圣贤人格的成就,例如晋商、徽商,其经商之道也有治国、平天下的成分,在经商的过程中实现上述君子人格。三是既不从政也不从商,而是在日用伦常中践行君子人格。这样的人可能是乡贤,也可能就是一般百姓,但他们关心天下大事,以礼克己,以宽待人,同样拥有高尚的道德情感。这样的君子相比前两者,数量占绝大多数。结合对西方经济人的理解,儒家经济人更倾向于在日常生活中的人。即在日常生活中,绝大多数人在参与经济活动或者从事与经济有关的行为时表现出上述君子人格的特点。他具有一种超越性,即儒家经济人的行为不仅满足物质需要,更要满足在日常经济活动中成就圣贤人格的需要。他对自己有更高的价值诉求,会考虑人与自然、人与社会、人与人的相互关系。例如拒绝使用一次性筷子和过度包装;在自我需要满足的同时不过多追求眼目、身体的需要;在处理财产关系时,小到家庭财产,大到机构财产,能合理平衡人我关系,人与社会的关系;不斤斤计较于日常琐碎;在经济活动中,主动参与循环经济、绿色经济等。总之,儒家经济人是一种人人皆可成圣的日用伦常中的人格,是一种将儒家君子风范内化于心,在参与众多日常经济行为时表现出的集体人格特点,是一种经过严格教化、长期训练,具有超越性的人格表现。

　　2. 儒家经济人与儒商的区别

　　儒商特指能以儒家君子风范从事商业和贸易活动的商人。他们注重个人修养,诚信经营,有较高的文化素质,注重合作,有超功利的最终目标,有对社会发展的崇高责任感, 有救世济民的远大抱负和忧患意识, 追求达则兼济天下,"立己立人、达己达人"是其人生信条。儒家经济人相较于儒商是更宽泛的概念,不仅包括儒商,也包括在日用伦常中的所有人。当代社会,几乎每个人都与商品交换与流通、财富的获取与转移有关,也就是说,当代社会的每个人都与经济活动密不可分。只要涉及这个领域都会涉及儒家经济人这个话题,例如买房卖房、教育培训、各种日用产品的消费等。在日常与经济活动或行为有关的领域里也有士的精神的体现,也会有超越自我的私利,而走向更高更远的目标,例如财富获取的终极正当性、财富使用的终极价值诉求,在经济活动中有效平衡他人利益、国家利益、民族利益。儒家经济人关注的不再是小我,而是大我,在大我中更好地安顿小我。根据前述儒家生态思想,儒家经济人还会关注与天地融合的大我,从而在天人合一的关系中更好地安顿小我。因此,儒家经济人并不是仅仅指经商的人,而是在当代社会的所有人应该具有的人格形态,是一种以儒学为基本生命意识和道德意识,在从事所有事情的过程中应该具有的生命形态和人格形态。

3. 儒家经济人与儒家资本主义的区别

在 20 世纪末与 21 世纪初,儒学界兴起了一个新的研究领域:儒家资本主义学说。该学说引发了广大儒学者对于儒学促进经济发展的一系列理论思考。"儒家资本主义"在如下几个方面有着重要的学术贡献。其一,是中国传统文化的现代转型研究的新视角。中国传统文化现代化一直以来都是近现代儒者们关注的对象,例如唐君毅关注儒学与自由的融合,徐复观关注儒学与政治制度当代转型等,较少有学者关注儒学与经济的发展。而"儒家资本主义"命题的提出,使学界开始深入思考儒学在促进当代经济发展中的重要作用,开创了研究的新视角。在这个过程中,集体主义、传统儒家伦理、家国观念等重要命题开始贯穿于经济研究中,从而发现儒学的巨大意义。其二,应对马克斯·韦伯理论的挑战。著名经济伦理学家马克斯·韦伯在《新教伦理与资本主义精神》和《儒教与道教》等著作中提出:西方资本主义近代化是与西方新教伦理的文化背景相联系的,而儒教理性主义试图用一种理性方式使自身去适应世界,不能体现以理性的、有限的手段追求非理性的、无限宗旨的资本主义精神,因而排斥或阻碍资本主义兴起,还认为儒教伦理的价值体系中缺乏发展资本主义的有力动因,不能诱导出经济理性主义。针对韦伯的这些观点,中国儒者们对其进行了反驳。例如金耀基 1983 年的《儒家伦理与经济发展——韦伯学说重探》一文中,提出了儒家"理性传统主义"的说法,认为正如韦伯揭示的"新教理性主义"

促生了资本主义一样，儒家伦理也同样能够结出利于经济发展的果实。1982年，新加坡宣布，将把"儒家伦理"作为中学道德教育的选修课程，并从国外请八位儒学学者，为该课程拟定观念性纲领。此后，杜维明在大量著作中，对"儒家伦理与经济发展"的论题再三致意。余英时也发表了《韦伯观点与"儒家伦理"序说》以回应韦伯理论。其三，为日本与亚洲"四小龙"经济腾飞做了理论注解。儒家资本主义理论为理解东亚儒家文化圈经济腾飞起了重要作用，向世界展示了儒家文化圈里实现现代化的现实可能性，并促发对韦伯理论的质疑。可见"儒家资本主义"这一概念的提出有其重要的意义。

然而深入思考却可以发现此概念有诸多不可取之处。其一，儒家资本主义仍然强调资本的逐利特点，而儒家却是超越自利的，强调从小我走向大我。资本积累只是过程，不是目标，圣贤人格的达成才是终极目标。从这个角度来看，"儒家"与"资本主义"是不相融的。其二，从心理学的内驱力理论来看，"儒家资本主义"没有分清其经济行为是资本驱使，还是道德驱使这个内在的动力。如果从资本主义的角度分析，人的经济行为主要是对资本的追逐，因此，人的内在动力是资本驱使的内驱力，而儒家更强调一种对圣贤人格的追求，其经济行为本身是道德驱使，"儒家资本主义"这个命题不能很好地进行区分。其三，"儒家资本主义"的命题容易把儒学工具化，即儒学伦理道德的存在是为了利益最大化，这显然与儒家的基本精神不一致。儒学并不是完成资本主义的工具。其四，正如章益国所说，儒家资本主义学说本是一个应该实证化的命题，但台湾学者杨国枢、郑伯埙曾经感慨，这个命题缺乏足够的操作意义，很难进行实证性研究。[①]其五，"儒家资本主义"的命题仅仅从经济角度审视人格，看不到儒家人格的其他方面表现，例如情感、审美、人与自然的关系等多方面，还是一种从利益追逐的过程中衡量的价值单一的人，缺乏儒家人格的整体性特点。因此，"儒家资本主义"的提法，具有一定的片面性，还需要深入研究其人格形态。

"儒家经济人"这个命题主要切入点是"人格"，主要讨论在一切经济活动中的人性特点，关注儒家君子人格在经济活动中的成就，注意将人格的成分整体化呈现，同时也可以将其进行定量研究，例如定量分析其人格的结构与维

---

① 章益国：《论儒家资本主义学说》，《史学月刊》2006 年第 8 期，第 94—100 页。

度,并将该人格的影响因素纳入量化模型等。因此,这个命题可以有效地避免上述"儒家资本主义"本身存在的缺陷,又可以解释以儒家伦理为基础的社会经济迅速发展的主要原因,并有效回应韦伯的论述,为建构合理的生态社会提供了有效的人格解释。

(二)儒家经济人的内涵:"人是财富的管道"

基于上述理论和实践的梳理,本研究提出"儒家经济人"的内涵。儒家经济人并不是单纯以逐利为目的,逐利只是过程,其后面有更高的目标,即实现圣贤人格,因而,可以指引人走向更广阔的精神世界和现实世界。同时儒家经济人并不是机械的挣钱工具,他具有理性与感性合一的真实人性。

之所以提出这个命题,有其哲学依据。在《易经》看来,整个世界由阴阳两方面构成,并且不是静止不变的,而表现为一种大化流行的动态过程,生生不息,变化日新。如果有所阻凝,这个世界就存在不和谐。道家由此出发,提出了两个重要的观点:一是"道生一,一生二,二生三,三生万物",即这个世界是不断发生变化的, 是一个动态开放的过程, 也可以表现出无限的多样性和可能性;二是,这种变化是一种"任自然"的状态,"人法地,地法天,天法道,道法自然。"老子所说的自然是天、地、人、万物各遂其性,具有自然而然的本然状态。这样,天地万物才可以长久。"天地之所以能长且久者,以其不自生,故能长生。"天地的长久存在,是因为它们不为了自己的生存而自然地运行着,所以能够长久生存。可以看出中国哲学强调流动性,这种流动是本性使然,一种自然的状态。《论语》将这种流动性放到人生哲学的追求上。"夫仁者,己欲立而立人,己欲达而达人。能近取譬,可谓仁之方也已。"

首先,人与人之间是一种成己成人的关系,即自己站立与通达可以帮助别人同样站立与通达。这是仁者的表现,仁字的异体字写法有"忈""忎",即以我之心感受他人之心,以我之心感受万物的心。仁就表现在心与情感的相通上,是人的一种自然状态的表现。以此为基础,才能做到己立立人,己达达人。儒家经济人在对待财富这件事上,也有同样的特点,即财富可以从外界流入自己,但还要从自己流向外界。人是一个财富汇流的管道,财富流向外界之后,可以为他人、社会带来更多的成就,这一切都以"仁"的自然本心为前提。

其次,追求财富是当今时代的题中之意,但并非终极价值。当今时代"义利

并重",逐利也是齐家、治国、平天下的重要方式,也就是说衡量一个国家的国际
竞争力,衡量一个人的综合实力,财富是重要的评估因素。然而,逐利并不是终
极价值,也就是说财富流向自我还没有实现终极目标,"利他"才是终极价值。儒
家经济人以情感相连作为其行为的出发点。在创造财富的过程中,将财富更好
地惠及家人、国家、天下、他人才是最重要的目的。这是儒家人之为人的内涵使
然。因此,在儒家经济人这里,"资本"能成就人的尊严,是促进个人与他人、个人
与社会和谐的中介手段。此外,儒家经济人的创造性会促进他人与万物的成就
与成长。在创造财富的过程中,儒家经济人会有各种灵感,因为他首先是一个鲜
活的人,由于受到强大感性的滋养,这样的人创造性很强。当资本运用于创造性
的领域,不会害其利益。因为在悲悯天下的情感引导下,各种创造性活动会体现
出一种"生生之仁",不仅不会伤害他人和万物,反而会促成他人和万物的成就
与成长。同时,也在各种利他的创造性活动中实现他自己的存在价值和意义。

(三)儒家经济人的特点

根据上述理论,再结合人格心理学的相关知识,本研究提出儒家经济人的
理论假设模型。我们用一个人格结构图来表示。如图 6-1:

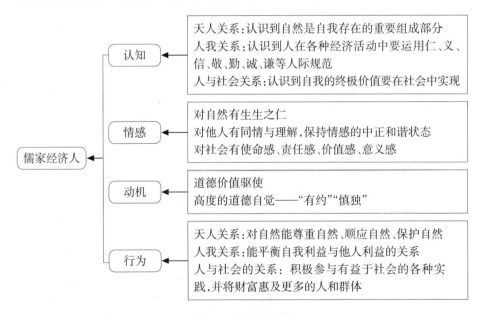

图 6-1   人格结构图

图 6-1 中可以看到儒家经济人在认知、情感、动机、行为等多方面都具有

其特点,也具有整体性特征,会将自然、人、社会的关系考虑其中。

第一,在认知层面,儒家经济人会有一个重要认知,就是一个广义的"自我"概念。自我仅仅是满足自己的物质需要是不完整的自我,这个自我至少要将三个方面包容进来。首先,儒家经济人会认识到"自然万物与我一体",自然万物是"我"的部分,不可分割。自然万物生命灵动的气息、鲜活的物态形状、颜色,甚至本有的情感都会跟"我"发生密切的关系。这在中国经典诗词里有大量的体现。例如"云光侵履迹,山翠拂人衣","溪水声声留我住,桃花朵朵唤人回"。所以"自我"的概念是一个包容天地与自身的概念。从这个认知层面上就有着极大的超越。其次,儒家经济人会认识到在人我关系中,人在从事各种经济活动时要运用仁、义、信、敬、勤、诚、谦等人际规范。也就是认识到孔子说所的"克己复礼"的重要性,不会让"自我"的扩展造成对他人的侵犯,也就是他人的需要也是"自我"完整的一部分,没有对他人的"克己复礼",这个"自我"是缺失的。再次,儒家经济人会认识到在人与社会的关系中,自我的终极价值要在社会中呈现。如果一个人仅仅"格物致知、诚意正心"那只完成了"自我"的一部分,而"修身、齐家、治国、平天下"才是自我的终极实现,因此社会的终极和谐是"自我"的重要组成部分。

第二,在情感层面,儒家经济人对自然有生生之仁;对他人有同情与理解,保持情感的中正和谐状态;对社会有使命感、责任感、价值感和意义感。情感是儒家非常强调的,甚至提出"人是情感的存在"[①]。儒家经济人最本真的存在就是"真情实感"。所谓"真情",就是发自内心的、毫无掩饰和伪装的真实情感;所谓"实感",就是实有所感,真实存在的,不是虚幻的或凭空想象的。"真情"和"实感"合起来展示了一个真实的存在、真实的生命、真实的人。《性自命出》特别指出"情"的重要性。它说:"凡人情为可悦也。苟以其情,虽过不恶;不以其情,虽难不贵。苟有其情,虽未之为,斯人信之矣。未言而信,有美情者也。"在这里,《性自命出》提出了一种价值判断,"情"是好的,凡有"真情实感"的人,是可信赖的。"凡人情为可悦也","悦"也是情感范畴,但在这里有客观评价的意义,"悦"就是好。凡是出于人的"真情实感"的行为,总是好的;进而言之,凡有

---

① 蒙培元:《人是情感的存在——儒家哲学再阐释》,《社会科学战线》2003 年第 2 期。

"真情实感"的人都是好的。《性自命出》所提倡的就是这样的"真情"。这是人的真实存在。"苟以其情,虽过不恶",如果出于真情,即使有过,也不为恶。"不以其情,虽难不贵",人的所作所为,如果不是出于真情,虽然是很难做到的事情,也并不可贵。这是从反面证明情感之重要,情感之可贵。"苟有其情,虽未之为,斯人信之矣。"如果有真实情感,有些事虽然不去做,这人仍然是值得信任的。这里的"未之为"是指什么样的"为",原文作者并没有说,但从上下文义来看,显然是指按真情而为。接着又说,"未言而信,有美情者也",即未曾用语言说话而能够信任的人,是有"美情"之人。"悦""贵""信""美"都是评价性语言,都是对人之真情或真情之人而言的。这是对人的情感存在的最明确的正面肯定。也就是说儒家经济人拥有真实的情感不仅是"事实"问题,更是上升到"价值"的问题,情感就是为"价值"提供支持的,因此是可贵的。

再从形式看,儒家经济人的真情实感体现在三个方面:首先,非常难能可贵的是,儒家经济人对于自然拥有"生生之仁",自然之物总会在内心产生涟漪,自然之物不是一个客体的存在,而是于人有同等价值的存在。在人的内心中,自然不仅仅应被珍视,更重要的是要让它生生不息,这是对自然活泼生命油然而生的喜爱、怜悯与同情之心。正如朱熹所说"仁者天地生物之心"。曰:"天地之心,只是个生。凡物有是生,方有此物。如草木萌芽,枝叶条干,皆是生方有之。人物所以生生不穷者,以其生也。"其次,儒家经济人对于他人有同情与理解,并能保持情感的中正和谐状态。子曰:"不患人之不己知,患不知人也。"(《论语·学而》)儒家经济人所担心的不是别人不理解自己,而是自己有没有去理解别人,有没有对别人有感同身受的感受力和敏感性,而这种同情与理解不包含任何外在的目的,完全出于本真,是对他人真实情感的自然表现。此外,《中庸》强调"喜怒哀乐之未发,谓之中;发而皆中节,谓之和。中也者,天下之大本也,和也者,天下之达道也。"儒家经济人的情感不会伤害人,会保持一种中正和谐的状态。这本身也是源自站在对方的角度考虑问题。最后,儒家经济人对社会有使命感、责任感,在担当社会责任的过程中建立价值感和意义感。儒学积极入世的精神决定儒家经济人的真情实感有个重要的部分在于对社会发展拥有使命感和责任感,即对国家和民族有强烈的热爱,对社会问题有深层透视,期望自己能深入参与社会发展,并在其中建立起自己的价值感和意义感。

第三，在动机层面，儒家经济人的行为受道德价值驱使，而不仅仅是经济利益驱使。也就是儒家经济人在处理人与自然、人与人、人与社会的关系时其出发点是道义担当，而不仅仅是利润多寡。当道义与利润发生冲突时，道义会是其重要的考量因素，甚至可以因为道义而牺牲利润。也就是说儒家经济人有超越"自利"的道德动机水平。在长期不断地"学而时习之""致良知，事上练""知行合一"等实践中不断提高超越"自利"的道德动机水平。这里有一个问题，到底是动机决定行为，还是在行为中训练起超越性动机。很明显，不管是孔子还是王阳明都强调，这种超越"自利"的道德动机是练出来的。要不断地练，才能不断克服自我的有限性，从而拥有更加深厚宽广的道德。当然，拥有了这样高水平的动机，在行为上也必然会表现出较高的道德行为。此外，儒家经济人有高度的道德自觉——"有约""慎独"。子曰："以约失之者鲜矣"，"博学于文，约之以礼"，"不仁者不可以久处约，不可以长处乐"，这些都讲到了"约"的重要性。"莫见乎隐，莫显乎微，故君子慎其独也"，"慎独自律"也是儒家经济人的重要内在动机。此外，道德价值驱使与道德自觉又是相互成就的，一个受道德价值驱使的人比仅仅受经济利益驱使的人更容易表现出"有约"与"慎独"。反过来，一个能做到"有约"与"慎独"的人受道德价值驱使的动机比受经济利益驱使的动机更强。

第四，在行为层面，儒家经济人在上述认知、情感、动机的支配下会表现出积极的行为。他在处理天人关系时，能尊重自然、顺应自然、保护自然。儒家经济人能够懂得并遵守自然规律，同时正如《礼记·月令》所记载，人的行为方式能够与天地自然相合，达到"与天地合其德，与日月合其明，与四时合其序"的境界。在保护自然方面，儒家经济人用一种更主动积极的姿态来未雨绸缪，而不是在大开发大破坏之后才来被动保护。在处理人我关系时，儒家经济人能平衡自我利益与他人利益的关系。在处理人与社会的关系时，儒家经济人能积极参与有益于社会的各种实践，并将财富惠及更多的人和群体。也就是说儒家经济人行为的最终目标是道义价值，而不仅仅是满足一己之私利。

在以上模型的基础上，再强调如下几个特点。

1. 儒家经济人以"仁、义、信、敬、勤、诚、谦"等伦理道德为支点

经济学代表人物威廉姆森认为，西方经济人具有机会主义倾向，只要一有机会就不惜损人利己，人们会借助于不正当手段谋取自身利益，甚至背信弃义，突破道德底线，因此外在的制度规约尤为重要。而儒家经济人因为有了"生生之仁"的道德信念，因此"克己复礼"便成为人的一种主动的自我要求，即是康德所说的"自律的自由"，是高层次的自由之境。为了实现这种自由，人们会主动增强自己的道德品性。例如明代商人王文显墓志铭中写道"夫商与士，异术而同心。故善商者，处财货之场而修高明之行，是故虽利而不污……故利以义制，名以清修，各守其业。"可见，从事经济活动也是其修身养性的方式，在其中所积累起的"仁、义、信、敬、勤、诚、谦"不断帮助儒家经济人形成圣贤人格。

2. 儒家经济人其行为目标表现为实现理想人格，最终治国平天下

西方经济人的行为目标是自我利益最大化，这是一种对外在物质的追求。而儒家经济人在追求外在物质利益的时候，思考更多的是内在人格目标的追求。例如余英时认为，明清商人表现出一种超越的精神，他们似乎深信自己的事业具有庄严的意义和客观的价值。明末商人程周有云："贾居江西武宁乡镇……遂致殷裕，为建昌当，为南昌盐，创业垂统，和乐一堂。""创业垂统"这四个字本是开国帝王的专利品，现在竟用来形容商人的事业。他同时结合其他证据，例如王阳明"虽终日做买卖，不害其为圣为贤"及沈垚"其业则商贾也，其人则豪杰也"等，证明当时的商人有"良贾何负于闳儒"的心理表现。可见，其行为目标有着治国平天下的人格追求。

3. 儒家经济人是一个理性与感性合一的人

儒家经济人是鲜活的人，具有理性与感性的统一。情感是组成经济人不可分割的重要组成部分。西方经济人假设以完全理性为条件，以成本—收益的理性分析为其抉择基础。西蒙却认为，由于环境的不确定性和复杂性、信息的不完全性，以及人类认识能力的有限性，实际上完全依靠理性是有限的。而儒家一开始就高扬人的感性，通过"诗""礼""乐"所熏陶的人具有丰富多样又深刻持久的感性。李泽厚也提出"仁"是情感经验。他始终认为仁即感性情感的恻隐之心，强调仁的情感性。因此，面对未知和不确定，这种感性对理性的渗透可以更好地帮助人进行抉择。心理学上已经证明认知过程和情感过程存在互动，仅

是认知过程本身不足以引发行动,这已经有来自神经科学的证据。情感系统与认知系统协同决定行为决策,行为能力的局限性源于认知和情感系统协调不当。罗文斯坦认为,认知和情感系统合作与竞争的范围以及冲突的后果严格依赖于情感的强度。有实验证据表明深思熟虑的认知过程会阻碍情感反应,进而降低决策的质量。

诚然,儒家经济人是一种理想人格模型,但并非不可企及。首先,需要从认知层面进行深入普及教育,深刻准确理解儒家思想精髓。其次,要运用诗、礼、乐多熏陶人。孔子深知人的情感的重要性。此外,在事上练,不断提高人的超越"自利"的道德动机水平。最后,在行为上,用更积极主动的方式来处理好人与自然、人与人、人与社会的关系。这样,儒家经济人会在有着深厚儒学传统根基的地方成长成形。

三、儒家经济人在生态社会的当代价值

"儒家经济人"命题对当代生态社会的建构以及人的存在意义等方面都提供了一套思维范式,也提出了一种高标准。在当今时代,儒家经济人可以应对西方经济人理论、工具理性、人与自然关系恶化等现实问题。

(一)"儒家经济人"命题是人与自然和谐发展的基石

西方新自由主义在彰显个人利益,追求利益最大化的同时,忽视了与自然的和谐关系。人类对自然只是一味地索取,盲目地征服与近似疯狂地利用,从而使自然环境恶化:生态平衡遭到破坏,气候恶化,自然灾害频繁发生。儒家文化相比于新自由主义能从更高的角度看问题,即"天人合一"是人的价值所在。当人们去自觉实践这一价值理念的时候,人与自然的关系不再对立。

首先,儒家倡导人对天德的敬畏心。在儒家传统里,天是人学习的对象。"天行健,君子以自强不息;地势坤,君子以厚德载物。"自然也是人学习的对象。这样的例子在诗词中大量体现,青松高大威仪,历严寒而不衰,荷花出淤泥而不染,鸣蝉"居高声自远,非是藉秋风。"这些都体现了人们对自然的学习模仿以及敬畏之心。儒家通过"格物致知"的过程,通过"为学由己"的自觉努力,训练出对天德的敏感性,从而拥有了对天德的敬畏心。这种敬畏心是人与自然走向合一的基本前提。

其次,儒家倡导人对自然之天的悲悯心。即"生生之仁",强调"天地与我共生",用心对待自然。儒家认为"生生"是一种高贵的品格。此即《周易·系辞下》所谓"天地之大德曰生",并将万物看成需要用"仁"心去对待的对象。在儒家看来,万事万物都是有心的,要有对万物的感同身受。例如《礼记·乐记》说"人心之动,物使之然也。"朱熹以此为基础,提出了"生生之仁"的观点。他认为"气化流行,生生不息,仁也"。对于自然等外界事物,能有"生生"的观念,代表一种悲悯心,因为生生是符合规律的,合规律才会长久。因此,在处理人与自然的关系中需要恢复人对自然的悲悯心,这是又一个基本前提。

最后,儒家倡导人在实践中践行天德。"格物致知"之后还要"致良知",也就是实践的过程。上述的"仁心"人自然拥有,只是要将其显明出来,表现出来。"致良知"就是将良知推广扩充到事事物物。"致"本身是兼知兼行的过程,因而也就是自觉之知与推行致知合一的过程,"致良知"也就是知行合一。在处理人与自然关系的过程中,由对自然的仁心出发,自觉保护生态环境,提高资源的有效利用率,发展循环经济,而不单纯追求经济利益。在这一系列过程中要随时保持一种"界限"意识,考虑人与社会和谐共生的长远利益,向着"君子义以为质"努力。

一是不忍心践踏,二是没有勇气践踏,人与自然才能重新回归和谐之境。而这种回归是超越制度规约的,是人的一种心性品格的体现。由此可见,"儒家经济人"理论是人与自然和谐发展的基石。

(二)"儒家经济人"命题是应对"西方经济人假设"的有力回应

在经济全球化过程中,物质主义、经济主义和消费主义渐进成为主流价值观,追求财富和利益最大化成为许多人的唯一目标。"西方经济人假设"是其主要动力。西方学者约翰·穆勒根据亚当·斯密对经济人的描述和西尼尔提出的个人经济利益最大化公理,提出经济人假设。经济人就是以完全追求物质利益为目的而进行经济活动的主体,人都希望以尽可能少的付出,获得最大限度的收获,并且可以不择手段。把人当作"经济动物",认为人的一切行为都是为了最大限度满足自己的私利,工作目的是为了获得经济报酬。儒家思想对"经济人假设"有诸多置疑,并且提出了更高的价值诉求。

西方经济人是追求个人利益最大化的化身,"利己"是最终目的。个人与他人的关系也成为利己的手段。在这个过程，他人已被异化，人与人的关系被割裂。而儒学中"仁"的观念决定了"己欲立而立人，己欲达而达人"。他人不是手段，而是目的。在这一观念指引下，个人对领导、对员工、对客户的尽心尽性，不再是手段，而直接表现为"利他"的目的，但的确也可以成就自我，最终"成己成人"。张载说"利之于民，则可谓利"。

一是由"利己"转向"利他"。"利于身、利于国，皆非利也。利之言利，犹言美之为美。利诚难言，不可一概而论。"可见张载认为"士"不可为自身谋利，也不许国家与民争利，而只有利于全民者才是正当的利。这与他"民吾同胞"的观点一致，是承袭了儒学中"仁"的思想内涵。

二是由"理性"转向"理性"与"感性"合一。西方经济人假设以完全理性为条件，以成本—收益的理性分析为其抉择基础。而儒家经济人是通过"诗""礼""乐"所熏陶的人，具有丰富多样又深刻持久的感性。因为世界是一个系统，人也是一个系统，都具有复杂性。儒家天人合一的思想可以帮助人在现实不确定性中有更好的抉择。

三是由"机械性、刻板性、割裂性"转向"鲜活性、整体性"。由于西方经济人是一种理性的人，其生命围绕利益最大化而展开，因此生命状态会出现机械性或刻板性。在职业活动中，人的理性与感性是割裂的。《论语》中我们看见了一个活生生的人。而这个鲜活的人是将人的理性与感性有机结合起来的，使人具有整体性。正如辜鸿铭说："真正的中国人在精神生活中，同时具有成年人的理性和儿童单纯感性两种属性，或者说中国人是来自灵魂的感性和来自理智的理性的完美结合。……这种结合使作品变得让人喜悦起来。《诗经》可能说充分反映了中国人精神的这个特点，是一个真正中国人内心的写照，就像孔子对它的评价'思无邪'一样，真正的中国人就是儿童般的纯洁心灵和充满理性的结合。"

四是由"道德底线不易维持"转向"主动提升道德品性"。制度经济学代表人物威廉姆森认为，经济人具有机会主义倾向，只要一有机会就不惜损人利己，人们会借助于不正当手段谋取自身利益，甚至背信弃义，突破道德底线，因此外在的制度规约尤为重要。《论语》中"克己复礼"是人的一种主动的自我要求，因为这是高层次的自由之境，为了实现这种自由，人们会主动提升自己的道德品性。《论语》所倡导的自我反省,也不断地将《论语》理念自觉实践在经济活动的方方面面,使其行为除了受外在制度规约之外,有了很强的自律意识,而这种自律是超越制度的。

五是由"以成本和收益来决定其努力程度"转向"以道义和责任来决定其努力程度"。经济人决定其行为付出的动因是"收益—成本"的理性计算,因此,他的驱动力是外在的。同时带来一个结果,即把自己的行为调整到利益最大化的领域,因此可以看到金融行业云集社会精英。然而单纯以逐利为目的,人是不自由的。《论语》中的人"成己成人"的驱动力来自内部,以道义和责任来决定其努力程度。因此人具有一种主动性,并且不以外在的利益作为努力与否的标准。这样的人是有终极自由的。颜回所代表的并不是一种消极的甘于清贫,而是明白除了利的考量外,有更重要的价值追求。

(三)"儒家经济人"命题是应对"工具理性"的有力回应

工具理性带来的危害主要是人的危机,例如人性的异化、人性自由的丧失等。其主要表现首先是人的劳动被异化。在技术与资本结合日益紧密的时代,人被异化为资本的一种方式,普通老百姓往往处于资本链的底端,也就是劳动力成本,从事单调而重复性的工作,劳动过程具有奴役性、枯燥性和强制性。此外,人本身成为商品,以价格化的方式存在。这种工具理性忽视了人本身的价值,以及人存在的终极目的和意义。其次是受大众传媒影响而追随消费至上的消费盲目性。例如哈贝马斯提出了生活世界殖民化理论,工具理性的扩张使市场力量和政府力量侵入生活世界,市场经济的消费欲求左右了私人经济生活的自主性。此外,交往活动中出现利己主义倾向和人际关系的冷漠与对立。最后是本能的压抑、个性的淹没和思维的肤浅等。马尔库塞认为:在工具理性时代,人逐渐异化为"单向度的人",只追求科技,忽视了人性。然而儒家却对工具理性有种种置疑,并提出了更高的价值诉求,或者说有更高的超越。

一是由"被动"转向"主动"。首先,"工具理性"支配下的人被动完成任务,按时领工资。他仅仅是规定的角色完成规定的任务。儒家伦理所倡导的人顺天承命是一种主动选择,也就是说他在完成某种工作的时候有一种使命感和价值感,促进他努力工作,或者工作中带来创意,或者工作的尽职尽责让他成己成人。最终使其在有限中发现无限,并不断走向无限。其次,由于儒家人格有更高的价值诉求和审美追求,消费往往不是其人生的终极目的,也不是其人生价值和意义的最终体现。在自己的生活世界,儒家人格具有更强的主动性,不至于被动地卷入消费的盲目性中,因为他的价值不被消费定义。

二是由"人被价格化"转向"人不被价格化"。"工具理性"支配下的人是被价格化的,以价格作为衡量人价值高低的标准。而孔子认为人本身与天德相合的本心使人具有了内在价值,而这种本心是每个人都有的,因而每个人都是有价值的。这种价值是不被价格定义的,即使被定义,也可以完全超越,内心并不计较,这不是简单的阿Q精神,而是知道除了所给定的价格,有更高的存在意义,也就是前文所述内容,并且会在努力实践这些意义的过程中超越价格的自我定义与被定义,同时也不用价格去定义他人,从而实现更圆满的人格。

三是由"价值单一"转向"价值多样"。"工具理性"支配下的人价值单一,仅仅是工具。马尔库塞认为,单向度的人就是那种一味认同现实的人。这样的人不会去追求更高水平的生活,甚至没有能力去想象更好的生活。相反儒家人格具有价值多样的维度。首先,儒家人格与不同的历史叙事相结合,会表现出多样性,也就是"仁"如何体现在具体的生活事件与经济活动中,在当今时代如何成己成人。当代中国,儒家人格完全可以与"创新、协调、绿色、开放、共享"发展理念相结合,实现新的价值维度。每一个价值维度都可以与儒家修身、齐家、治国、平天下的终极目标相结合。例如,在创新中体现"仁""义",使创新手段不戕害人性,创新产品造福于人和社会;在协调发展中体现"义""利"平衡,使物质文明和精神文明相互协调;在绿色发展中体现"天人合一",实现人与自然和谐发展;在开放发展中释放人的自由,促进自由贸易在更广的维度展开;在共享发展中贯通人心人情,使发展道路和成果惠及更多的人,并有更多的责任与担当。

由此也可以看到工具理性支配下的人是"固化的人",而儒家经济人是一种"不断生成的人"。总之,儒家经济人思想提供了一个让工具理性重新回归价值理性的思路,让我们可以应对工具理性带来的人性危机。

第三节　建立生态社会的经济体制，发展生态经济

经济发展是社会发展的重要因素，也是衡量社会发展水平的重要指标。在工业社会，经济取得了空前的发展，经济发展被认定为工业社会的首要目标和在某种意义上的唯一目标。这就导致了"高投入、高污染、高产出、高废弃"的经济模式盛行，正是因为这种经济模式使得自然资源大量消耗、"三废"大量排放和垃圾堆积如山，从根本上打破了原有的生态平衡，导致生态危机的爆发。但是人类要生存与发展，人类文明要继续进步，就离不开经济发展。但工业社会的经济终将导致人类走向灭亡，而作为工业社会经济的替代者，生态经济能够平衡经济发展和生态保护之间的关系，这对于人类和人类文明的进一步发展具有重要作用。实现生态社会的彻底转型，落到实处便是生态经济的发展与制度的建设。生态经济在很大程度上左右着整个社会的生态化进程。生态经济不同于其他的几个方面，涉及的范围更广，牵扯的利益更多，关系到的群众力量更大。因此，生态社会的建设以及生态文明的建设离不开生态经济的建设，换言之生态经济的建设是重中之重。生态经济是起着决定性作用的一方，影响着生态理念、生活方式以及消费观念等。因此我们必须从生态经济的转变入手，建立生态文明的经济体制，大力发展生态经济，在整个社会中为生态化的领域打开最大的一个突破口。

一、推动生态经济的科学发展

所谓生态经济的科学发展，就是在新形势下，以符合规律的、科学的、生态的发展观为指导，把经济发展纳入生态社会这一总的建设规划上来。具体主要是两个方面：推动产业生态化、发展生态经济。这两者是前后两个步骤，共同构筑生态经济的发展。

第一步是推动产业生态化。产业生态化意味着产业的自然生态是一个渐进的过程，是一个有机循环的机制，体现为一种产业的反生态性特征不断受到削弱，产业的生态性特征不断得到加强的过程。在这一过程中，人们创造了一

个新的产业系统范式,人造系统被纳入自然系统的运行模式中,逐步实现由线性系统向循环系统的转变。而产业生态化就属于后一种循环系统,是一种新型的先进的经济形态,把经济、技术、生态以及自然和社会融于一体的形态模式。一方面,这种模式将有助于实现当下社会的产业经济活动与生态自然环境系统的有序良性循环,达到一种总体和谐平衡的状态;另一方面,这种模式将覆盖所有产业的生态化进程,赋予各个产业以一种生态发展的系统和体制。这种产业生态化如何实现呢? 大致有三条具体的思路可以参照:第一,按照生态的标准来规范企业的运行发展理念,并以此作为企业创建和生产的标准;第二,根据实际情况,制定长远目标,在这个目标内规划产业分布,并在内部按照生态的运行方式进行生产布局和企业组织;第三,建立一套完善的循环系统,使废物回收、资源再利用完全纳入生态产业的布局之中。总之,使生态系统和经济系统处于一种持久的调和平衡状态。

第二步是发展生态经济。发展生态经济需要从工业、农业和第三产业入手。发展生态工业一定要在考察研究的基础之上加强生态工业园的规划与建设,并推行好产业生态管理。发展生态农业则需要做好农业生态规划,研究、开发和推广克服农业发展阻碍因素、全面发展农业新技术,深化生态农业理论研究。发展生态第三产业则可以注意树立发展消费观以及推行功能经济,即鼓励消费者购买产品的服务功能而不是产品本身,鼓励企业以为社会服务而不以产品的利润为经营目标。

二、建立生态经济机制

建立生态经济机制必须克服旧的经济机制。作为长久以来的经济机制在社会经济生活中起着不可或缺的作用,但是这种机制日益阻碍着现代社会的和谐发展,造成了整个现代社会的失衡。因此,旧有的经济体制必须得到克服。这种克服同生态科技一样需要制度制约以及法律保障,最重要的是要有新型的生态经济机制作为指向取代旧有的经济机制。生态文明的经济机制必须是在克服旧有的经济机制中形成的,并且符合当下的生态文明和达到人、生态与社会平衡总目标的经济体制。总体说来,它是一种符合生态文明要求的经济体制。它的具体指向是把现代社会的经济运行总的方式和模式转移到生态文明和生态社会建设的轨道上来,也就是说,用科学的经济原则来制定经济发展的模式以及运行的基本内容。这样便可以使得经济发展进入"低投入、低污染、高产出、低废弃"模式,达到经济效益、生态效益以及人类的生活质量三者兼顾的目标。

三、建构生态经济的原则

生态经济必须要坚持的第一个原则是公平和效率相统一的原则。二者之间如何达到统一,是生态社会经济体制在解决问题时的重点之一。"市场经济体制是效率优先型经济体制,市场经济运行的首要目标是提高经济效益,实现经济公平即市场公平,而不是社会财富分配公平。所以,公平经济只讲市场行为过程的公正、平等、机会均等,这就必然孕育着社会财富分配不公平,难以实现社会公平。所以,有效率的市场经济制度就有可能产生极大的社会不公平。在资本主义制度下的传统市场经济体制就是如此。这是发达国家市场经济演变成为非持续发展经济的重要表现和体制原因。"①创建生态文明的经济体制必须既要反对低效率的计划经济和平均主义的社会公平,又要反对市场经济的利润和效率优先,忽视社会公平。第二个原则是要把公平和效率有机结合起来,建立生态经济的公平原则。坚持生态文明经济机制还必须坚持经济发展和生态环境良性运行的原则,这个原则是实现生态经济机制建立的必备原则,生态与经济并行,发展循环经济,发展生态经济。最后,我们还必须要坚持的原则是,坚持政治体制、社会意识形态、民族传统文化等外部因素适应生态文明经济体制的原则。政治体制、社会意识形态以及民族传统文化这些外部因素对生态经济机制的建立有着很大的影响,不能被忽视,必须坚持它们与生态文明的经济机制相适应,只有这种适应,才能最大限度地发展生态经济,建立起来和谐的生态经济机制。

---

① 尹贵斌:《反思与选择:环境保护视角文化问题》,黑龙江人民出版社,2008,第106页。

参考文献

[1]侯钧生.西方社会学理论教程[M].第四版.天津:南开大学出版社,2019.

[2]涂尔干.宗教生活的基本形式[M].渠东,译.上海:上海人民出版社,1999.

[3]李宏煦.生态社会学概论[M].北京:冶金工业出版社,2009.

[4]陈金清.生态文明理论与实践研究[M].北京:人民出版社,2016.

[5]露丝·本尼迪克特.文化模式[M].王炜,等译.北京:生活·读书·新知三联书店,1992.

[6]洪大用,马国栋,等.生态现代化与文明转型[M].北京:中国人民大学出版社,2014.

[7]彼得·伯格,托马斯·卢克曼.现实的社会建构知识社会学论纲[M].吴肃然,译.北京:北京大学出版社,2019.

[8]雷蒙·阿隆.社会学主要思潮[M].葛秉宁,译.上海:上海译文出版社,2015.

[9]弗兰克·戈布尔.第三思潮:马斯洛心理学[M].吕明,陈红雯,译.上海:上海译文出版社,1987.

[10]耿言虎.远去的森林[M].北京:社会科学文献出版社,2018.

[11]色音,张继焦.生态移民的环境社会学研究[M].北京:民族出版社,2009.

[12]郝尔曼·哈肯.协同学——大自然构成的奥秘[M].凌复华,译.上海:上海译文出版社,2005.

[13]奥尔多·利奥波德.沙乡年鉴[M].彭俊,译.成都:四川文艺出版社,2015.

[14]阿瑟·奥肯.平等与效率——重大的抉择[M].王奔洲,译.北京:华夏出版社,1987.

［15］绫部恒雄. 文化人类学的十五种理论［M］. 中国社科院日本研究所社会文化室, 译. 北京：国际文化出版公司, 1988.

［16］冯杨. 效率、平等与国家的作用：三大学派的比较研究［M］. 北京：经济日报出版社, 2017.

［17］乔尔·查农. 一个社会学家的十堂公开课［M］. 王娅, 译. 北京：北京大学出版社, 2018.

［18］杰拉尔德·G. 马尔腾. 人类生态学——可持续发展的基本概念［M］. 顾朝林, 袁晓辉, 等译. 北京：商务印书馆, 2012.

［19］孙宇凡. 历史社会学的逻辑双学科视角下的理论探索［M］. 成都：四川人民出版社, 2021.

［20］约恩森. 系统生态学导论［M］. 陆健健, 译. 北京：高等教育出版社, 2013.

［21］穆瑞·罗斯巴德. 自由的伦理［M］. 吕炳斌, 等译. 上海：复旦大学出版社, 2018.

［22］大卫·莱昂斯. 伦理学与法治［M］. 葛四友, 译. 北京：商务印书馆, 2016.

［23］莱因霍尔德·尼布尔. 个人道德与社会改造［M］. 杨缤, 译. 上海：上海社会科学院出版社, 2017.

［24］叔本华. 伦理学的两个基本问题［M］. 任立, 孟庆时, 译. 北京：商务印书馆, 2019.

［25］约翰·贝拉米·福斯特. 生态危机与资本主义［M］. 耿建新, 宋兴无, 译. 上海：上海译文出版社, 2006.

［26］Gorz A. Ecology as politics［M］. Boston：South End Press, 1980.

［27］秦谱德, 崔晋生, 蒲丽萍. 生态社会学［M］. 北京：社会科学文献出版社, 2013.

［28］默里·布克金. 自由生态学——等级制的出现与消解［M］. 郇庆志, 译. 济南：山东大学出版社, 2008.

［29］乔清举. 儒家生态思想通论［M］. 北京：北京大学出版社, 2013.

［30］陈业新. 儒家生态意识与中国古代环境保护研究［M］. 上海：上海交

通大学出版社,2012.

[31]杜维明.一阳来复[M].上海:上海文艺出版社,1997.

[32]刘固盛.道家道教与生态文明 [M].武汉：华中师范大学出版社,
2015.

[33]陈书录.儒商及文化与文学[M].北京:中华书局,2007.

[34]陈立胜.从"身—体"的立场看王阳明"万物一体"论 [M].上海:华东
师范大学出版社,2008.

[35]余英时.中国近世宗教伦理与商人精神[M].北京:九州出版社,2014 .

[36]朱熹.四书章句集注[M].上海:上海古籍出版社,2006.

[37]马尔库塞.单向度的人——发达工业社会意识形态研究 [M].刘继,
译.上海:上海译文出版社,2014.

[38]蒋庆.政治儒学——当代儒学的转向、特质与发展[M].福州:福建教
育出版社,2014.

[39]张晚林.荀子[M].长沙:岳麓书社,2019.

[40]杨伯峻.论语译注[M].北京:中华书局,2006.

[41]王艳红.贾道儒行的微商[M].芜湖:安徽师范大学出版社,2017.

[42]冯友兰.中国哲学史[M].重庆:重庆出版社,2009.

[43]范瑞平,贝淡宁,洪秀平.儒家宪政与中国未来[M].上海:华东师范
大学出版社,2012.

[44]杜维明.新加坡的挑战——新儒家伦理与企业精神[M].上海:生活·
读书·新知三联书店,2013.

[45]彭林.礼乐人生成就你的君子风范[M].北京:中华书局,2006.

[46]范瑞平.建构中国生命伦理学:新的探索[M].北京:中国人民大学出
版社,2017.

[47]杨伯峻.孟子译注[M].北京:中华书局,2008.

[48]张载.张载集[M].北京:中华书局,1978.

[49]陈鼓应.老子今注今译[M].北京:商务印书馆,2003.

[50]陈鼓应.庄子今注今译[M].北京:商务印书馆,2016.

[51]安乐哲.儒学与生态[M].南京:江苏教育出版社,2008.

[52] 孙希旦. 礼记集解. 月令[M]. 北京:中华书局,1989.

[53] 匡亚明. 中国思想家评传丛书[M]. 南京:南京大学出版社,1997.

[54] 纳什. 大自然的权利[M]. 杨通进,译. 青岛:青岛出版社,1999.

[55] 蒙培元. 人与自然:中国哲学生态观[M]. 北京:人民出版社,2004.

[56] 刘宝楠. 十三经清人注疏:论语正义[M]. 北京:中华书局,1990.

[57] 司马迁. 史记[M]. 北京:中华书局,1982.

[58] 贾谊. 贾谊集[M]. 上海:上海人民出版社,1976.

[59] 苏舆. 春秋繁露义证[M]. 钟哲,点校. 北京:中华书局,2002.

[60] 范晔. 后汉书[M]. 北京:中华书局,1965.

[61] 牟复礼. 中国思想之渊源[M]. 王重阳,译. 北京:北京大学出版社,2016.

[62] 蔡仁厚. 孔孟荀哲学[M]. 台北:台湾学生书局,1984.

[63] 小野泽精一,福永光司,山井涌. 气的思想:中国自然观和人的观念的发展[M]. 李庆,译. 上海:上海人民出版社,2014.

[64] 玛丽·塔克尔. 日本新儒学的道德修养和精神修养:贝原益轩(1630—1714)的生活和思想[M]. 纽约:纽约州立大学出版社,1989.

[65] 亚历山大·格里戈里耶维奇·斯坚格尼,赵思新,等. "生态社会学"的来龙去脉[J]. 国外社会科学文摘,2000(10).

[66] 苏美岩. 基于治理现代化的生态型政府构建——绍兴市"五型"生态政府构建模式的思考[J]. 区域治理,2019(10).

[67] 杨立华,李凯林. 建设整体性国家监管体系——政府、社会、市场的有效协同[J]. 中央社会主义学院学报,2020(2).

[68] 林安云. 论马克思的社会生态原理[J]. 哈尔滨工业大学学报(社会科学版),2014(9).

[69] 张品. 人类生态学派城市空间研究述评[J]. 理论与现代化,2014(9).

[70] 高升. 社会冲突论视域下体育与社会分层的互动[J]. 体育科技文献通报,2015(1).

[71] 林义,刘斌,刘耘礽. 社会治理现代化视角下的多层次社会保障体系构建[J]. 西北大学学报(哲学社会科学版),2020(9).

[72] 冯梦成. 社会治理现代化中的政社合作关系建构[J]. 学会, 2020(9).

[73] 杜勇敏, 史昭乐. 生态文明建设的社会学视域——《生态社会学》评介[J]. 贵阳学院学报(社会科学版), 2015(10).

[74] 林召霞. 本尼迪克特的文化模式思想研究[J]. 学理论, 2011(1).

[75] 薄海, 赵建军. 生态现代化: 我国生态文明建设的现实选择[J]. 科学技术哲学研究, 2018(2).

[76] 李智超. 市域社会治理现代化路径研究[J]. 国际公关, 2020(10).

[77] 畸人, 王养冲. 西方近代社会学思想的演进 [J]. 华东师范大学学报(哲学社会科学版), 1997(2).

[78] 李月英. 文化人类学八大理论学派简说[J]. 今日民族, 2007(4).

[79] 吴平. 引入第三方评估促进生态治理现代化[J]. 国际人才交流, 2018(6).

[80] 吕明洋. 奥康纳与科威尔生态社会主义思想比较及启示 [J]. 实事求是, 2020(9).

[81] 刘臻. 奥康纳与佩珀的生态社会主义思想及其异同 [J]. 石河子的大学学报(哲学社会科学版), 2019(12).

[82] 马慎萧, 段雨晨, 金梦迪, 等. 当代资本主义经济研究[J]. 政治经济学评论, 2018(12).

[83] 樊虹, 孙玮. 东方神话与自然复魅: 贵州少数民族题材电影的文化想象分析[J]. 黔南民族师范学院学报, 2020(10).

[84] 方堃, 明珠. 多民族文化共生与铸牢中华民族共同体意识[J]. 河南师范大学学报(哲学社会科学版), 2020(10).

[85] 王永昌. 工业文明的进步与代价——兼论历史进步的代价观 [J]. 观察与思考, 2017(7).

[86] 周超, 刘虹. 共生理论视阈下中华民族共同体建构的五维向度[J]. 民族学刊, 2021(1).

[87] 马晓茜, 张海夫, 郭祖全. 基于民族生态文化视角的云南生态文明建设研究[J]. 生态经济, 2021(2).

[88] 刘庆康. 浅析高兹社会主义生态重建观[J]. 公关世界, 2021(2).

[89]斋藤性平,张健,郭梦诗.全球生态危机背景下的马克思物质变换理论[J].南京工业大学学报(社会科学版),2020(12).

[90]黄承梁.社会主义生态文明从思潮到社会形态的历史演进 [J].贵州社会科学,2015(8).

[91]陈茂林.马克思主义生态批评的超越性 [N].中国社会科学报,2020(9).

[92]何涛,刘翔.生态社会主义思潮视域下的和谐社会建构[J].改革与开放,2015(4).

[93]王雨辰.反对资本主义的生态学——评西方生态学马克思主义对资本主义社会的生态批判[J].国外社会科学,2008(1).

[94]郑湘萍.生态学马克思主义视域中的技术与生态批判 [J].湖北社会科学,2009(8).

[95]罗伊·莫里森.走向生态社会 [N].明空,译.中国社会科学报,2010(4).

[96]姚裕群.生态社会与和谐社会的思考:兼论现代社会的"绿色劳动"[J].广东社会科学,2005(6).

[97]欧阳康.生态悖论与生态治理的价值取向[J].天津社会科学,2014(6).

[98]张璐,谷晓芸."民胞物与、天人合一"——论张载天道本体论与人性论的贯通关系[J].自然辩证法研究,2016(6).

[99]胡义成."气论"是"天人合一论"及其"天人感应论"的承担者[J].华侨大学学报(哲学社会科学版),2016(4).

[100]律璞,林乐昌."太虚"本体视域下张载天人贯通论新探[J].南昌大学学报(人文社会科学版),2017(10).

[101]桑东辉.《西铭》与共同体精神的思想萌芽[J].广西社会科学,2019(12).

[102]蒙培元.《中庸》的"参赞化育说"[J].泉州师范学院(社会科学版)2002(9).

[103]陈赟.从"太虚即气"到"乾坤父母"张载本体论思想的结构——以

船山《张子正蒙注》为中心[J].南京社会科学,2019(2).

[104]蒙培元.从孔、孟的德性说看儒家的生态观[J].中西文化研究,2000(1).

[105]蒙培元.从孔子思想看中国的生态文化[J].中国文化研究,2005(4).

[106]杨雅丽.从礼学视域看农耕时代狩猎风俗之嬗变[J].理论导刊,2010(12).

[107]蒙培元.从中国生态文化中汲取什么?[J].社会科学战线,2008(8).

[108]蒙培元.当代良知论[J].杭州师范学院学报(社会科学版),2003(3).

[109]蒙培元.关于中国哲学生态观的几个问题[J].中国哲学史,2003(4).

[110]蒙培元.何为"格物"? 为何"格物"——从"格物说"看朱熹哲学生态观[J].泉州师范学院学报(社会科学版),2010(1).

[111]李军,张运毅.基于儒商文化视角构建新时代商业伦理探析[J].东岳论丛,2018(12).

[112]张文皎.贾行而士心——论儒商及其内在逻辑[J].山东工商学院学报,2019(3).

[113]马敏.近代儒商传统及其当代意义——以张謇和经元善为中心的考察[J].华中师范大学学报(人文社会科学版),2018(3).

[114]廖启云,李思民.晋商责任意识的基本内容探析[J].传播与版权,2018(4).

[115]张再林.康德的"审美共通感"、中国古代的"感应"与政治的美学化[J].学术研究,2019(10).

[116]蒙培元.孔子天人之学的生态意义[J].中国哲学史,2002(2).

[117]蒙培元.孔子与中国的礼文化[J].湖南社会科学,2005(5).

[118]冯兵.礼乐哲学论纲[J].社会科学研究,2015(4).

[119]蒙培元.理性与情感——重读《贞元六书》《南渡集》[J].读书,2007(11).

[120]蒙培元.良知与自然[J].哲学研究,1998(3).

[121]林乐昌.论张载的理学纲领与气论定位[J].孔学堂,2020(3).

[122]申权,王晓云.论朱熹的生态智慧思想与当代中国的生态文明建设[J].武夷学院学报,2019(7).

[123]黄萌.气、性、天人之道与信息——关于张载思想的信息哲学诠释[J].系统科学学报,2015(2).

[124]蒙培元.唯情是源,知情合一,情感与自由——蒙培元先生访谈录[J].社会科学家,2017(4).

[125]蒙培元.人类中心主义与儒家仁学思想[J].哈尔滨工业大学学报(社会科学版),2012(11).

[126]蒙培元.人是情感的存在——儒家哲学再阐释[J].社会科学战线,2003(2).

[127]乔清举.仁心与生意——儒商精神之我见[J].前进,2018(10).

[128]蒙培元.仁学的生态意义与价值[J].中国哲学史,2007(1).

[129]蒙培元,张斯珉.儒家生态哲学体系的探索与建构——评《儒家生态思想通论》[J].新乡学院学报,2015(5).

[130]杜维明.儒家与生态[J].中国哲学史,2003(1).

[131]吕力.儒商与新物、富民、止于至善[J].合作经济与科技,2018(5).

[132]刁生虎,王喜英.儒学与生态文明——第九届国际儒学论坛综述[J].高校社科动态,2013(1).

[133]蒙培元.生的哲学——中国哲学的基本特征[J].北京大学学报(哲学社会科学版),2010(11).

[134]秦蓁.生态共同体:王阳明"天地万物一体"再诠释[J].哈尔滨工业大学学报(社会科学版),2018(11).

[135]乐爱国.生态在于人心:朱熹对"致中和"的诠释[J].中共宁波市委党校学报,2019(4).

[136]郭齐勇.王阳明的生命关怀与生态智慧[J].深圳大学学报(人文社会科学版),2018(1).

[137]蒙培元.为什么说中国哲学是深层生态学[J].新视野,2002(11).

［138］周先进.荀子《劝学》蕴含的学习生态思想［J］.前沿,2016(3).

［139］姚海涛.荀子生态哲学探赜［J］.鄱阳湖学刊,2018(3).

［140］朱小明,张宏海.阳明生态思想发微［J］.哈尔滨工业大学学报(社会科学版),2015(2).

［141］黄昊.阳明文化中蕴含的生态思想［J］.贵州社会科学,2019(2).

［142］唐纪宇.一物两体——张载气本论中的"性"之观念探析［J］.中国哲学史,2020(4).

［143］关盛梅.以人际和谐为基础推进生态文明的社会建设——基于视觉视角的分析［J］.学术交流,2011(2).

［144］蒙培元.再谈中国生态哲学的几个问题［J］.鄱阳湖学刊,2016(5).

［145］刘绪晶,曾振宇.张载"和"思想新探——太和与感［J］.孔子研究,2015(4).

［146］张奇伟,王传林.张载"太虚"的价值向度与品性［J］.北京师范大学学报(社会科学版),2015(6).

［147］沈顺福.张载气论研究［J］.齐鲁学刊,2015(2).

［148］张红.张载思想中"气"概念的意涵 ［J］.北京城市学院学报,2019(2).

［149］蒙培元.张载天人合一说的生态意义［J］.人文杂志,2002(5).

［150］王海成.张载著作中的"虚"、"虚空"、"太虚"之辨 ［J］.唐都学刊,2013(9).

［151］蒙培元.中国哲学生态观的两个问题［J］.鄱阳湖学刊,2009(9).

［152］蒙培元.中国哲学中的情感理性［J］.哲学动态,2008(3).

［153］方彦寿.朱熹"明天理,灭人欲"当代价值新解［J］.东南学术,2016(3).

［154］蒙培元.朱熹心说再辨析 ［J］.杭州师范大学学报(社会科学版),2008(11).

［155］蒙培元.朱熹心统性情说再议［J］.儒家典籍与思想研究,2010(1).

［156］蒙培元.朱熹哲学生态观(上)［J］.泉州师范学院学报(社会科学版),2003(5).

[157]蒙培元.朱熹哲学生态观（下）[J].泉州师范学院学报（社会科学版），2003（9）.

[158]晁福林.先秦时期"德"观念的起源及其发展［J］.中国社会科学，2005（4）.

[159]曹锦清.历史视角下的新农村建设——重温北宋以来的乡村组织建设[J].探索与争鸣，2006（10）.

[160]陈渊，李涛.从张载"民胞物与"思想发现"深层生态学"[J].宝鸡文理学院学报（社会学科版），2017（6）.

[161]贾学军.深层生态学的理论梳理及评析[J].兰州文理学院学报（社会科学版）.2007（3）.

[162]杨秋生.辩证分析社会主义思潮[J].经济与社会发展，2007（2）.

[163]胡连生.从物质主义到后物质主义——现代西方社会价值理念的转向[J].当代社会与社会主义，2006（4）.

[164]胡连生.当代西方社会政治生态的演化及其趋向[J].南京师大学报（社会科学版），2011（9）.

[165]蒋旭东.当代西方生态社会主义思潮浅析［J］.学校党建与思想教育，2011（1）.

[166]丁爱云，金德龙.当代西方生态学马克思主义危机理论[J].科技信息，2011（6）.

[167]王雨辰.反对资本主义的生态学——评西方生态学马克思主义对资本主义社会的生态批判[J].国外社会科学，2008（1）.

[168]朱波.高兹生态学马克思主义思想研究[J].学术交流，2011（3）.

[169]方雷.构建和谐社会:生态社会主义可资借鉴的理念与策略[J].江汉论坛，2006（4）.

[170]王中迪，牛余凤.构建生态正义的理论逻辑、价值意涵和现实进路[J].社科纵横，2020（6）.

[171]卢珊.贵州省少数民族传统生态文化与生态文明法治建设融合研究[J].法治与社会，2020（4）.

[172]马小茜，张海夫，郭祖全.基于民族生态文化视角的云南生态文明

建设研究[J].生态经济,2021(2).

[173]郝鹏鹏,杨璇,王彦博.基于社会管理下西方生态主义主要流派及观点评述[J].管理观察,2014(9).

[174]刘海霞.简论西方生态思潮的四大论争[J].山东青年政治学院学报,2014(5).

[175]格日勒塔娜.立足传统生态文化培育生态文明理念——评《中国生态文明理论与实践》[J].环境工程,2020(9).

[176]黄胤鳞.论本·阿格尔"生态社会主义"的内生逻辑及启示[J].今古文创,2021(3).

[177]刘旭娜.论高兹的生态学马克思主义思想及其价值意蕴[J].理论界,2021(2).

[178]王蓓蓓.论生态社会主义的价值图景及演变路径[J].中共济南市委党校学报,2007(8).

[179]胡建.论生态社会主义的理论创新——以奥康纳的"重构历史唯物主义"为范本[J].浙江社会科学,2013(2).

[180]王雨辰.论生态学马克思主义对马尔库塞"自然解放论"的借用与改造[J].中国地质大学学报(社会科学版),2017(11).

[181]易莉.马克思主义与中国传统文化视域下的习近平生态文明思想[J].南方论刊,2020(12).

[182]宋琳.民族文化对生态文明建设的借鉴意义——以彝族为例[J].汉字文化,2020(9).

[183]王力萍,孙彦全.浅析生态社会主义[J].山东省农业管理干部学院学报,2011(11).

[184]唐宏.人与自然和谐发展:从资本主义到生态社会主义——西方生态马克思主义的启示[J].兰州大学学报(社会科学版),2007(5).

[185]郭瑞.儒家生态理念与当代生态价值观的建构[J].济宁学院学报,2019(12).

[186]王雨辰.生态马克思主义研究的中国视阈[J].马克思主义与现实,2011(9).

［187］邬巧飞.生态社会主义的理论建构及对中国生态文明建设的启示——基于人与自然关系的视角［J］.理论月刊.2014(6).

［188］孙卓华.生态社会主义思潮的特征与发展趋势［J］.学术论坛,2005(12).

［189］周典伟.生态社会主义与我国生态文明建设［D］.武汉:中共湖北省委党校,2012(6).

［190］阿伦·盖尔,曲一歌.生态文明的生态社会主义根源［J］.国外社会科学前沿,2021(2).

［191］余晓慧,陈钱炜.生态文明建设多元文化的求同存异［J］.西南林业大学学报(社会科学版),2021(1).

［192］陈晶晶.生态文明视阈下生态文化构建研究［J］.成都行政学院学报,2020(10).

［193］董战峰,王玉.生态文明制度创新的逻辑理路与实践路径［J］.昆明理工大学学报(社会科学版),2021(1).

［194］李合亮.试论西方马克思主义思潮与生态社会主义思潮的关系［J］.昆明理工大学学报(社会科学版),2001(4).

［195］张剑.西方发达国家生态社会主义理论的不彻底性［J］.世界社会主义研究,2019(10).

［196］陈尧嘉.西方马克思主义生态理论探析［J］.江西农业大学学报(社会科学版),2006(5).

［197］张艳新.西方生态社会主义思潮的影响剖析［J］.当代青年研究,2005(4).

［198］刘挺.西方生态社会主义思想探析［J］.河北能源职业技术学院学报,2016(9).

［199］罗丹妮,杨少龙.西方生态社会主义与中国传统生态思想的比较与启示［J］.价值工程,2015(2).

［200］包双叶.西方早发国家社会转型期生态文明建设经验及其启示［J］.南京林业大学学院学报(人文社会科学版),2014(9).

［201］刘臻,陈文,张志雄.习近平生态文化重要论述的深刻意蕴与当代

价值[J].武夷学院学报,2020(11).

[202] 赵建军.习近平生态文明思想的科学内涵及时代价值[J].环境与可持续发展,2010(12).

[203] 刘纯明,余成龙.习近平生态文明思想形成的五维逻辑[J].山西师大学报(社会科学版),2020(6).

[204] 王春英,仲昭旭.习近平生态文明思想与生态文化体系建设研究[J].牡丹江师范学院学报(社会科学版),2021(5).

[205] 冯留建,王雨晴.新时代生态价值观指引下的生态文化体系建设研究[J].华北电力大学学报(社会科学版),2020(12).

[206] 罗成雁.云南生态文化产业发展探析[J].西南林业大学学报(社会科学版),2020(8).

[207] 孟月伟.詹姆斯·奥康纳生态危机理论探析[J].农村经济与科技,2021(2).

[208] 张亚琴.中国传统文化中的生态文明建设思想探析[J].文化学刊,2021(2).

[209] 张宏斌,黄金旺.中国传统生态文化及其现实意义[J].中共石家庄市委党校学报,2020(5).

[210] 姚晓红,郑吉伟.资本主义社会再生产的生态批判——基于西方生态学马克思主义的阐释[J].当代经济研究,2020(3).

[211] 王麓涵.结构功能主义视角下专业社会工作对信访政策的嵌入性研究[D].沈阳:辽宁大学,2018.

[212] 张钰.生态共同体视域下河西走廊生态治理研究[D].西安:陕西师范大学,2018.

[213] 杨未.生态与仪式:生态位理论视角下仪式研究[D].贵阳:贵州大学,2017.

[214] 郑红岗.组织生态视角平台组织协同网络生态冲突生成机理研究[D].杭州:浙江工商大学,2018.

[215] 王利敏.历史唯物主义视野下帕森斯生态学马克思主义研究[D].合肥:合肥工业大学,2019.

［216］霍耀宗.《月令》与秦汉社会［D］.苏州：苏州大学,2017.

［217］曲爱香.孔孟荀的天人观及其生态伦理［D］.杭州：浙江大学,2003.

［218］金刘.论张载之"乐"的三重境界［D］.武汉：湖北大学,2018.

［219］刘启航.生态社会论——内涵、实现路径和评价［D］.武汉：华中科技大学,2017.

［220］崔海亮.试论孟子的"养心"说［D］.武汉：华中科技大学,2007.

［221］李锦威.泰州学派乡治实践的生态性研究——以梁汝元永丰实验为例［D］.杭州：浙江农林大学,2018.

［222］吴益生.王阳明气论研究［D］.西安：西北大学,2017.

［223］赵景晨.朱熹仁学生态性研究［D］.厦门：厦门大学,2019.

［224］袁秋兰.遭遇乌托邦：生态学马克思主义的困境及其可能出路［D］.福州：福建师范大学,2011.

［225］李安顺.西方生态学马克思主义的社会变革理论研究［D］.重庆：西南大学,2015.

［226］彭朝花.西方马克思主义未来社会构想及其当代价值［D］.北京：中共中央党校,2018.

［227］蒋谨慎.生态学马克思主义发展伦理思想研究［D］.武汉：中南财经政法大学,2018.

［228］牛文浩.生态社会主义研究——基于社会主义生态文明视角［D］.天津：南开大学,2013.

［229］廖婧.欧洲生态社会主义研究——基于马克思主义理论的分析［D］.长春：吉林大学,2016.

［230］唐超.当代西方生态社会主义思想研究［D］.上海：复旦大学,2013.

［231］王永.马克思生态文化观及其当代价值研究［D］.哈尔滨：哈尔滨师范大学,2020.

［232］申治安.当代资本主义批判与绿色解放之路——本·阿格尔生态学马克思主义思想研究［D］.上海：上海交通大学,2012.

［233］鲁雁.从工业社会到社会生态社会：产业结构演进研究［D］.长春：吉林大学,2011.

后 记

《生态社会学》书稿即将封笔。这是一次写作的过程，但又何尝不是一次自我的修行。正是在不断反思中，我们渐渐明白了生态社会的构建离不开每一个自我的参与，每一个"我"所形成的思维方式、价值理念、行为准则要么在助推社会发展，要么在减损社会发展的动力或"气"。在写作过程中，我们不断与先贤对话，找寻可以建构"合理自我"的关键因素，从而使那个可以与自然和谐共生的"我"得以慢慢成形。

这本书由我和颜萌萌共同完成。我作为课题组负责人撰写全书提纲，提出观点，升华理论，整合体系，调整结构，统领和整合书稿。此外，我完成了如下内容的写作：第一章，生态社会学导论；第五章，中国古代生态社会的思想渊源及治理模式；第六章第二节及第三节的内容。颜萌萌完成了西方生态社会学研究的提纲撰写，并写作如下内容：第二章，生态社会的发展演变；第三章，生态社会结构与社会管理；第四章，生态社会与民族共生；第六章第一节，网格化社会治理与现代化生态模式建构。在两人的通力合作下，本书得以完成。

在此，我们特别要感谢山西省社会科学院院长杨茂林和晔枫研究员。从本书的策划—提纲拟定—写作，全过程晔老师都全力参与，为我们提出了许多宝贵的意见，给予了最大的关心，给了我们最大的支持和帮助。我们也要特别感谢重庆第二师范学院的杨必仪教授，他对本书的写作给予了理论指导和学术支持，还不断给予我们热情鼓励和精神支持。此外，我们要感谢山西省经济出版社的副总编辑李慧平女士和编辑室主任解荣慧女士为本书的出版所付出的努力，感谢山西省经济出版社发行部主任张建伟女士对本书的支持。在写作过程中，我们参考了许多专家、学者的研究成果，在此对他们表示感谢。我们也以此书的完稿来致敬先贤!

当然,由于我们水平有限,本书的错误和疏漏在所难免,敬祈专家和读者提出宝贵的意见。

贺双艳